Vita-Massenez

Chemische Untersuchungsmethoden für Eisenhütten und Nebenbetriebe

Eine Sammlung praktisch erprobter Arbeitsverfahren

Zweite, neubearbeitete Auflage

von

Ing.-Chemiker Albert Vita
Chefchemiker der Oberschlesischen Eisenbahnbedarfs-A.-G.
Friedenshütte

Mit 34 Textabbildungen

Springer-Verlag Berlin Heidelberg GmbH
1922

ISBN 978-3-642-89398-8   ISBN 978-3-642-91254-2 (eBook)
DOI 10.1007/978-3-642-91254-2

Alle Rechte, insbesondere das der Übersetzung
in fremde Sprachen, vorbehalten.

Copyright 1922 by Springer-Verlag Berlin Heidelberg
Originally published by Julius Springer in Berlin 1922
Softcover reprint of the hardcover 1st edition 1922

Dem Andenken
meines Mitarbeiters und Freundes

Dr. Carl Massenez

Er starb den Heldentod
am 25. Dezember 1914
bei Ripont in Frankreich

Vorwort zur ersten Auflage.

Glücklicherweise hat sich langsam, aber sicher die Überzeugung Bahn gebrochen, daß das Laboratorium in einem modernen Hüttenwerk, wenn auch nicht direkt produktiv tätig, so doch von gewaltiger Bedeutung und jedenfalls mehr als ein notwendiges Übel ist. Entsprechend dem Bestreben der Neuzeit, die verschiedenen Hüttenbetriebe zu zentralisieren und zu einem großen gemeinsamen Ganzen zu vereinigen, stellte sich die Notwendigkeit heraus, auch die einzelnen Betriebslaboratorien in ein Zentrallaboratorium zusammenzuziehen.

Mit den gesteigerten Anforderungen an die Qualität der einzelnen Fabrikate erhöhten sich auch die Ansprüche an die Laboratorien betreffs Vielseitigkeit, Genauigkeit und Schnelligkeit der Untersuchungsmethoden.

Hand in Hand mit der Zentralisation der verschiedenen Hüttenbetriebe ging die Angliederung der Kokereien mit ihren Nebenproduktengewinnungen, und damit wurde das Eisenhüttenlaboratorium vor neue Aufgaben gestellt.

Der scharfe Konkurrenzkampf im Hüttenwesen zwang ferner zur Beobachtung aller der Punkte, bei welchen noch Ersparnisse möglich sind, und denen früher häufig viel zu geringe Beachtung geschenkt worden ist. Wir denken hierbei hauptsächlich an die Feuerungskontrolle, an die Untersuchung der feuerfesten Steine, der Schmiermaterialien usw.

Aus diesen angeführten Gründen sind die Aufgaben, die an ein modernes Eisenhüttenlaboratorium gestellt werden, äußerst mannigfaltig. Wir waren deshalb der Ansicht, daß es wünschenswert sei, nach Möglichkeit einmal alle die heute in einem modernen Eisenhüttenlaboratorium angewandten Untersuchungsmethoden zusammenzustellen. Bei diesem Bestreben fanden wir lebhafte Anregung und Unterstützung von zahlreichen Werken des Westens und Ostens sowie auch von vielen Fachkollegen. Wir sprechen an dieser Stelle allen diesen Verwaltungen und Herren unseren besten Dank für die liebenswürdige Unterstützung aus und würden es begrüßen, wenn wir von seiten der Praxis über die Mängel und Lücken, die sich bei Benutzung dieses Buches herausstellen sollten, unterrichtet würden.

Maßgebend für die Auswahl der Methoden war für uns in erster Linie der Gesichtspunkt, daß die verschiedenen Verfahren sich in der Praxis bewährt haben. Immerhin wäre es begreiflich, wenn die eine oder andere Methode von Fachkollegen als überflüssig und überholt bezeichnet würde. Auch wird vielleicht im Gegensatz hierzu mancher eine Methode vermissen, die nach seiner Meinung hätte Aufnahme finden sollen.

Die Verfasser.

Vorwort zur zweiten Auflage.

Meinem Mitarbeiter und Freunde Dr. Carl Massenez war es leider nicht gegönnt, die gute Aufnahme, welche unser Werk „Chemische Untersuchungsmethoden für Eisenhütten mit Nebenbetrieben" gefunden hat, mitzuerleben.

Bei der nun notwendig gewordenen Neuauflage habe ich die als sehr zweckmäßig anerkannte frühere Einteilung und Kürze beibehalten, bin nur dort von dieser abgewichen, wo es sich um neu aufgenommene Methoden handelt und bei welchen eine eingehendere Beschreibung notwendig wurde.

Um den früheren Rahmen des Buches nicht erheblich zu überschreiten, habe ich auch diesmal die Schmiermittel nicht ausführlicher behandelt und verweise deshalb auf „Ascher, Schmiermittel", Verlag Julius Springer Berlin, „Holde, Untersuchung der Mineralöle und Fette", Verlag Julius Springer Berlin, „Moldenhauer, Chemisch-technisches Praktikum", Verlag Gebrüder Borntraeger Berlin.

Auch bei der Neuauflage habe ich den Grundsatz: „Aus der Praxis und für die Praxis" befolgt. Das ist mein Geleitwort und bitte ich um gute Aufnahme der zweiten Auflage.

Friedenshütte O./S., im Februar 1922.

Albert Vita.

Berichtigung.

Seite 173   4. Zeile von unten: »Antimon« fällt weg.
 „   190 10.   „   „   „   5.3 g statt 1.325 g.

Vita-Massenez. 2. Aufl.

Berichtigung.

Seite 22 2. Zeile von unten: Fe_3O_4 statt Fe_2O_1.
„ 22 4. „ „ „ Fe_3O_4 „ Fe_8O_4.
„ 30 3. „ „ oben: Abhebern statt Abheben.
„ 32 Anmerkung 2: kolloidal statt koiloidal.
„ 38 6. Zeile von unten: ZnS statt SnS.
„ 59 2. Absatz 8. Zeile: abfiltrierte statt abfitrierte.
„ 114 Bei A. Fluor 8. Zeile: Alkalifluorsilikate statt Alkalifluorilikate.
„ 116 1. Absatz Schluß: 80,345 % Zn statt 80,35 % Zn.
„ 132 7. Zeile von oben: eichener statt eiserner.
„ 166 7. „ „ „ 2 P kleiner als M statt 2 kleiner als M.

Vita-Massenez. 2. Aufl.

Inhaltsverzeichnis.

Seite

I. Probenahme und Vorbereitung der Proben für die chemische Untersuchung . . . . 1—16
1. Kohle; 2. Koks; 3. Erze und Eisenschlacken; 4. Briketts; 5. Hochofenschlacken; 6. Hochofennebenprodukte: a) Zinkhaltiger Gichtstaub, b) Zinkhaltiger Ofenbruch und Mauerschutt, c) Hochofenblei; 7. Roheisen; 8. Ferrolegierungen; 9. Stahl; 10. Thomasschlacke und Thomasmehl; 11. Zuschläge; 12. Steinmaterialien; 13. Nebenprodukte der Kokerei; 14. Gase; 15. Lagermetalle; 16. Entzinnte Weißblechabfälle . . . . 3—16
II. Chemische Untersuchung . . . . 17—193
  1. Eisenerze, Briketts, Abbrände, Anilinrückstände und Eisenschlacken. . . . . 17—54
  A. Einzelbestimmungen . . . . 17—47
    a) Gesamteisen (Permanganatmethode): 1. Reinhardtsche Methode, 2. Reduktion mit metallischem Zink und Titration mit $KMnO_4$ . . . . 17—19
    b) Besonderheiten bei der Eisenbestimmung: 1. In Rasenerzen, Anilinrückständen usw., 2. In Erzen die Vanadin oder Antimon enthalten . . . . . 19—20
    c) Eisenoxydul 20
    d) Rückstand und Eisen neben Rückstand 20
    e) Besonderheiten bei der Analysenberechnung von eisenärmeren Magneteisensteinen, die angereichert werden sollen und daraus hergestellten Briketts: 1. Roherze, 2. Briketts . . . . 21—23
    f) Mangan: 1. Volhardsche Methode, 2. Volhard-Wolffsche Methode . . . . 23—26
    g) Phosphor: 1. In arsen- und titanfreien Erzen, 2. In titanhaltigen Erzen, 3. In arsenhaltigen Erzen 26—28
    h) Kupfer . . . . 28—30
    i) Schwefel: 1. Kaliumchloratmethode, 2. Natriumsuperoxydmethode . . . . 30—31
    k) Arsen: 1. Gravimetrische Methode, 2. Titrimetrische Methode . . . . 31—34
    l) Chrom: 1. Titration mit Ferrosulfat und Permanganatlösung, 2. Umsetzung mit Jodkalium und Titration des ausgeschiedenen Jods mit Natriumthiosulfat. . . . . 34—35
    m) Kupfer, Blei, Wismuth, Antimon und Zinn . . . 36—37
    n) Zink, Nickel und Kobalt . . . . 37—40
    o) Vanadin . . . . 40—42
    p) Molybdän . . . . 42—43
    q) Wolfram 43
    r) Titan . . . . 43—44
    s) Kohlensäure . . . . 44—45
    t) Wasser, organische Substanz, Glühverlust . . . 45—47

VIII Inhaltsverzeichnis.

Seite
B. Gesamtanalyse ... 47—54
  a) Bei Abwesenheit von Baryum, Strontium und Chromverbindungen ... 47—50
  b) Bei Anwesenheit von Chromverbindungen ... 50—52
  c) Bei Anwesenheit von Baryum- und Strontiumverbindungen ... 53—54
2. Roheisen, Ferrolegierungen und Stahl ... 54—104
  A. Kohlenstoff ... 54—68
    a) Gesamtkohlenstoff: 1. Chromschwefelsäureverfahren; 2. Chloraufschluß; 3. Besonderheiten bei Chromeisen; 4. Verbrennung im Sauerstoffstrom: a) Gewichtsanalytische Bestimmung, b) Volumetrische Bestimmung; 5. Kolorimetrisches Verfahren für Stahl ... 54—67
    b) Einzelne Kohlenstofformen: 1. Graphitkohle, 2. Karbidkohle, 3. Härtungskohle ... 67—68
  B. Silizium: 1. Roheisen und Stahl, 2. Ferrosilizium ... 68—70
  C. Mangan: 1. Roheisen: a) Nach Volhard und Volhard-Wolff, b) Nach Procter Smith; 2. Ferromangan und Spiegeleisen: a) Nach Volhard, b) Nach Volhard-Wolff; 3. Stahl: a) Nach Volhard und Volhard-Wolff, b) Nach Procter Smith ... 70—72
  D. Phosphor: 1. Roheisen, 2. Ferrophosphor, 3. Ferrosilizium, 4. Stahl ... 72—75
  E. Schwefel ... 75—82
    1. Im Roheisen und Stahl: a) Jodometrische Methode, b) Jodometrische Methode nach Kinder, c) Methode nach Schulte, d) Baryumsulfatmethode, e) Permanganatmethode nach Vita und Massenez, f) Durch Verbrennung im Sauerstoffstrom nach Vita: Bestimmung des Schwefels allein, Gleichzeitige Bestimmung von Schwefel und Kohlenstoff ... 75—82
    2. Im Chromstahl ... 82
  F. Kupfer: 1. Bestimmung als CuO, 2. Elektrolytische Methode, 3. Kolorimetrische Methode ... 82—84
  G. Nickel: 1. Elektrolytische Bestimmung, 2. Dimethylglyoximmethode, 3. Modifizierte Dimethylglyoximmethode ... 84—86
  H. Arsen ... 86
  J. Chrom, Vanadin und Molybdän ... 86—93
    1. Chrom bei Abwesenheit von Vanadin und Molybdän: a) Persulfatmethode nach Philips, b) Jodometrische Methode ... 86—87
    2. Chrom bei Anwesenheit von Vanadin (Vanadinbestimmung) ... 87—89
    3. Chrom bei Anwesenheit von Molybdän (Molybdänbestimmung) ... 90
    4. Vanadin im Stahl ... 90—91
    5. Molybdän im Stahl ... 91
    6. Ferrochrom ... 91—92
    7. Ferrovanadin ... 92
    8. Ferromolybdän: 1. Molybdänbestimmung, 2. Kohlenstoffbestimmung ... 92—93

Inhaltsverzeichnis. IX

	Seite
K. Aluminium	93—94
L. Wolfram: 1. Ferrowolfram, 2. Wolframstahl mit 20% Wolfram, 3. Hochprozentiger Wolframstahl	94—95
M. Titan: 1. Roheisen und Stahl, 2. Ferrotitan	96—97
N. Stickstoff im Stahl	97—98
O. Schlackeneinschlüsse im Stahl	98—99
P. Sauerstoff im Stahl	99—101
Q. Bestimmung der Gase im Stahl: a) Extraktionsverfahren, b) Lösungsverfahren nach Vita	102—104

3. Schlacken ... 104—110
   - A. Eisenreiche Schlacken: a) Allgemeines; b) Spezielles: 1. Eisen neben Eisenoxydul, 2. Eisen neben Eisenoxydul und Eisenoxyd ... 104—106
   - B. Eisenärmere Schlacken: 1. Martinschlacken; 2. Thomasschlacken und Thomasmehl: a) Gesamtphosphorsäure, b) Zitronensäurelösliche Phosphorsäure ... 106—109
   - C. Eisenarme Schlacken ... 109—110
4. Feuerfeste Steinmaterialien: A. Vollständige Analyse, B. Eisen, C. Alkalien ... 110—113
5. Dolomit ... 113—114
6. Flußspat: A. Fluor, B. Kalziumoxyd ... 114—115
7. Hochofennebenprodukte: A. Zinkhaltiger Gichtstaub: 1. Feuchtigkeit, 2. Zink, 3. Sulfidschwefel, 4. Chloride; B. Zinkhaltiger Ofenbruch und Mauerschutt; C. Hochofenblei ... 115—117
8. Kohle und Koks: A. Asche; B. Schwefel: 1. Gesamtschwefel nach Eschka, 2. Flüchtiger Schwefel; C. Stickstoff; D. Ausbringen an Koks, Ammoniak und Benzol; E. Elementaranalyse: 1. Kupferoxydmethode, 2. Methode nach Dennstedt; F. Heizwert: 1. Berthelot-Mahlersche Bombe, 2. Kalorimeter nach Parr ... 118—136
9. Ammoniakwasser, Verdichtetes Ammoniakwasser, Schwefelsaures Ammoniak ... 136—141
   1. Ammoniakwasser: A. Gesamtammoniak: a) Flüchtiges Ammoniak, b) Fixes Ammoniak; B. Kohlensäure; C. Chlorid; D. Schwefel: a) In Form von Sulfat, b) In Form von Rhodamür, c) In Form von Sulfit, Sulfid und Thiosulfat, d) Gesamtschwefel ... 136—138
   2. Verdichtetes Ammoniakwasser: A. Ammoniak, B. Kohlensäure: a) Gewichtsanalytische Bestimmung, b) Maßanalytische Bestimmung ... 138—140
   3. Schwefelsaurer Ammoniak: A. Ammoniak, B. Freie Schwefelsäure und Rückstand, C. Feuchtigkeit ... 140—141
10. Steinkohlenteer: A. Rohteer: a) Bestimmung von Wasser, Ölausbeute und Pech, b) Bestimmung des amorphen Kohlenstoffs und Pech; B. Stahlwerksteer, Bestimmung von Wasser, Ölen, Pech, Kohlenstoff in Form von Ruß, Spezifisches Gewicht und Viskosität ... 141—143
11. Pech: A. Schmelzpunkt nach Krämer-Sarnow, B. Schmelzpunkt nach Wendriner ... 143—146
12. Benzol ... 146—152
   1. Rohbenzol: 1. Gehalt an Waschöl, 2. Gehalt an 90er Handelsbenzol, 3. Solventnaphtha, 4. Waschverlust ... 146—147

Inhaltsverzeichnis.

2. Handelsbenzole: a) Siedepunkt, b) Fraktion, c) Spezifisches Gewicht, d) Schwefelsäurereaktion, e) Bromreaktion ... 147—150
3. Waschöle: a) Wasser, b) Siedepunkt, c) Naphthalin, d) Saure Öle, e) Asphalt ... 150—152
13. Gase ... 152—161
 1. Analyse: a) Kohlensäure, b) Schwere Kohlenwasserstoffe, c) Sauerstoff, d) Wasserstoff, e) Methan, f) Rauchgasanalyse ... 152—156
 2. Heizwert ... 156—158
 3. Staubbestimmung im Gichtgas: a) Gereinigtes Gas, b) Rohgas ... 158—161
14. Wasser ... 161—167
 A. Ungereinigtes Wasser: 1. Karbonathärte, 2. Mineralsäurehärte ... 161—162
 B. Gereinigtes und Kesselwasser (Schnellmethode nach Clark) ... 163—167
15. Weißmetall und Bronzen ... 168—175
 A. Weißmetalle: a) Gewichtsanalytische Untersuchung; b) Maßanalytische Bestimmung von Zinn und Antimon: 1. Bestimmung von Zinn, 2. Bestimmung von Antimon; c) Schnellmethode zur Bestimmung von Zinn und Antimon ... 168—174
 B. Rotguß und Bronzen ... 174—175
16. Entzinnte Weißblechabfälle ... 175—176
17. Schmiermittel ... 176—183
 A. Ölige Schmiermittel: 1. Zähflüssigkeit, 2. Entflammbarkeit, 3. Brennpunkt, 4. Wasser, 5. Mineralsäure, 6. Harz, 7. Seife, 8. Fette Öle, Wachse, 9. Harzöle, 10. Steinkohlenteeröle, 11. Asphalt und Pech, 12. Entscheinungsmittel, 13. Suspendierte Stoffe verschiedener Art, 14. Asche, 15. Angriffsvermögen auf Lager- und andere Metalle, 16. Mechanische Prüfung ... 176—182
 B. Konsistente Schmiermittel ... 182—183
18. Lösungen: 1. Zinnchlorür, 2. Quecksilberchlorid, 3. Mangansulfatphosphorsäure, 4. Ammoniummolybdat, 5. Permanganat, 6a. Kadmiumzinkazetat, 6b, Kadmiumsulfat, 6c. Kadmiumazetat, 7. Silbernitrat, 8. Magnesiamixtur, 9. Ammoniakalisches zitronensaures Ammon, 10. Zitronensäure, 11. Phosphorsäure, 12. Schwefelnatrium, 13. Zinkoxydammoniak, 14. Benzidin, 15. Phenolphtalein für Kohlensäurebestimmung, 16. Methylorange ... 183—185
19. Titerflüssigkeiten: 1. Permanganat, 2. Arsenige Säure, 3. Ferrosulfat, 4. $^1/_{10}$ Normalnatriumthiosulfat, 5. Etwa $^1/_{10}$ Normaljodlösung, 6. Annähernd $^1/_{10}$ Normal $FeCl_3$, 7. Permanganat und Natriumthiosulfat nach Kinder, 8. $^1/_{10}$ Normalnatriumkarbonat, 9. $^1/_{10}$, $^1/_4$ und $^1/_2$ Normalnatronlaugen, 11a. $^1/_2$ Normalkaliumbromat und Kaliumbromid, 11b. $^1/_{10}$ Normalkaliumbromat und Kaliumbromid, 12. Kaliumpalmitatlösung nach Blacher, 13. Clarksche Seifenlösung für Härtebestimmung ... 185—193
Sachregister ... 194—197

I. Probenahme und Vorbereitung der Proben für die chemische Untersuchung.

Die Rohmaterialien, Zwischen-, End- und Nebenprodukte werden einer chemischen Untersuchung unterzogen, um den Wert, nach dem die Bezahlung zu erfolgen hat, zu bestimmen und gleichzeitig den Herstellungsprozeß auf seine Richtigkeit zu kontrollieren. Zu diesem Zweck müssen von allen Stoffen, gleichgültig ob in festem, flüssigem oder gasförmigem Aggregatzustand, Durchschnittsproben genommen werden. Diese Durchschnittsprobe soll im kleinen ein genaues Bild geben von dem gesamten, zur Untersuchung vorliegenden Stoffe.

Daraus ist nicht nur die Wichtigkeit zu entnehmen, welche die Probenahme hat, sondern auch die Schwierigkeit, wenn es sich um große Mengen eines ungleichmäßig zusammengesetzten und dabei oft sehr wertvollen Materials handelt, da es von der richtigen Probenahme abhängt, ob z. B. das betreffende Rohmaterial nicht überzahlt wird und sich für einen bestimmten Verwendungszweck überhaupt eignet.

Im allgemeinen lassen sich für die Probenahmen wohl keine bindenden Regeln aufstellen. Immer wird der Fall eintreten, daß die Methoden spezialisiert werden müssen. Diese Verschiedenheiten haben teils ihren Grund in dem Charakter des Probegutes, teils hängen sie damit zusammen, wo und wann die Probenahme erfolgt.

Entsprechend der Schwierigkeit und der überaus großen Wichtigkeit der Probenahme soll diese Arbeit nur von Personen ausgeführt oder zum mindesten kontrolliert werden, die eine lange Erfahrung darin besitzen und die gleichzeitig mit den Eigenschaften des Probegutes durchaus vertraut sind. Deshalb empfiehlt es sich, daß die Probenahme stets vom Laboratorium aus erfolgt, da dasselbe für jedes Hüttenwerk neutraler Boden ist und somit die größte Gewähr für eine objektive Probenahme gegeben wird[1]).

Bei Materialien, deren Wert nach dem Gehalte eines bestimmten Bestandteiles oder auch mehrerer festgestellt wird,

---

[1]) Vgl. Bericht Nr. 3 der Chemiker-Kommission des Vereins deutscher Eisenhüttenleute, 1911.

werden die Proben vielfach in Gegenwart je eines Vertreters von seiten des Käufers und des Lieferanten genommen. Diese Herren bleiben auch bei der weiteren Vorbereitung der Probe zur Analyse zugegen. Von der fertigen Probe erhält dann jeder von ihnen einen Teil, während ein dritter Teil, mit den Siegeln beider Parteien verschlossen, für die eventuelle Schiedsanalyse aufbewahrt wird. Dieselbe wird von einem Schiedschemiker, über den sich beide Parteien geeinigt haben, durchgeführt. Es gilt dann für die Bezahlung meistens das von diesem ermittelte Resultat. Seltener wird für die Verrechnung das Mittel genommen zwischen der Schiedsanalyse und dem ihr am nächsten kommenden Resultat. Auch kommt es vor, daß gemeinschaftlich von den Chemikern beider Parteien die Schiedsanalyse durchgeführt wird. Darüber muß in den schriftlich gemachten Verträgen Genaues festgesetzt sein.

Die für gewöhnlich gestattete Spannung in den von seiten des Käufers und des Lieferanten gemachten Analysen beträgt z. B.

1. bei Erzen, Eisenschlacken usw. für Fe: 0,5%, Mn: 0,5%, P: 0,05—0,25%, SiO_2: 0,5%, S: 0,1%, in S-reichen Materialien 0,5%, Cu: 0,05—0,10%,

2. bei Ferrolegierungen für Si im Ferrosilizium: 1%, Cr im Ferrochrom: 0,5—1%, Mo im Ferromolybdän: max. 0,5%, V im Ferrovanadin: 0,25—0,5%, Mn im Ferromangan: 0,5—1%, Ti im Ferrotitan: 0,5—1%, Wo im Ferrowolfram: max. 0,5%.

Die Höhe der zulässigen Spannung hängt auch von der Menge ab, in welcher der betreffende Bestandteil vorhanden ist.

Was die Größe der zu nehmenden Probe angeht, so hängt sie in erster Linie von der mehr oder weniger gleichmäßigen Beschaffenheit des Gutes ab, dann aber auch von seiner Quantität; denn es ist wohl selbstverständlich, daß man von einer Schiffsladung eine größere Probe nehmen muß als von einem Eisenbahnwagen, wenn man einen guten Durchschnitt bekommen will.

Als Anhaltspunkt kann dienen, daß die auf 10 000 kg Material bezogenen Proben mindestens betragen sollen für:

Kohle . . . . . . 4 kg
Koks . . . . . . 4 „
Erze . . . . . . 5 „
Eisenschlacken . . . 7 „

Ist das Material sehr ungleichmäßig, müssen die Proben größer genommen werden.

Im folgenden geben wir nun die Art und Weise der Probenahme für die verschiedenen Stoffe und Materialien, die für Eisenhütten in Betracht kommen, in großen Zügen. Es soll damit aber nicht gesagt sein, daß nicht auch noch andere Methoden, die gute Resultate liefern, in Gebrauch sind. Die angeführten sollen vielmehr nur als Beispiel und Fingerzeige dienen. Gleichzeitig werden wir darauf aufmerksam machen, wo bei der Probenahme der betreffenden Stoffe die spezifischen Schwierigkeiten liegen, die leicht zu Fehlern Veranlassung geben können. Wir haben in der Hauptsache folgende Probenahmen zu unterscheiden:

1. Kohle.

Die Probenahme der Kohle kommt hauptsächlich in Betracht
 a) beim Anbringen per Schiff,
 b) beim Anbringen per Seilbahn oder Förderband,
 c) beim Anbringen per Eisenbahnwagen,
 d) vom Lagerhaufen.

a) Bei Schiffsladungen wird die Probe aus den Greifern oder Kübeln während des Löschens genommen, und zwar aus jeder 10.—20. Fördereinheit oder in noch größeren Intervallen. Man nimmt sowohl von dem stückigen als auch von dem feinen Material etwas, und zwar in demselben Verhältnis, wie es schätzungsweise vorkommt.

b) Von Seilbahnwagen oder vom Förderband nimmt man in kurzen Zeiträumen hintereinander in gleicher Weise die Proben.

c) Die Probenahme aus dem Wagen geschieht nach drei Arten. Bei der ersten werden mehrere (gewöhnlich 6—8) Löcher gegraben, und aus jedem von den Stücken und dem Feinen in dem Verhältnis, wie sie nach Schätzen enthalten sind, kleine Mengen herausgenommen. Dabei ist zu beachten, daß die Oberfläche, welche stark verstaubt sein kann, vorher entfernt wird. Nach der zweiten Art erfolgt die Entnahme der Probe, nachdem der Wagen in der Mitte entleert worden ist, an den ganzen dabei hergestellten zwei Querschnitten entlang. Die dritte Art geschieht in der Weise, daß während des Entladens annähernd die hundertste Schaufel genommen und an eine im Wagen freigemachte Stelle gelagert wird. Nach grober Zerkleinerung wird in der später beschriebenen Weise eine Probe entnommen. Bei der dritten Art der Probenahme ist darauf zu achten, daß auch von den großen Stücken, welche direkt aus dem Wagen geworfen werden, entsprechende Stücke abgeschlagen werden.

d) Bei der Probenahme vom Lagerhaufen werden in kurzen Entfernungen voneinander möglichst tiefe Löcher in den Haufen gegraben und daraus, wie früher schon angegeben, von den Stücken und dem Feinen kleine Quantitäten entnommen.

4 Probenahme u. Vorbereitung der Proben für die chem. Untersuchung.

Die Probenahme vom Lagerhaufen ist schwierig, da fast immer Material von verschiedenen Korngrößen (Staub bis zu größeren Stücken) vorliegt. Die größeren Stücke rollen nämlich beim Entladen nach vorn, und der Kohlengrieß fällt zwischen dem stückigeren Material hindurch und befindet sich meistens im Innern des Haufens, so daß eine richtige Schätzung, in welchem Verhältnis die verschiedenen Korngrößen vorkommen, große Erfahrung des Probenehmers voraussetzt.

In den Fällen, wo auch der Feuchtigkeitsgehalt der Kohle ermittelt werden soll, kommt bei der Probenahme ein neues

Abb. 1.

Moment hinzu. Das in den Kohlen enthaltene Wasser konzentriert sich nämlich, selbst in verhältnismäßig kurzer Zeit, in den unteren Schichten.

Diese auf die eine oder andere Art entnommene Probe wird in folgender Weise weiter verarbeitet. Man zerschlägt die Stücke entweder mit einem Hammer oder zerkleinert sie mittels eines Steinbrechers, daß sie bei großen Proben höchstens die Größe einer Viertel-Männerfaust haben. Alsbald mischt man die Probe sehr gut durch dreimaliges Überschaufeln auf einen anderen Platz, breitet sie aus auf eine Dicke von nicht über 10 cm. Durch zwei kreuzförmig angebrachte schmale Furchen teilt man die Probe in vier Teile und entfernt zwei gegenüberliegende. Die zwei zurückgebliebenen werden auf Eisenplatten oder in einem Eisenmörser weiter zerkleinert, daß alles durch ein Sieb von 15 mm Maschenweite geht. Alsdann mischt man, breitet aus und teilt wie früher. Das wiederholt man unter Anwendung von Sieben mit 6 und 3 mm Maschenweite. Die durch wiederholte Teilung auf annähernd 1 kg verjüngte Probe wird noch weiter zerkleinert, bis sie durch ein Haarsieb geht. Nach nochmaligem gutem Durchmischen wird die Probe in drei Teile geteilt. Je eine erhält Käufer und Verkäufer, die dritte, mit

Abb. 2.

dem Siegel der beiden Parteien verschlossene und möglichst genau bezeichnete, wird für eine etwaige Schiedsprobe aufbewahrt.

Für die Zerkleinerung der Proben hat man verschiedene maschinelle Einrichtungen, so Steinbrecher, Brechwalzen und Mahlmühlen.

So z. B. besteht eine mechanisch betriebene Zerkleinerungsanlage der Firma Rawack & Grünfeld Aktiengesellschaft[1]) in Stettin (Abb. 1 u. 2) aus einem Steinbrecher, Walzengang und

---

[1]) Beschreibung und Abbildungen mit freundlicher Genehmigung der Firma Rawack & Grünfeld Akt.-Ges., Charlottenburg.

Kollergang, für welche, sofern sie einzeln betrieben werden, ein Motor von 5—6 PS vollständig ausreicht; für die Anlage wurde aber ein solcher von etwa 27,2 PS, 440 Volt und 510 Umdrehungen pro Minute gewählt, um alle Zerkleinerungsmaschinen nötigenfalls gleichzeitig anzutreiben. Die Proben, hier handelt es sich meistens um Erze und Schlacken, werden mittels Motorbootes zur Anlage geschafft, hierauf auf einen Plateauwagen, auf welchen sie durch einen Kran gehoben wurden, auf die Mittelplatten gestürzt. Dann werden die größeren Stücke durch den Steinbrecher geschickt, der in einer Stunde etwa 1000 kg Probegut auf Nußgröße bricht, mit dem anderen Teil der Probe vereinigt, entsprechend gemischt und verjüngt, alsbald auf der Walzenmühle bis auf etwa 3 mm Korngröße vermahlen, so daß bei diesem Feinheitsgrad die für die Endmuster erforderliche Probemenge von 2—3 kg herausgenommen und auf einer Kugelmühle oder auch durch Reiber auf einer Hartstahlreibeplatte fertig gerieben wird. Die Stundenleistung der Walzmühle beträgt etwa 250 kg.

Der Kollergang wird vorwiegend zur Verarbeitung von Stückabbränden, Abbrändebriketts, sowie auch Eisenerzbriketts verwendet, wobei ausdrücklich bemerkt wird, daß auch hierbei eine Vorzerkleinerung der Materialien durch den Steinbrecher meistenteils erforderlich ist. Die Leistung des Kollergangs bei Erzielung eines Feinheitsgrades auf 1—2 mm Korngröße beträgt etwa 75 kg je Stunde.

Bevor die Probe zur Analyse verwendet wird, muß sie noch in der Achatreibschale ganz fein gerieben und bei 100° C getrocknet werden.

Die Proben für die Wasserbestimmung sollen nur grob zerkleinert und direkt in gut schließende Glasflaschen oder emaillierte Gefäße gefüllt werden, da die Kohle bei der weiteren Zerkleinerung, wie sie zur eigentlichen Analyse Voraussetzung ist, Wasser verliert.

2. Koks.

Die Probenahme von Koks ist analog der von Kohle. Nur stellt sie sich schwieriger, da das Material sowohl bezüglich seiner Größe als auch in seinem Feuchtigkeitsgehalt noch auffälligere Verschiedenheiten zeigt. Die Probenahme erfolgt entweder bei den frisch gezogenen Bränden oder beim Entladen der verschiedenen Transportmittel. Stücke, die infolge ungenügenden Löschens verbrannt oder auch mit Lehm beschmiert sind (solche Stücke finden sich fast bei jedem Brande, ohne aber wegen ihrer geringen Menge den Qualitätsdurchschnitt des Brandes beeinflussen zu können), sollen bei der Probenahme ausgeschieden werden, weil sie, wie aus Gesagtem hervorgeht, ein falsches Resultat geben würden. Dagegen ist besonders bei dem „Verjüngen" der Probe darauf zu achten, daß der Koksstaub gleichmäßig mitgeprobt wird, weil er meistens relativ aschenreich ist.

3. Erze und Eisenschlacke.

Auch die Probenahme von Erzen und Eisenschlacken gleicht im Grundprinzip der von der Kohle und Koks. Neuerdings hat man besonders in Amerika statt der Probenahme von Hand maschinelle Probenehmer eingeführt. Die Urteile darüber lauten allerdings nicht sehr günstig, weil es schwierig sein soll, die Maschinen so einzustellen, daß sie gleichmäßig Erzstücke und Erzklein nehmen. Denn in der Verschiedenheit der Erzstücke und des Erzkleins liegt hier wieder wie bei Kohle und Koks die erste Fehlerquelle. Je nach der Art des Erzes können die Stücke oder aber auch der Staub das reichere Material sein.

Bei der Probenahme von Eisenschlacken ist darauf zu achten, daß dieselben fast immer metallisches Eisen in Form von Granalien enthalten, deren Menge bereits bei der Probenahme bestimmt wird und deren Fe-Gehalt bei der Berechnung des Gesamt-Fe-Gehaltes Berücksichtigung findet.

Der Fe-Gehalt der Granalien wird mit $90-93\%$ angenommen.

Zur näheren Erklärung der Berechnung diene folgendes Beispiel aus der Praxis:

Schlackenprobe . . . . 149000 g	}	Sieb I (15 mm²)
Granalien . . . . . . 40000 g		
Schlackenprobe . . . . 12450 g	}	Sieb II (6 mm²)
Granalien . . . . . . 3050 g		
Schlackenprobe . . . . 1490 g	}	Sieb III (3 mm²)
Granalien . . . . . . 440 g		
Schlackenprobe . . . . 450 g	}	Sieb IV (Haarsieb).
Granalien . . . . . . 125 g		

Die Feststellung der Granalien geschieht so, daß zuerst die ganze Probe (149000 g) auf der Dezimalwage abgewogen und dann durch ein grobes Sieb (15 mm²) geschickt wird. Das Zurückbleibende (40000 g) sind die Granalien Nr. 1. Von dem Durchlaufenden wird ein Durchschnitt genommen (12450 g). Dieselbe Operation wird mit drei folgenden Sieben von 6 mm², 3 mm² und ganz enger Maschenweite (Haarsieb) vorgenommen.

Die Berechnung geschieht folgendermaßen:

$$450 : 125 = (1490 - 440) : X; \quad X = 291,66$$
$$291,66 + 440 = 731,66$$
$$1490 : 731,66 = (12450 - 3050) : X_1; \quad X_1 = 4615$$
$$4615 + 3050 = 7665$$
$$12450 : 7665 = (149000 - 40000) : X_2; \quad X_2 = 67107$$
$$67107 + 40000 = 107107 \quad 149000 : 107107 = 1000 : X;$$
$$X = 71,88,$$

d. h. die Schlackenprobe enthält 71,88% Granalien und 28,12% Schlacke.

Von größter Wichtigkeit ist, daß die schließlich zur Analyse kommende Probe im Achatmörser zu einem unfühlbaren Pulver zerrieben wird, das so fein sein soll, daß es zwischen den Zähnen nicht mehr knirscht. Besonders bei Erzen, die im Schmelzfluß „aufgeschlossen" werden müssen, ist die äußerste Zerkleinerung notwendig, da der Aufschluß hierdurch bedeutend erleichtert wird.

4. Briketts.

Die Probenahme von Erzbriketts ist an sich leicht, indem z. B. nur von den verschiedenen Teilen der Sendung einzelne halbe Briketts genommen zu werden brauchen. Hier liegt die Schwierigkeit und die Möglichkeit eines Fehlers erst bei der weiteren Behandlung. Die chemische Zusammensetzung von Briketts ist nämlich an der Außenfläche und im Kern sehr verschieden, vor allem, was die Oxydationsstufen des Eisens angeht. Man zerkleinert deshalb die gesamte genommene Brikettprobe.

5. Hochofenschlacke.

Für Betriebsproben wird meistens mittels eines großen eisernen Löffels dem fließenden Schlackenstrahl eine Probe entnommen, da nach dem Erkalten der Schlacke Seigerungen eintreten, welche die Gewinnung eines guten Durchschnitts sehr erschweren. Die Probenahme von Schlackenkuchen erfolgt durch Abschlagen von Stücken an verschiedenen Stellen. Diese Stücke werden zu einer Probe vereinigt und wie früher weiter behandelt.

6. Hochofennebenprodukte.

a) Zinkhaltiger Gichtstaub.

Die Probenahme geschieht wie von Erzen.

b) Zinkhaltiger Ofenbruch und Mauerschutt.

Ofenbruch (Ansätze aus dem oberen Teil des Hochofenschachtes) und Mauerschutt von abgebrochenen Hochöfen enthalten, wenn darin zinkhaltige Erze verhüttet worden sind, oft größere Mengen Zink und werden nach dem Gehalte daran, von den Zinkhütten gekauft. Da beide Materialien sehr ungleichmäßig mit Zink durchsetzt sind und auch in der ursprünglichen Form nicht verhüttet werden können, muß das ganze Material vorher auf eine Korngröße bis 1 mm zerkleinert werden. Dabei bleibt auch Metall in größeren oder kleineren Körnern zurück. Von dem gemahlenen Material kann dann die Probe ganz leicht genommen werden. Das Metall wird, wenn es sich nicht zerkleinern läßt, am besten geschmolzen und daraus eine Schöpfprobe entnommen. Aus den ermittelten Zinkgehalten der Probe und des Metalls wird unter Berücksichtigung der Gewichte der Zinkgehalt des gesamten Materials berechnet.

c) Hochofenblei.

Dieses mehrfach bei der Verhüttung von bleihaltigen Erzen gewonnene Nebenprodukt enthält meistens berücksichtigungswerte Mengen von Silber. In den Bleihütten wird das Hochofenblei in großen eisernen Kesseln eingeschmolzen und mittels Zinks nach Pattinson entsilbert. Bei dieser Gelegenheit werden nach dem Einschmelzen, aber noch vor der Entsilberung, nach gutem Durchmischen des eingeschmolzenen Bleies Schöpfproben entnommen, und zwar gewöhnlich aus jedem Kessel wenigstens zwei.

7. Roheisen.

Das Roheisen wird entweder in flüssigem Zustande geprobt oder auch nach dem Erstarren. Probt man das Roheisen während des Abstichs oder, allgemein gesagt, solange es fließt — denn in Fällen, wo das Roheisen zum Mischer mit Pfannenwagen transportiert wird, nimmt man die Probe zuweilen auch erst beim Eingießen in den Mischer —, so bietet sich der Vorteil einer leichteren Zerkleinerung. Man gießt dann die mit einem eisernen Löffel geschöpfte Probe in einen mit Wasser angefüllten, engen Behälter, zu dem sich am besten ein Stahlrohr von vielleicht 10 cm lichter Weite und 1 m Höhe eignet, das in einem mit Wasser gefüllten Eimer steht. Durch die plötzliche intensive Abkühlung wird das Roheisen granuliert, und man vereinfacht so die Vorbereitung zur Analyse.

Die Granulierung, d. h. die plötzliche Abkühlung, ist nicht zulässig, wenn es auf die getrennte Bestimmung des Graphits und des chemisch gebundenen Kohlenstoffs ankommt.

Hat man Roheisen in Masseln zu proben, so sind folgende Punkte zu beachten:

10 Probenahme u. Vorbereitung der Proben für die chem. Untersuchung.

Hat das Roheisen längere Zeit im Freien gelegen, so ist seine Oberfläche angerostet und die Proben sind deshalb aus dem Innern der Masseln zu entnehmen. Ferner ist die Zusammensetzung der einzelnen Masseln nicht gleichmäßig. Die Randpartien und die scharfen Ecken — und gerade diese Teile werden von unerfahrenen Probenehmern der Bequemlichkeit

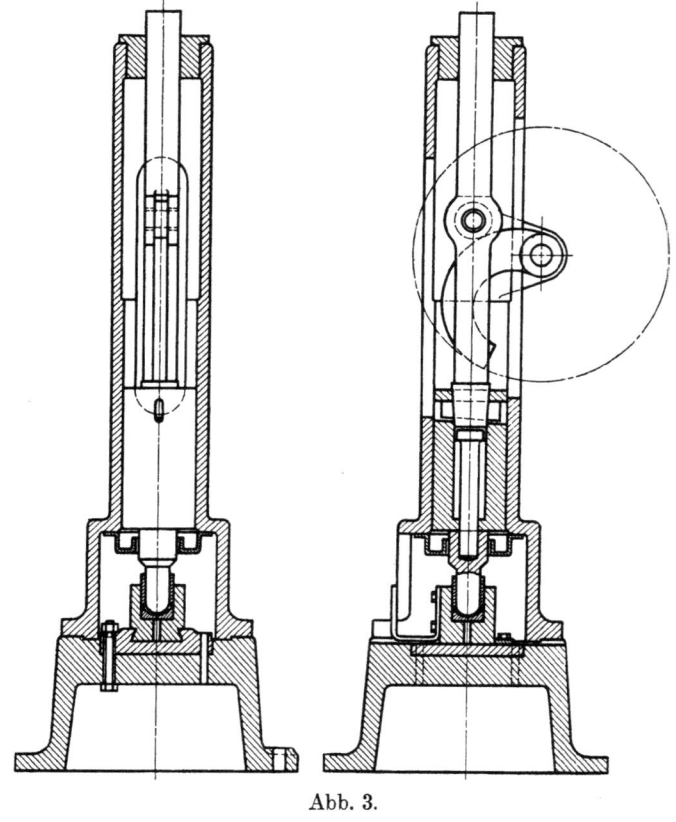

Abb. 3.

halber, da sie sich leicht abschlagen lassen, gern genommen — zeigen häufig eine andere Zusammensetzung als die Kernstücke, z. B. was den Schwefelgehalt angeht. Daß beim Proben von Roheisenmasseln dieselben von dem Sande, der ihnen vom Vergießen auf dem Herde her anhaftet, gesäubert werden müssen, ist wohl selbstverständlich.

Die weißen und halbierten Roheisensorten lassen sich im Stahlmörser leicht zu einem feinen Pulver zerstampfen, die Zerkleinerung des grauen Roheisens muß mittels eines Bohrers aus gehärtetem Stahl geschehen. Zur Zerkleinerung von weißem und halbiertem Roheisen dienen häufig Roheisenzerkleinerer, von welchen einer unter Abb. 3 abgebildet ist; es bedarf dabei wohl keiner weiteren Erklärung.

8. Ferrolegierungen.

Ferrolegierungen, die ihres Wertes wegen meistens verpackt zum Versand kommen, werden bei der Ankunft auf den Hüttenwerken in folgender Weise geprobt:

Je nach dem Wert des Materials und der Größe der Sendung schlägt man bei jedem einzelnen oder auch jedem zweiten oder dritten Faß oder Kiste einige Brocken aus verschiedenen Stücken mit dem Hammer heraus. Ist das Material ungleichmäßig — bei Ferrosilizium finden sich z. B. manchmal größere Einschlüsse von Quarz —, so ist darauf Rücksicht zu nehmen. Es ist das wieder ein Fall, wo die Erfahrung und Geschicklichkeit des Probenehmers eine Rolle spielt. Diese Proben werden wie beim Roheisen weiter verarbeitet.

9. Stahl.

Der Stahl wird entweder während des Chargenganges flüssig geprobt zur Kontrolle des Betriebes oder aber beim Vergießen. Im ersten Fall schöpft man mit einem langen eisernen Löffel die Probe aus dem Konverter oder dem Ofen und vergießt sie in kleine gußeiserne Formen, sogenannte Probekokillen. Im zweiten Fall läßt man den Stahl direkt aus der Gießpfanne in die Probeform einlaufen. Handelt es sich um gewöhnliche Qualitäten, die ohne besondere Zusätze hergestellt sind, so genügt eine Probekokille zur Beurteilung einer Charge. Anders bei legierten Stählen. Hier ist häufig ein nicht unbeträchtlicher Unterschied in der Analyse festzustellen, je nachdem, ob man am Anfang oder gegen Ende des Gießens geprobt hat. Man nimmt deshalb in diesen Fällen verschiedene Proben, deren Anzahl sich naturgemäß auch nach der Größe der Chargen richtet. Aus diesen Probestücken müssen für die Analyse kleine Späne durch Bohren, Fräsen oder Feilen gewonnen werden. Dasselbe gilt auch für alle anderen Stahlproben, die dem Laboratorium zur chemischen Untersuchung zugehen.

Die in den meisten Fällen mit einer Oxydschicht bedeckte Oberfläche muß vorerst blank gefeilt werden. Das Bohren muß trocken, ohne Öl, geschehen, ebenso muß vermieden werden, daß die Späne sich erhitzen und dadurch anlaufen. Liegen Späne vor, die mit Öl verunreinigt sind, so müssen dieselben mit Alkohol und Äther gewaschen und nachher getrocknet werden. Stahlstücke, die so hart sind, daß man sie nicht bohren kann, müssen vorher angelassen werden. In den meisten Fällen lassen sie sich dann bohren. Öfter gelingt es auch, von Stählen, die sich ihrer Härte wegen nicht bohren lassen, auf der Drehbank dünne Späne zu gewinnen.

10. Thomasschlacke und Thomasmehl.

Die Probenahme von der rohen Schlacke geschieht am besten von den erkalteten Blöcken durch Abschlagen von Stücken von verschiedenen Stellen, sowohl vom Rande als auch vom Innern des Blocks. Weniger verläßlich ist die Schöpfprobe der flüssigen Schlacke wegen der teigigen Beschaffenheit derselben.

Die Probenahme des Thomasmehls erfolgt aus jedem einzelnen Sack mittels eines Probestechers[1]). Diese vereinigten, gut durchgemischten Einzelproben vom Thomasmehl werden direkt ohne weitere Zerkleinerung und ohne vorherige Trocknung zur Analyse verwandt.

11. Zuschläge.

Zuschläge, d. h. Kalksteine, gebrannter Kalk, Dolomit usw., die meistens in Eisenbahnwagen angeliefert werden, müssen in gleicher Weise wie die Erze geprobt werden. Da die genannten Materialien häufig mit Quarz durchsetzt sind, so ist bei der Probenahme darauf Rücksicht zu nehmen, daß man nicht solche ganze Quarznester, wie sie manchmal vorliegen, in die Probe bekommt. Natürlich würde dadurch die Analyse in einer unrichtigen Weise beeinflußt. Ferner hat der Probenehmer sein Augenmerk darauf zu richten, daß im gebrannten Kalk sich auch immer Stücke von schlecht gebranntem Material befinden, die dann in entsprechender Menge mit in die Probe genommen werden müssen.

---

[1]) Er besteht aus einem unten zu einer Spitze ausgezogenen, mit einem Handgriff versehenen Rohr aus starkem Eisenblech von 4 cm lichter Weite, das einen seitlichen Längsschlitz von 2—3 cm Weite hat. Der eine Rand des Längsschlitzes ist etwas aufgebogen. Die Länge des Stechers soll 1 m betragen. Zur Probenahme drückt man den Stecher senkrecht in das zu probende Material, dreht ihn um seine Achse, zieht ihn wieder heraus und klopft ihn aus.

Die Proben von gebranntem Kalk müssen immer in gut verschließbaren Flaschen oder anderen Gefäßen aufbewahrt werden, da der gebrannte Kalk sehr leicht Wasser und Kohlensäure anzieht.

12. Steinmaterialien.

Bei Steinmaterialien, seien es nun Schamotte, Dinas oder andere, hat die Probenahme in gleicher Weise zu erfolgen, wie bei Erzbriketts ausgeführt, d. h. man nimmt von verschiedenen Stellen einer Lieferung einzelne Steine. Es genügt dann, aus jedem Stein ein Stück herauszuschlagen und die so gewonnenen Proben zur Analyse vorzubereiten. Das für die Analyse zu verwendende Material muß dabei von der äußeren Haut des Steines befreit sein, da diese durch die Einflüsse des Brennens usw. immer eine etwas andere Zusammensetzung aufweist. Siehe Fußnote S. 1.

13. Nebenprodukte der Kokerei.

Teer. Ammoniakwasser und Benzol. schwefelsaures Ammoniak, Pech.

Bei den flüssigen Produkten, welche in Kesselwagen versandt werden, geschieht die Probenahme vor dem Versand mittels eines annähernd 2 cm dicken Rohres, das langsam bis zum Boden des Wagens eingetaucht, dann oben durch Zudrücken eines Schlauchendes, das sich auf dem Rohre befindet, geschlossen wird. Das Rohr wird schnell herausgezogen und in ein bereitgehaltenes Gefäß entleert. Dieses wiederholt man so oft, bis man eine genügende Menge für die Untersuchung hat. Auch wird zuweilen ein Rohr verwendet, das von oben aus unten durch einen ventilartigen Deckel abgeschlossen werden kann.

Beim schwefelsauren Ammon werden, wie bei dem Thomasmehl, die Proben mittels eines Probestechers entnommen, meistens aus jedem Sack. Die gut gemischten und geteilten Proben müssen in dicht verschließbare Gefäße, am besten Glasflaschen, gefüllt werden.

Bei der Probenahme von Pech werden von einer größeren Anzahl Blöcke Stückchen abgeschlagen, zu einer Probe vereinigt und weiter zerkleinert.

14. Gase.

Bei der Probenahme von Gasen handelt es sich, von speziellen Fällen abgesehen, teils um Heizgase, wie Kokerei-, Generator- und Hochofengase, teils um Abgase Man will also

14 Probenahme u. Vorbereitung der Proben für die chem. Untersuchung.

entweder die Güte und Qualität eines zur Verbrennung bestimmten Gases feststellen oder sich überzeugen, ob die Verbrennung in ökonomisch günstigem Sinne verlaufen ist. In der Regel müssen die zu untersuchenden Gase aus Räumen, seien es Gaskanäle, Gaskammern usw., in die der Probenehmer natürlich selbst nicht eindringen kann, in Sammelgefäße angesaugt werden. Dieses Ansaugen geschieht mittels Röhren, deren Material von der Temperatur des zu probenden Gases abhängt. Glasröhren sind nur bei Temperaturen bis etwa 700° zu gebrauchen. Porzellanrohre sind bis 1200° anwendbar, doch beide haben den großen Nachteil, daß sie sehr vorsichtig angewärmt und langsam abgekühlt werden müssen, da sie sonst springen. Unempfindlich gegen Temperaturschwankungen ist Quarz; leider ist der Preis noch sehr hoch für dieses Material, und wird Quarz bei Temperaturen über 1200° gasdurchlässig. In den meisten Fällen kann man wohl Eisenrohre benutzen, besonders solche, die mit einem Wasserkühlmantel[1]) versehen sind. Allerdings läuft man bei ihnen, vor allen bei nicht gekühlten Röhren, Gefahr, daß die Gase mit dem Metall bzw. Metalloxyde in Reaktion treten, und die Zusammensetzung des Gases sich ändern kann. Um diese Reaktionen und gleichzeitig auch die Diffusion von Wasserstoff zu verhindern, empfiehlt es sich, die Eisenrohre durch mehrmaliges Eintauchen in eine Tonschlämme außen und innen mit einer Schicht feuerfesten Tones zu überziehen[2]).

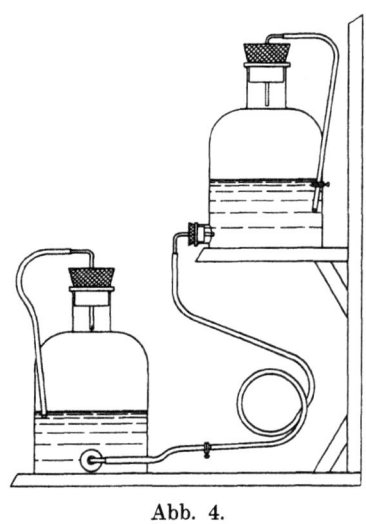

Abb. 4.

Das Ansaugen selbst geschieht am einfachsten mittels eines Aspirators, der aus zwei Flaschen von je 5 Litern Inhalt besteht. Die Anordnung ergibt sich aus der Zeichnung (s. Abb. 4). Ehe man das zur Analyse bestimmte Gas ansammelt, hat man

---

[1]) Vgl. Post, Chemisch-technische Analyse I. 110. 1908. — Lunge, Chemische Untersuchungsmethoden I. 235. 1910.
[2]) Vgl. Bericht der Chemiker-Kommission des Vereins deutscher Eisenhüttenbauten Nr. 5, 1911.

dafür zu sorgen, daß im ganzen Saugrohr die Luft durch das Gas verdrängt wird. Man saugt deshalb durch Umwechseln der beiden Aspiratorflaschen je nach der Länge des Saugrohres vier- bis fünfmal je 5 Liter Gas an. Auch ist zu beachten, daß die Gase teilweise vom Wasser absorbiert werden. Diese Absorption ist für verschiedene Gase verschieden. Sie beträgt bei 15^0 z. B. für CO_2 : 1,019 Vol.-Proz., für CO aber nur: 0,025 Vol.-Proz. Das Wasser der Aspiratorflaschen muß deshalb nach Möglichkeit mit dem zu analysierenden Gas gesättigt sein [1]). Die Gase sollen auf keinen Fall länger als unbedingt nötig in diesem Aspirator verbleiben. Können sie nicht sogleich zur Analyse kommen, so muß man sie in Glasgefäße überführen, die entweder gutschließende Hähne tragen, oder aber noch besser in Glaskugeln einschmelzen. In den meisten Fällen der Praxis wird aber wohl das Gas von der Entnahmestelle sofort ins Laboratorium gebracht, um dort analysiert zu werden.

Wo Gase aus Räumen genommen werden sollen, die der Probenehmer selbst betreten kann, z. B. in Gruben und Bergwerken, bedient man sich zur Probenahme eines Gefäßes von derselben Form, wie sie Abb. 5 zeigt. Das Gefäß besteht aus Metall und wird, mit Wasser gefüllt, in die Grube mitgenommen. An dem Ort, wo die Probenahme erfolgen soll, öffnet man beide Hähne, läßt das Wasser ausfließen und schließt die Hähne wieder.

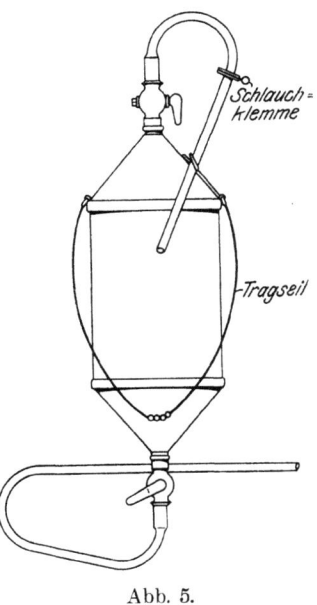

Abb. 5.

An dieser Stelle seien noch einige Worte darüber gesagt, wann die Gasproben genommen werden müssen. Handelt es sich z. B. darum, die Leistungen einer Kesselfeuerung festzustellen, so kann man aus einer einzigen genommenen Probe absolut keinen Schluß auf den Gesamtwirkungsgrad der Feuerung

---

[1]) Als Absperrflüssigkeit bewährt sich wegen der geringen Absorptionsfähigkeit für Gas eine kalte konzentrierte schwach schwefelsaure Kochsalzlösung.

ziehen; denn die Gase sind vor, während und nach dem Beschicken des Rostes sehr verschieden. Nur eine Reihe von Proben, die während der verschiedenen Betriebsperioden genommen sind, lassen irgendwelche Schlüsse zu. Analog liegt der Fall auch beim Herdofenprozeß. Will man sehen, ob die Gase gut ausgenutzt in den Essenkanal abziehen, so darf man nicht kurz vor dem Abstich, wo der Ofen meistens „forciert" wird, Probe nehmen, ebensowenig auch in der Zeit des Chargierens, da dann durch die offenen Ofentüren falsche Luft angesaugt wird. An Hand dieser beiden Beispiele kann man sich selbst sagen, daß der Zeitpunkt der Probenahme von Fall zu Fall genau zu erwägen ist, und daß andererseits Analysenresultate von Gasen nur dann Wert haben, wenn man weiß, unter welchen Bedingungen die Proben genommen sind.

15. Lagermetalle.

Lagermetalle, Bronzen und ähnliche Legierungen werden durch Anbohren, Fräsen oder Hobeln wie bei Stahl geprobt. Da diese Legierungen selten homogen sind, ist es schwierig, ein richtiges Durchschnittsmuster zu erhalten. Man muß Späne vom ganzen Querschnitt des Gegenstandes entnehmen, die Späne so weit als tunlich zerkleinern und gut durchmischen. Um der Richtigkeit möglichst nahe kommende Resultate zu erhalten, nimmt man größere Einwagen, von denen nach dem Auflösen aliquote Teile untersucht werden.

16. Entzinnte Weißblechabfälle.

Dieselben werden für den Eisenhüttenprozeß so wie andere Blechabfälle verwendet und enthalten fast immer noch kleinere Mengen Zinn, welches dann in das Eisen übergeht und dessen Qualität vermindert. Eine möglichst genaue Probenahme ist deshalb für die Untersuchung und richtige Beurteilung von großer Wichtigkeit. Da die Weißbleche an den Rändern oft eine bedeutend dickere Zinnschicht besitzen als sonst, so bleibt beim Entzinnen an den Randteilen der Bleche häufig mehr Zinn zurück. Bei der Entnahme der Probe ist deshalb zu berücksichtigen, daß man von möglichst vielen Stellen Stückchen abschneidet, die dann noch weiter zerkleinert und durchgemischt werden müssen.

II. Chemische Untersuchung.

1. Eisenerze, Briketts, Abbrände, Anilinrückstände und Eisenschlacken.

A. Einzelbestimmungen.

a) Gesamteisen (Permanganatmethode).

Wohl allgemein wird der Fe-Gehalt nach dieser Methode durch Titration des als Oxydul in der salz- oder schwefelsauren Lösung vorhandenen Fe mit Kaliumpermanganat bestimmt[1]. Dieser chemische Prozeß verläuft z. B. in schwefelsaurer Lösung nach der Gleichung:

$$10\ FeSO_4 + 8\ H_2SO_4 + 2\ KMnO_4 = 5\ Fe_2(SO_4)_3 + K_2SO_4 + 2\ MnSO_4 + 8\ H_2O.$$

Zur Analyse braucht man also eine Kaliumpermanganatlösung, deren Wirkungswert gegenüber Eisenoxydul, mithin auch gegenüber Fe, man kennt.

Diese Methode besitzt zwei Durchführungsarten:

1. Reinhardtsche Methode.

0,5 g der Substanz werden in einem Becherglase von 200 ccm Inhalt nach dem guten Durchfeuchten mit Wasser in 20 ccm HCl (1,19) unter späterem Zusatz einiger Körnchen $KClO_3$ gelöst und $1-1^1/_2$ Stunden erwärmt, daß die Flüssigkeit nicht ganz zum Kochen kommt. Die dabei stark eingeengte sirupdicke Lösung nimmt man mit wenig Wasser auf, filtriert den ungelösten Rückstand ab, wäscht einige Male mit heißer verdünnter HCl und dann mit heißem Wasser aus.

Ist der ungelöste Rückstand gefärbt, so ist das ein Zeichen für noch nicht vollständig zersetztes Erz. Man äschert deshalb das Filter in einem Platinschälchen oder -tiegel ein, glüht, läßt erkalten und dampft nach Zusatz einiger Tropfen verdünnter

---

[1] Vereinzelt ist auch noch die Zinnchlorürmethode im Gebrauch. Die Gesamteisenlösung wird genau so wie bei der Reinhardtschen Methode, bis zur Reduktion mit $SnCl_2$, vorbereitet. Beim Auflösen wird aber mehr $KClO_3$ zugesetzt, da alles Eisen in Form von Oxyd vorhanden sein muß. Dann ist zu beachten, daß kein freies Chlor in der Lösung mehr sein darf. Diese so zur Titration vorbereitete Lösung wird heiß mit $SnCl_2$ in geringem Überschusse versetzt und dieser mit einer Jodlösung, deren Wirkungswert auf die $SnCl_2$-Lösung gestellt worden ist, bestimmt. So wird die zur Reduktion der Fe_2O_3-Lösung notwendige Menge $SnCl_2$ genau bestimmt und daraus der Gesamteisengehalt berechnet. Die Gleichungen der chemischen Reaktionen sind folgende:
$$2\ FeCl_3 + SnCl_2 = 2\ FeCl_2 + SnCl_4$$
$$SnCl_2 + 2\ J + 2\ HCl = SnCl_4 + 2\ HJ.$$

H₂SO₄ und 1—2 ccm HF zur Trockne ab. Dann schließt man mit der 4—5 fachen Menge KHSO₄ auf. Sobald die Schmelze klar fließt, läßt man erkalten, löst in heißem Wasser, säuert mit HCl an und fällt das Fe mit NH₃ aus, kocht auf, filtriert, wäscht mit heißem Wasser sehr gut aus, löst dann den Niederschlag in HCl und vereinigt ihn mit der ursprünglichen Lösung. Diese Gesamteisenlösung wird jetzt eingeengt auf etwa 20 ccm, mit Wasser verdünnt und heiß mit SnCl₂-Lösung (Lösung 1, S. 183) reduziert. Die Entfärbung der gelben Eisenlösung zeigt den Punkt der beendeten Reduktion an. Man gibt noch 3—6 Tropfen SnCl₂ im Überschuß zu und macht das überschüssige SnCl₂ mit 25 ccm einer Lösung von HgCl₂ (Lösung 2, S. 183) unschädlich. Die Reaktion verläuft dabei nach folgender Gleichung:

$$SnCl_2 + 2 HgCl_2 = SnCl_4 + Hg_2Cl_2.$$

Der Überschuß von SnCl₂ darf nur so groß sein, daß das unlösliche Hg₂Cl₂ in Form eines fadenziehenden, perlmutterglänzenden Niederschlages sich ausscheidet. Bisweilen, wenn die Lösung vor dem Reduzieren sehr heiß war, ist er pulverig, jedenfalls darf die Flüssigkeit aber niemals stark milchig getrübt sein. Unterdessen gibt man in einen 1½—2 Liter fassenden Becherstutzen oder in eine große Porzellanschale 900 ccm Wasser und 60 ccm einer Lösung von MnSO₄ + H₃PO₄ + H₂SO₄ (Lösung 3, S. 183) und färbt mit fünf Tropfen Permanganatlösung (Titerlösung 1, S. 185) schwach rot an. Der Zusatz des Mangansulfates erfolgt, um zu vermeiden, daß bei der späteren Titration das KMnO₄ mit der HCl in Reaktion tritt[1]), und die H₃PO₄ hat den Zweck, die an sich gelbe Eisensalzlösung durch Bildung von farblosen Komplexsalzen zu entfärben.

Man spült jetzt die reduzierte Eisenlösung in den Becherstutzen und titriert die Flüssigkeit mit der KMnO₄-Lösung (Titerlösung 1, S. 185) auf den gleichen Farbenton. Aus der verbrauchten Anzahl Kubikzentimeter ergibt sich durch die Multiplikation ihres Wirkungswertes gegenüber Fe die vorhandene Menge Fe die auf Prozente umzurechnen ist.

2. Reduktion mit metallischem, eisenfreiem Zink und Titration mit KMnO₄.

Die Gesamt-Fe-Lösung der Substanz, von welcher 1 g eingewogen wurde, wird genau wie bei der Reinhardtschen Methode

---

[1]) KMnO₄ wirkt zwar auf verdünnte HCl bei Abwesenheit von Ferrosalz nicht ein; wahrscheinlich entsteht aber bei der Anwesenheit von Ferrisalz intermediär ein höheres Eisenoxyd, das HCl zu Cl oxydiert. Diese letzere Reaktion wird durch Zugabe von Manganosalz ausgeschaltet.

bis zur Reduktion mit $SnCl_2$ hergestellt. Statt diese Reduktion durchzuführen, spült man die Lösung in einen Kochkolben von 600 ccm Inhalt, fügt annähernd 20 g eisenfreies Zink und 20 ccm verdünnte H_2SO_4 dazu und verschließt durch einen Kautschukstopfen, in dem sich ein Glasröhrchen befindet. Dieses endet in einen Kautschukschlauch, der mit einem Längsschlitz versehen und durch ein Stückchen Glasstab verschlossen ist (Bunsensches Ventil). Sobald keine Wasserstoffentwicklung mehr stattfindet, werden nochmals einige Stückchen Zink und einige Kubikzentimeter verdünnter H_2SO_4 zugefügt. Wenn dann die Gasentwicklung aufgehört hat, wird die Flüssigkeit in einen Meßkolben von 500 ccm übergespült, derselbe zur Marke aufgefüllt, gut durchgeschüttelt und die Lösung durch ein trockenes Faltenfilter in ein trockenes Becherglas filtriert. Davon werden 100 ccm = 0,2 g abgenommen und nach Zusatz einiger Tropfen verdünnter H_2SO_4 mit $KMnO_4$ (Titerlösung 1, S. 185) titriert. Die Berechnung erfolgt unter Berücksichtigung der zum Titrieren genommenen Menge Substanz wie bei der Reinhardtschen Methode.

b) Besonderheiten bei der Eisenbestimmung.

1. In Raserzen, Anilinrückständen und anderen eisenreichen Produkten, die organische Substanzen enthalten.

Bei Raserzen, Anilinrückständen und anderen eisenreichen Produkten, die organische Substanzen enthalten, müssen diese vor dem Auflösen zerstört werden, da sie bei der späteren Titration hindern würden.

Man wägt zu diesem Zweck 0,5 g Substanz in einen geräumigen Porzellantiegel und glüht in nicht zu heißer Muffel. Ein Sintern muß unter allen Umständen sorgfältig vermieden werden. Nach dem Erkalten bringt man das Erz in ein Becherglas von 200 ccm Inhalt und behandelt mit 20 ccm konzentrierter HCl; die letzten Reste im Porzellantiegel löst man ebenfalls in konzentrierter HCl, vereinigt die Lösungen und engt sie ein. Sollte die ungelöst bleibende Kieselsäure gefärbt sein, so fügt man etwa 10 Tropfen HF zur Aufschließung hinzu. Bei den obengenannten Substanzen erübrigt sich ein Aufschluß mit $KHSO_4$. Die weitere Titration des Eisens bleibt dieselbe.

2. In Erzen, die V oder Sb enthalten.

In beiden Fällen müssen diese Körper vor dem Titrieren abgeschieden werden, da sie auf $KMnO_4$ einwirken.

0,5 g werden genau wie bei der Fe-Bestimmung nach Reinhardt in Lösung gebracht. Diese wird auf 400 ccm verdünnt und ammoniakalisch gemacht; dann wird, mit Schwefelammon, das Fe gefällt. V und Sb bleiben in Lösung. Der Niederschlag von FeS wird abfiltriert, mit schwefelammonhaltigem H_2O ausgewaschen und in verdünnter HCl gelöst. Die Lösung wird heiß mit HNO_3 oder $KClO_3$ oxydiert und mit NH_3 das Fe gefällt. Der filtrierte und mit heißem Wasser gut ausgewaschene Niederschlag wird durch verdünnte HCl gelöst, die Lösung eingeengt und nach Reinhard titriert.

c) Eisenoxydul.

Man wägt 1—2 g Substanz in einen Kolben von 600 ccm ein, der mit einem dreifach durchbohrten Gummistopfen verschlossen ist. Eine Bohrung trägt einen Scheidetrichter, durch die beiden anderen Bohrungen gehen rechtwinklich gebogene Glasröhren, von denen die eine mit einem Kippschen CO_2-Apparat verbunden ist, während die andere zum Abschluß gegen die Luft in ein Becherglas mit Wasser taucht. Man leitet eine Zeitlang CO_2 durch den Kolben, bis alle Luft ausgetrieben ist. Dann läßt man durch den Scheidetrichter 50 ccm HCl (1,19) zufließen, anfangs ohne zu erwärmen; später erhitzt man zum Kochen, engt die Lösung bis auf wenige ccm ein, gibt nochmals HCl zu und kocht wieder stark ein. Im CO_2-Strom läßt man erkalten, spült den ganzen Kolbeninhalt in einen Becherstutzen und titriert nach der Reinhardtschen Methode.

d) Rückstand und Eisen neben Rückstand.

Zur ersten Beurteilung von Erzen genügt vielfach die Bestimmung des Rückstandes und des Fe, das dabei in Lösung gegangen ist.

Als Einwage dient 1 oder 2 g Substanz, die mit Wasser durchfeuchtet und dann in HCl bei späterem Zusatz von einigen Körnchen $KCLO_3$ unter Erwärmen bis fast zum Kochen aufgelöst werden. Der Rückstand wird abfiltriert, einige Male mit verdünnter heißer HCl (1:10), dann gut mit heißem H_2O ausgewaschen, geglüht und gewogen. Er besteht in vielen Fällen fast nur aus SiO_2, in anderen aus SiO_2, TiO_2, unzersetzten Silikaten, $BaSO_4$, usw.

Das Filtrat wird im Meßkolben auf ein bestimmtes Volumen gebracht und eine aliquote, 0,5 g entsprechende Menge nach Reinhardt zur Bestimmung des Fe neben Rückstand titriert.

Es kommt oft vor, daß mehrere Prozente Fe im Rückstande verbleiben, was aber schon an der Farbe des ausgeglühten Rückstandes erkenntlich ist.

Eisenerze, Briketts, Abbrände, Anilinrückstände und Eisenschlacken. 21

e) **Besonderheiten bei der Analysenberechnung von eisenärmeren Magneteisensteinen, die angereichert werden sollen, und von daraus hergestellten Briketts.**

Eisenärmere Magneteisensteine, welche meistens der hohen Frachtspesen wegen nicht lohnend verhüttet werden können, werden seit einigen Jahren in ein hochwertiges Produkt umgewandelt, indem die Erze fein zerkleinert und durch magnetische Scheidung angereichert werden. Diese Konzentrate kommen in Form von Briketts in den Handel.

Für die Beurteilung des Roherzes muß man seinen Gehalt Fe_3O_4 (Magnetit) und Fe_2O_3 (Hämatit) genau kennen, und sind diese Bestimmungen von größter Wichtigkeit.

Bei der Brikettierung nach dem Gröndal-Verfahren kann das Fe_3O_4 in Fe_2O_3 umgewandelt werden. Die Erzbriketts sind dann im Hochofen leichter reduzierbar, deshalb ist auch in diesem Falle die Bestimmung des darin enthaltenen Fe_3O_4 neben Fe_2O_3 sehr wichtig.

1. Roherze.

Folgende Bestimmungen sind für die weitere Berechnung notwendig:

Eine FeO-, eine Gesamt-Fe-Bestimmung ohne Berücksichtigung des im unlöslichen Rückstand enthaltenen Fe und eine Bestimmung des Fe im Rückstand.

2,5 g werden genau wie bei der FeO-Bestimmung im Kohlensäurestrom gelöst. Die Lösung wird schnell mit H_2O in einen Meßkolben von 250 ccm gespült, wobei ein Rest des Rückstandes vorläufig im Kolben zurückbleiben kann. Der Kolben wird bis zur Marke mit H_2O aufgefüllt, gut durchgeschüttelt und auf ein trockenes Filter aufgegossen. Zuerst nimmt man 100 ccm = 1 g für FeO ab und titriert in bekannter Weise ohne vorherige Reduktion. Dann nimmt man die gleiche Menge ab, engt sehr weit ein, verdünnt mit H_2O, reduziert und titriert nach der Reinhardtschen Methode.

Alsbald wird der Rest des noch im Kolben verbliebenen Rückstandes vollständig auf das Filter gebracht, dasselbe mit verdünnter HCl und heißem Wasser gut ausgewaschen. Der Rückstand auf dem Filter wird dann genau so, wie bei der Reinhardtschen Methode angegeben ist, weiter behandelt und das Fe darin bestimmt.

Der Berechnung müssen wir folgende Betrachtung vorausschicken: Denkt man sich den Magnetit (Fe_3O_4) aus FeO und Fe_2O_3 zusammengesetzt, so ist es klar, daß der Magnetit 2 Teile Fe in Form von Fe_2O_3 und 1 Teil in Form von FeO enthält, daß also das Fe_3O_4 die dreifache Menge des Fe enthält, als sein in Oxydulform vorhandener Bestandteil aufweist. Man muß deshalb das in Oxydulform oben bestimmte Fe mit 3 multiplizieren, um diejenige Menge Fe zu erhalten, welche in Form von Fe_3O_4 im äußersten Fall vorhanden sein kann. Ist diese berechnete Fe-Menge kleiner als diejenige des Gesamt-Fe, das wir ohne Berücksichtigung ermittelt haben, so muß die Differenz in anderer Form vorhanden sein, nämlich als Fe_2O_3 (Hämatit). Fällt aber das neben dem Rückstand ermittelte Fe gleich oder sogar niedriger aus, als die dreifache Menge des als FeO ermittelten Fe beträgt, so ist kein Hämatit darin enthalten oder sogar lösliches Eisenoxydulsilikat[1]).

Zwei durchgerechnete Beispiele mögen die praktische Anwendung erläutern:

Beispiel: a) (Anwesenheit von Hämatit und Abwesenheit von löslichem Eisenoxydulsilikat).

Durch Analyse gefunden:
Fe bestimmt neben dem Rückstand . . 24,87%
Fe in Form von FeO 7,93%
Fe im Rückstand . . . . 1,76%.

Also Fe in Form von
Fe_3O_4 . . . 7,93 × 3 = 23,79% Fe
oder 32,87% Fe_3O_4 (Magnetit)
Fe_2O_3 . . . 24,87 − 23,79 = 1,08% Fe
oder 1,54% Fe_2O_3 (Hämatit)
löslichem Oxydulsilikat . . . keins
Gesamt-Fe 24,87 + 1,76 = 26,63%.

Beispiel: b) (Abwesenheit von Hämatit und Anwesenheit von löslichem Eisenoxydulsilikat).

Durch Analyse gefunden:
Fe bestimmt neben dem Rückstand . . 24,87%
Fe in Form von FeO 8,79%
Fe im Rückstand . . . . 1,76%.

Die 8,79% Fe in Form von FeO können in diesem Falle nicht allein erklärt werden durch Gegenwart von Fe_3O_4. Denn 8,79% Fe in Form von FeO entsprechen 8,79 × 3 = 26,37% Fe in Form von Fe_3O_4; es sind aber in unserem Beispiel überhaupt nur 24,87% Fe neben dem Rückstand ermittelt worden.

---

[1]) Es läßt sich allerdings auch der Fall denken, wo neben dem Magnetit sich gleichzeitig Hämatit und lösliches Eisenoxydulsilikat vorfindet. Unter diesen Umständen würde natürlich der errechnete Magnetitgehalt zu hoch ausfallen. Im übrigen ist unseres Erachtens die Möglichkeit eines größeren Fehlers hierdurch nur sehr gering.

Eisenerze, Briketts, Abbrände, Anilinrückstände und Eisenschlacken. 23

Es muß also außer dem an Fe_3O_4 gebundenen FeO noch FeO in anderer Bindung vorhanden sein und kann es wohl sicher als lösliches Oxydulsilikat angenommen werden. Zur Feststellung des in Form von Fe_3O_4 vorhandenen Fe führt folgende Deduktion.

Fassen wir wiederum das Fe_3O_4 auf als $Fe_2O_3 + FeO$. In unserem Beispiele b) haben wir Fe bestimmt neben dem Rückstand = 24,87%. Davon sind in Form von FeO 8,79%. Die Differenz, also $24,87 - 8,79 = 16,08\%$, sind Fe in Form von Fe_2O_3, das mit FeO zu Fe_3O_4 verbunden ist. Aus diesem Fe in Form von Fe_2O_3 berechnen wir das Fe in Form von Fe_3O_4, wenn wir die Menge durch 2 dividieren und den Quotienten mit 3 multiplizieren, mithin:

$16,08 : 2 = 8,04$. $8,04 \times 3 = 24,12\%$.

Wir haben demnach in unserem Beispiele b)
24,12% Fe in Form von $Fe_3O_4 = 33,32\%$ Magnetit.
Hämatit keiner.
Fe in Form von Oxydulsilikat $24,87 - 24,12 = 0,75\%$.
Gesamt-Fe $24,87 + 1,76 = 26,63\%$.

2. Briketts.

Zur Bestimmung des Fe_3O_4-Gehaltes wird in 2 g der feingepulverten Probe das Fe ermittelt, welches in Form von FeO enthalten ist. Dieser Prozentsatz an Fe mit 3 multipliziert, ergibt uns die Menge Fe, die in Form von Fe_3O_4 vorliegt. Man berechnet daraus den Fe_3O_4 — also Magnetitgehalt — durch Multiplikation mit 1,3815 [1]).

f) Mangan.

Insofern Mn für sich allein bestimmt und nicht vielleicht im Gange der vollständigen Analyse von den anderen Elementen als $Mn(OH)_2$ erhalten, geglüht und als Mn_3O_4 ausgewogen wird, geschieht die Bestimmung ausschließlich durch Titration mit $KMnO_4$ nach der Volhardschen oder der umgeänderten Volhard-Wolffschen Methode.

1. Volhardsche Methode.

Diese Methode ist die bei weitem verbreitetste. Sie beruht auf der Einwirkung von $KMnO_4$-Lösung auf Manganosalz. Als Titerflüssigkeit dient $KMnO_4$-Lösung von bekanntem Gehalt. Das

---

[1]) Das in der Fußnote auf S. 22 Gesagte gilt in gleicher Weise auch hier.

theoretische Verhältnis zwischen der Einwirkung der Permanganatlösung auf Fe einerseits und Mn andererseits beträgt 0,2952. Hat man aber den Titer der Eisenlösung nach der Reinhardtschen Methode festgestellt, so ist dieser Faktor zu niedrig, wie die Erfahrung gelehrt hat. Es sind zur Umrechnung auf den verschiedenen Hüttenwerken verschiedene Faktoren in Gebrauch. Wenn aber die Mn-Bestimmung in der unten angeführten Weise erfolgt, hat sich der Faktor 0,29713 ausgezeichnet bewährt.

Zur Analyse wägt man 2—5 g der Substanz in einem Becherglase von 200 ccm Inhalt und löst nach erfolgtem Anfeuchten mit H_2O in 30 ccm HCl (1,19). Dann gibt man anfänglich tropfenweise — sonst verläuft die Reaktion zu stürmisch — 20 ccm HNO_3 (1,40) hinzu. Die eingeengte Flüssigkeit wird mit H_2O verdünnt und filtriert, das Ungelöste in bekannter Weise mit HF und H_2SO_4 zur Trockne abgedampft und dann, wenn nötig, mit möglichst wenig $KNaCO_3$ aufgeschlossen. Die Schmelze wird in Wasser gelöst, mit HCl angesäuert, mit einigen Tropfen NHO_3 (1,40) gekocht und mit der ursprünglichen Lösung vereinigt. Die gesamte Flüssigkeit spült man in einen 1 Liter Meßkolben und gibt zur Ausfällung des Fe in Wasser aufgeschlämmtes ZnO hinzu. Das ZnO ist vorher zu prüfen, ob es auf Permanganatlösung nicht reagiert[1]).

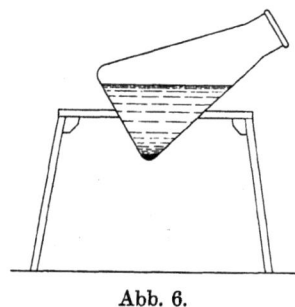

Abb. 6.

Die Zugabe des ZnO hat portionsweise unter lebhaftem Umschütteln zu erfolgen, bis eben alles Fe_2O_3 ausgefällt ist. Der annähernde Punkt ist in einem plötzlichen Gerinnen des Niederschlages ersichtlich. Man schüttelt weiter gut durch, bis die Flüssigkeit über dem Niederschlage farblos oder nur ganz schwach

---

[1]) Die Prüfung geschieht in folgender Weise. Annähernd 10 ccm HCl (1,19) und 5 ccm HNO_3 (1,40) werden in einem Erlenmeyerkolben mit 500 ccm Wasser verdünnt. Dann fügt man von dem zu prüfenden ZnO im Überschusse zu, daß ein bemerkenswerter Teil ungelöst bleibt, schüttelt gut durch, filtriert durch ein Faltenfilter in einen Erlenmeyerkolben von derselben Größe und erhitzt zum Kochen. Sodann setzt man Permanganatlösung tropfenweise zu. 4 Tropfen müssen eine sehr deutliche, wenigstens 5 Minuten bleibende Rotfärbung verursachen. Das im Handel vorkommende Zinkoxyd (Rot-Siegel) ist meistens gut verwendbar. Es muß aber jedes einzelne Faß während seiner Verwendung noch mehrmals geprüft werden. In den meisten Fällen genügt ein Ausglühen in der Muffel, wenn das ZnO der Probe nicht standhalten sollte.

milchig gefärbt ist, der Niederschlag selbst muß dunkelbraun sein. Der Kolben wird mit Wasser fast bis zur Marke aufgefüllt, unter der Wasserleitung abgekühlt, dann genau bis zur Marke aufgefüllt, gut durchgeschüttelt und durch ein trockenes Faltenfilter in ein trockenes Becherglas filtriert [1]).

Vom Filtrate nimmt man einen aliquoten Teil je nach dem zu erwartenden Mn-Gehalte zur Titration in einen Erlenmeyerkolben ab, läßt aufkochen und titriert unter lebhaftem Umschütteln die vorher zum Kochen erhitzte Lösung.

Von der Art und Dauer des Umschüttelns ist es allein abhängig, wie rasch der Niederschlag sich absetzt, und davon wieder die Dauer der Titration überhaupt. Das Absetzen der Flüssigkeit geschieht am besten, indem man den Kolben schräg in ein Holzgestell (Abb. 6) legt. Man kann dann rasch erkennen, ob die überstehende Flüssigkeit gefärbt ist oder nicht. Bei dem ersten Umschütteln der Lösung hat man vorsichtig zu sein, da leicht Siedeverzug eintritt und dann bei der lebhaften Bewegung plötzlich die Flüssigkeit aufschäumt. Die Titration ist beendet, wenn die klare Lösung über dem Niederschlage schwach aber doch gut bemerkbar rosa gefärbt ist, und zwar muß diese Rosafärbung wenigstens 5 Minuten lang sich unverändert halten.

Es ist sehr zu empfehlen, eine Vorprobe zuerst schnell zu titrieren, um ungefähr die Zahl der zu verbrauchenden Kubikzentimeter kennen zu lernen. Bei der weiteren Titration gibt man die annähernde Menge Permanganatlösung, die gebraucht wird, auf einmal zu, schüttelt kräftig durch und titriert dann schnell zu Ende.

An dieser Stelle sei noch einmal darauf hingewiesen, daß es durchaus notwendig ist, sich genau an diesen Analysengang zu halten. Bei anscheinend auch nur geringfügiger Änderung muß auch eine Änderung des Faktors bei der Berechnung eintreten. Kocht man z. B. bei der Titration kurz vor Beendigung derselben

---

[1]) Die in den Handel gebrachten Faltenfilter sind für den Gebrauch bei der Mn-Bestimmung oft nicht direkt verwendbar, weil die Flüssigkeiten, welche hindurchfiltriert werden, oft auf die Permanganatlösung reagierende Stoffe aufnehmen. Davon kann man sich am leichtesten überzeugen, indem man heißes H_2O durch mehrere übereinandergelegte Filter filtriert und dann einige Tropfen Permanganatlösung hinzufügt. Die Faltenfilter müssen deshalb für den Gebrauch vorher gewaschen werden. Das Auswaschen geschieht so, daß man die Filter in einer Porzellanschale mit kochendem destillierten Wasser übergießt, dasselbe nach 20 Minuten abgießt und dies noch einmal wiederholt. Man breitet dann die Filter über Filtrierpapier als Unterlage auf einem abgedrehten, noch warmen Herd aus und läßt sie über Nacht trocknen.

noch ein zweites Mal auf, so liegt der in diesem Fall anzuwendende Faktor in der Nähe des theoretischen. Der präzise Wert hängt aber dabei von der Dauer des Kochens ab.

2. Volhard-Wolffsche Methode.

Die von Wolff umgeänderte Volhardsche Methode unterscheidet sich von der letzteren dadurch, daß der Fe_2O_3-Niederschlag nicht abfiltriert, sondern mit ihm titriert wird. Hier ist jeder Überschuß von ZnO zu vermeiden, sonst fallen die Resultate zu niedrig aus. Gewöhnlich wird die ganze Einwage titriert und sie muß dementsprechend kleiner genommen werden. Der bei dieser Methode in Rechnung zu setzende Faktor der Permanganatlösung ist dem theoretischen gleich, nämlich 0,2952.

g) Phosphor.
1. In As- und Ti-freien Erzen.

Als Einwage zur Phosphorbestimmung nimmt man $1/2 - 5$ g je nach dem voraussichtlichen Phosphorgehalt. Die eingewogenen Proben werden in einem Porzellanbecher (Größe 8—9 cm Höhe, 6—7 cm Bodendurchmesser) in HCl (1,19) gelöst und mit 20 ccm HNO_3 (1,40) oxydiert. Diese Becher eignen sich wegen ihrer großen Widerstandsfähigkeit gegen hohe Temperaturen vorzüglich für das nachher notwendige Rösten auf der heißen Ofenplatte. Nach dem Eindampfen zur Trockne stellt man den Porzellanbecher während 1—2 Stunden auf eine recht heiße Ofenplatte. Nachher läßt man erkalten, löst in HCl (1,19), verdünnt mit H_2O, kocht auf und filtriert das Ungelöste ab.

Bei Rasenerzen, Brauneisenerzen und Frischschlacken ist der auf dem Filter verbleibende Rückstand, weil er nie nennenswerte Mengen P einschließt, zu vernachlässigen, anders aber bei Magneteisensteinen und vor allem bei deren Briketts. Hier enthält der Rückstand oft relativ bedeutende Mengen von P. Deshalb müssen in diesem Falle die Rückstände in bekannter Weise mit HF und H_2SO_4 aufgeschlossen, in HCl gelöst und mit der ursprünglichen Lösung vereinigt werden.

Bei höheren P-Gehalten als 0,2 % wird die Flüssigkeit auf 100 ccm konzentriert, abgekühlt, mit NH_3 in deutlichem Überschusse versetzt und das hierbei ausgeschiedene Eisen in HNO_3 (1,40) gelöst, wobei ein Überschuß möglichst zu vermeiden ist.

Bei P-Gehalten unter 0,2 % empfiehlt es sich, die Lösung ganz weit einzudampfen, dann mit HNO_3 (1,40) zu versetzen, zu kochen bis zum Verschwinden der braunen Dämpfe und alsbald vorsichtig einzuengen, bis sich auf der Oberfläche der Flüssigkeit ein kleines Häutchen bildet, die Flüssigkeit selbst aber ganz klar ist. Sie wird abgekühlt und mit 5—10 ccm einer konzentrierten Lösung von NH_4NO_3 versetzt. In diese auf die eine oder andere Art vorbereitete Lösung wird in der Kälte Ammoniummolybdat (Lösung 4, S. 183) in größerem Überschusse zugesetzt. Das Becherglas stellt man in ein Wasserbad von 40—50° C und läßt den Niederschlag vollständig absitzen. Man rührt dreimal mit einem Glasstab den jedesmal vorher gut abgesetzten Niederschlag auf, filtriert und wäscht mit salpetersaurem H_2O (1% HNO_3) gut aus. Die Bestimmung des P in diesem Niederschlage kann auf fünffache Weise erfolgen.

1. Man kann die Filtration auf getrocknetem und gewogenem Filter vornehmen und muß dann das Filter bei 100° C trocknen und wägen. Der Niederschlag hat dann die Zusammensetzung $(NH_4)_3PO_4 \cdot 12 MoO_3$, d. h. im Niederschlag sind 1,64% P.

2. Man kann die Auswage auch in der Weise vornehmen, daß man den bei 100° C getrockneten Niederschlag vom Filter mit einem harten Pinsel in ein gewogenes Wägegläschen abpinselt, nochmals trocknet und dann wägt. Geringe Spuren, die am Filter bleiben, spielen keine Rolle und können vernachlässigt werden. Die Zusammensetzung des Niederschlages ist dieselbe wie unter 1 angegeben.

3. Auch in der Weise kann der Niederschlag bestimmt werden, daß man ihn vom Filter mit NH_3 löst, die Lösung in ein kleines gewogenes Porzellanschälchen fließen läßt, abdampft und schwach glüht. In diesem Falle hat der Niederschlag die Zusammensetzung $24 MoO_3P_2O_5$ und sein Gehalt an P beträgt 1,72%.

4. Eine weitere Methode, den P in dem Niederschlage zu bestimmen, beruht auf der Titration mit Normallauge, bzw. Normalsäure (siehe Bestimmung von P in Roheisen und Stahl). Diese Methode ist nur bei niedrigen P-Gehalten verwendbar.

5. Bei einer fünften Methode endlich wird der Phosphorammoniummolybdatniederschlag in kleinen Gläsern, die in graduierte Röhrchen endigen, zentrifugiert, und seine Menge kann direkt an der Skala der Röhrchen abgelesen werden.

2. In Ti-haltigen Erzen.

In diesem Falle muß die TiO_2 vor der Fällung des P entfernt werden. Man schmilzt 2—5 g der feingepulverten Probe mit $NaKCO_3$ und laugt aus. Der Phosphor geht in Lösung. Titan bleibt als Natriumtitanat ungelöst. Das Filtrat wird mit HCl angesäuert, die SiO_2 durch Abdampfen und Trocknen bei 150° C abgeschieden, mit HCl (1,19) gut durchgefeuchtet, in Wasser gelöst, SiO_2 abfiltriert und das Filtrat nochmals abgedampft. Das Filtrat von der SiO_2 wird nach dem Abdampfen wie bei 1. weiter behandelt.

3. In As-haltigen Erzen.

Das As kann ganz oder zum Teil in den Niederschlag von Ammon-Molybdän-Phosphat übergehen und muß deshalb vor Fällung dieses Niederschlages abgetrennt werden. Die Probe wird wie in 1. gelöst und die SiO_2 abgeschieden. Die soweit zur Fällung vorbereitete Lösung wird dann ammoniakalisch gemacht, der Niederschlag mit HCl in geringem Überschusse gelöst. Man leitet unter Erwärmen H_2S bis zur vollständigen Abscheidung des As ein. Der Niederschlag wird abfiltriert, das Filtrat gekocht, vom etwa ausgeschiedenen S durch Filtration getrennt, dann eingeengt, abgekühlt, ammoniakalisch, nachher schwach salpetersauer gemacht, mit molybdänsaurem Ammon gefällt und weiter behandelt wie in 1.

h) Kupfer.

Je nach dem vermeintlichen Cu-Gehalt löst man 0,5 g (in sehr reichen Erzen) bis 10 g (bei kupferarmen Erzen und Abbränden) nach dem Anfeuchten mit H_2O in HCl (1,19) und engt die Lösung ein. Nach dem Verdünnen mit H_2O wird das Ungelöste abfiltriert und das Filter verascht. Der Rückstand wird mit HF und H_2SO_4 zur Trockne abgedampft, mit HCl in Lösung gebracht und mit der ersten Lösung vereinigt. In der Kälte fällt man das Fe mit NH_3, bringt es mit HCl eben wieder in Lösung und verdünnt mit kaltem Wasser auf annähernd 600 ccm. Dann leitet man einen langsamen Strom von H_2S[1]) ein, bis die ausgefällten Sulfide sich gut absetzen und die Flüssigkeit über dem Niederschlage farblos, bei hohem Eisen-

---

[1]) Es sei an dieser Stelle auf eine Einrichtung hingewiesen, die es den Laboranten unmöglich macht, den H_2S in zu großen Quantitäten zur Anwendung zu bringen. In den meisten Laboratorien wird der H_2S wohl aus einem Zentralapparat entnommen. An den einzelnen Entnahmestellen wird nun ein kleiner Blasenzähler eingeschaltet und zwischen diesem Blasenzähler und dem Hahn in den verbindenden Gummischlauch ein Stückchen kapillares Glasrohr eingeschoben. Selbst bei ganz geöffnetem Hahn kann jetzt nur ein langsamer Gasstrom zur Anwendung kommen.

gehalt hellgrün gefärbt ist. Die ausgefällten Sulfide werden abfiltriert, mit H_2S-haltigem H_2O ausgewaschen, dann mit verdünnter Na_2S-Lösung in der Wärme behandelt, und wieder abfiltriert. Das Filter mit dem Niederschlage wird alsbald gut ausgeglüht, aber mit der Vorsicht, daß der Niederschlag nicht zusammensintert. Derselbe wird dann mit HCl (1,19) und HNO_3 (1,40) gelöst, zur Abscheidung des Pb mit H_2SO_4 bis zum starken Abrauchen abgedampft, in Wasser gelöst und filtriert. Das Filtrat wird ammoniakalisch gemacht, das etwa vorhandene Bi mit Ammonkarbonat gefällt (geringe Mengen von noch vorhandenem Fe werden dabei auch abgeschieden), aufgekocht und filtriert. Das Filtrat säuert man mit HCl schwach an und fällt das Cu mit H_2S als CuS. Den Niederschlag filtriert man und wäscht ihn mit H_2S-haltigem Wasser gut aus. Enthalten die Erze auch Zn, so macht man dieses Waschwasser immer schwach salzsauer. Bei geringen Cu-Gehalten, und wenn es nicht auf ganz besondere Genauigkeit ankommt, wird der Niederschlag direkt ausgeglüht und als CuO gewogen.

Ganz genaue Bestimmungen erhält man durch elektrolytische Ausscheidung des Cu. Der oben erhaltene CuS-Niederschlag wird in einem Porzellantiegel vorsichtig geglüht, dann in möglichst wenig HNO_3 (1,20) gelöst (es genügen 10—20 ccm). Diese Lösung wird in einem Becherglase von annähernd 11 cm Höhe und 7 cm Bodendurchmesser mit H_2O auf 100—200 ccm verdünnt und elektrolysiert bei 0,4—0,6 Ampère und 2—2,5 Volt. Die Temperatur soll zwischen 20—30° C liegen. Ob die Ausfällung des Cu zum größten Teil beendet ist, läßt sich nach Classen [1]) folgendermaßen annähernd erkennen:

Man läßt die negative Elektrode anfangs nicht ganz in die Flüssigkeit eintauchen. Ist die Ausfällung, so weit sich aus der Entfärbung der Lösung und aus der Zeitdauer schließen läßt, beendet, so taucht man die Elektrode etwas tiefer ein oder erhöht das Flüssigkeitsniveau durch Zugabe von H_2O um einige Millimeter. Wenn sich jetzt auf dem neu untergetauchten Teile nach 10—15 Minuten kein Cu mehr abscheidet, ist voraussichtlich die Ausfällung quantitativ. Um sicher zu gehen, nimmt man mit einer Pipette einige Kubikzentimeter, verdünnt mit H_2O und prüft mit H_2S. Es darf keine Bräunung eintreten; eine eventuell entstehende schwach milchige Trübung ist auf ausgeschiedenes S zurückzuführen.

---

[1]) Classen, Quantitative Analyse durch Elektrolyse. Berlin 1908, Verlag von J. Springer. S. 118.

Beweist uns diese Prüfung, daß das Cu quantitativ abgeschieden ist, so muß das Auswaschen bei ununterbrochenem Strom erfolgen. Es geschieht durch Abheben und Nachfüllen mit Wasser, wenigstens dreimal, bis die Flüssigkeit nicht mehr sauer ist. Wäre das der Fall, so könnte bei der Unterbrechung des Stromes ein Teil des Cu wieder in Lösung gehen. Die Elektrode wird mit destilliertem Wasser und zum Schlusse mit absolutem Alkohol nachgespült und im Luftbade bei 80—90° C getrocknet.

Das abgeschiedene Kupfer muß fleckenlos sein und charakteristische Farbe von Elektrolytkupfer haben.

Eine kolorimetrische Cu-Bestimmung ist bei dem Kapitel „Roheisen und Stahl" beschrieben.

i) Schwefel.

Der Schwefel wird jetzt fast ausschließlich nach der Schmelzmethode bestimmt.

1. Kaliumchloratmethode.

Man mischt in einem geräumigen Platintiegel 1 g der feingeriebenen und bei 100° C getrockneten Substanz mit 15—20 g eines Gemenges von 6 Teilen Na_2CO_3 und 1 Teil $KClO_3$ und erhitzt während einer Stunde über einer schwefelfreien Flamme zum Schmelzen[1]). Ist das Leuchtgas nicht vollständig schwefelfrei, so benutzt man am besten Bartelsche Benzinbrenner, die sich für diese Zwecke vorzüglich bewährt haben, oder man schmilzt in einem elektrisch geheizten Tiegel- oder Muffelofen.

In der Temperatur geht man nur bis zum guten Schmelzen, um ein Verflüchtigen der schwefelsauren Alkalien hintanzuhalten.

Der noch heiße Tiegel wird mit seiner unteren Hälfte in kaltes Wasser getaucht, damit sich die Schmelze leichter von der Tiegelwandung abtrennt. Die Schmelze wird dann mit heißem Wasser vollständig in ein Becherglas gebracht. Die Lösung kocht man annähernd ½ Stunde, filtriert und wäscht sie mit heißem Wasser aus. Alsdann säuert man das Filtrat mit HCl an, dampft bis zur Trockne, erhitzt einige Zeit bei annähernd 150° zur Abscheidung der SiO_2, läßt erkalten, nimmt

---

[1]) Alle zur Schwefelbestimmung angewandten Reagentien, auch das destillierte Wasser, müssen vollständig schwefelfrei sein und hat man sich durch Blindversuche davon zu überzeugen. Ist es vielleicht einmal unmöglich, einwandsfreie Reagenzien zu erhalten, so muß man mit genau bestimmten Mengen arbeiten und den dafür ermittelten Schwefelgehalt in Abzug bringen.

in H_2O und mehreren Tropfen HCl auf, filtriert, wäscht mit heißem Wasser aus und fällt in dem siedend heißen Filtrate die H_2SO_4 mit $BaCl_2$. Nach dem Aufkochen läßt man den Niederschlag vollständig absitzen, bei geringen Mengen empfiehlt es sich, die Lösung vor dem Fällen schwach ammoniakalisch zu machen und nach dem Fällen wieder schwach anzusäuern, dann einige Stunden am besten über Nacht absitzen zu lassen. Man filtriert, wäscht mit heißem H_2O, dann verdünnter HCl und zum Schlusse wieder mit heißem H_2O aus und glüht in einem Platintiegel. Durch das Verbrennen des Filters tritt zwar zum Teil eine Reduktion des Sulfates ein. Erhitzt man aber einige Zeit in schräg gestelltem Tiegel unter Luftzutritt, so oxydiert sich das BaS wieder zu $BaSO_4$ und es finden keine Verluste statt.

2. Natriumsuperoxydmethode.

Auf 1 g der aufzuschließenden Substanz nimmt man ein Gemisch von 4 g Natrium-Kaliumkarbonat und 2 g Na_2O_2. Man mengt dieses Gemisch mit der Einwage in einem starkwandigen Nickel- oder Eisentiegel gut durch und bringt es durch langsam steigende Hitze zum Sintern.

(Es empfiehlt sich, mit dem Erhitzen noch etwas weiter zu gehen, und zwar, bis das Gemenge eben zu schmelzen beginnt.)

Dann läßt man erkalten, laugt mit H_2O aus und bringt die Lauge samt Niederschlag in ein etwa 700 ccm-Becherglas, setzt zum vollkommenen Niederreißen der SiO_2 4 g festes NH_4Cl zu, kocht stark auf und filtriert nach dem Absitzen ab; der Niederschlag wird mit heißem H_2O gut ausgewaschen, das Filtrat mit HCl angesäuert und kochend heiß mit kochender $BaCl_2$-Lösung wie oben angegeben, gefällt. $BaSO_4$ enthält 13,73% S.

k) Arsen.

5 g der fein geriebenen und getrockneten Probe werden in einer Porzellanreibschale mit glasiertem Boden mit 5 $KClO_3$ verrieben und dann in ein Becherglas gebracht. Der in der Reibschale etwa verbliebene geringe Rest wird mit 80 ccm HCl (1,19) in das Becherglas gespült. Anfangs läßt man bei gewöhnlicher Temperatur stehen, später erhitzt man gelinde, bis das ent-

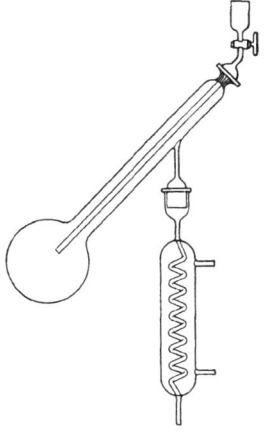

standene freie Cl gerade verjagt ist. Ist das Ungelöste gefärbt, so wird die überstehende Flüssigkeit in den Kolben (Abb. 7), in welchem später die Destillation zu erfolgen hat, abgegossen und der Rückstand mit etwas $KClO_3$ und HCl (1,19) in der Wärme behandelt und dann mit der anderen Flüssigkeit im Kolben vereinigt. Größere Mengen von Rückstand, welche beim Kochen ein Stoßen verursachen könnten, werden durch Filtration und Auswaschen mit Wasser abgetrennt.

Liegen Schwefelkiese für die Untersuchung vor, so werden 5 g nach Durchfeuchten mit Wasser in HNO_3 (1,40) gelöst, dann mit H_2SO_4 zur Staubtrockne abgedampft, in wenig Wasser gelöst und in den Destillierkolben übergespült.

Zu diesen für die Destillation vorbereiteten Lösungen fügt man 5 g Bromkali und 3 g Hydrazinsulfat[1]), beide in möglichst wenig H_2O aufgelöst, hinzu, sodann 50 ccm einer gesättigten Lösung von $FeCl_2$ in HCl (1,12) und erhitzt zum Sieden. Man destilliert, indem man für beste Kühlung des Destillates sorgt, derart, daß noch 25—30 ccm im Kolben verbleiben, d. h. bis die Lösung strengflüssig wird und gibt nochmals 50 ccm heiße — sonst kann der Kolben leicht springen — Eisenchlorürlösung hinzu. Bei richtigem Einhalten der Mengenverhältnisse ist die Destillation in $1^1/_2$—2 Stunden beendet. Ohne die Zugabe des Bromkali und Hydrazinsulfat ist — vor allem bei größerem Arsengehalt — die Destilliation nach zweimaligem Destillieren selten quantitativ und muß dann noch ein drittes und viertes Mal unter jedesmaligem Zusatz von 50 ccm HCl (1,19) wiederholt werden.

Im Destillat kann das As nun gravimetrisch oder titrimetrisch bestimmt werden.

1. Gravimetrische Methode.

Das Destillat wird mit H_2O verdünnt und in die Lösung etwa 1 Stunde lang H_2S eingeleitet. Das ausgefällte As_2S_3 läßt man, nachdem durch Einleiten von CO_2 der H_2S vertrieben worden ist, einige Stunden stehen und filtriert es in einen gewogenen Goochtiegel. Ausgewaschen wird der Niederschlag der Reihe nach mit schwach HCl-haltigem H_2O[2]), mit absolutem Alkohol, mit Schwefelkohlenstoff und mit Alkohol und alsdann bei 110° getrocknet und gewogen. Das Auswaschen mit Schwefelkohlenstoff, das gründlich erfolgen muß, geschieht zweckmäßig

---

[1]) Siehe Ber. d. D. Chem. Ges. 1910, S. 1218.
[2]) Man darf unter keinen Umständen mit reinem H_2O auswaschen, da As_2S_3 sich darin kolloidal löst.

Eisenerze, Briketts, Abbrände, Anilinrückstände und Eisenschlacken. 33

in folgender Weise: In ein Becherglas von 400 ccm Inhalt gibt man 2 cm hoch Schwefelkohlenstoff und stellt den Goochtiegel auf einen Glasfuß in das Becherglas. Auf das Becherglas setzt man einen mit kaltem H_2O gefüllten Rundkolben und stellt das ganze auf ein Wasserbad. Der Schwefelkohlenstoff kommt ins Sieden und kondensiert sich an dem als Kühler wirkenden Rundkolben und tropft ständig in den Goochtiegel. Das gründliche Auswaschen ist so in kürzester Zeit und ohne Arbeitsaufwand beendet.

Eine zweite Methode, das ausgeschiedene As_2S_3 zur Wägung zu bringen, beruht auf der Anwendung gewogener Filter. Man bedient sich dazu möglichst kleiner Filter (etwa 4 cm Durchmesser). Da das Abfiltrieren auf so kleinen Filtern sehr zeitraubend ist, so filtriert man die Lösung automatisch mittels eines Hebers. Mit Hilfe eines Schraubenquetschhahnes läßt sich die Filtration genau regulieren (Abb. 8).

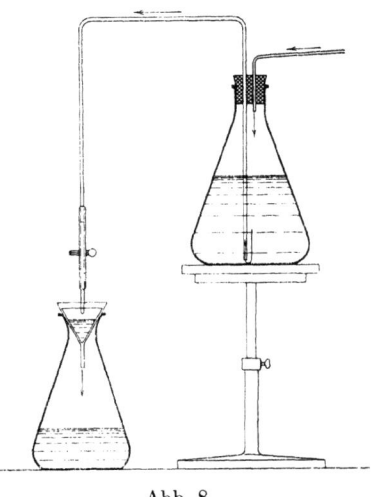

Abb. 8.

2. Titrimetrische Methode.

Das Arsen kann im Destillat auch titrimetrisch bestimmt werden, was wegen des jetzt sehr hohen Preises von Alkohol, der auch nur schwer beschafft werden kann, zu empfehlen ist. Das Destillat, das sehr stark salzsauer ist, wird zunächst mit NH_3 oder besser zur Vermeidung der sonst auftretenden Reaktionswärme mit $(NH_4)_2CO_3$ alkalisch gemacht und dann mit wenig HCl schwach angesäuert. Man fügt 3 g $NaHCO_3$[1]) hinzu und titriert mit einer Jodlösung von bekanntem Gehalt unter Zu-

---

[1]) Die Titration darf nicht in saurer Lösung vorgenommen werden, da die Reaktion zwischen arseniger Säure und Jod in saurer Lösung nicht quantitativ verläuft. Andererseits darf man auch nicht in alkalischer Lösung titrieren, da Jod auf freies Alkali selbst reagiert und man so zuviel Jod verbrauchen würde. Auf Bikarbonat hingegen reagiert Jod nicht.

gabe von Stärkelösung bis zur Blaufärbung[1]. Wir haben nach der Neutralisation folgende Reaktion zu berücksichtigen:

$$Na_3AsO_3 + 2J + H_2O = Na_3AsO_4 + 2HJ.$$

Ein etwaiger Überschuß von J ist mit Natriumtiosulfatlösung, die auf die Jodlösung eingestellt ist, zurückzutitrieren.

$$2J + 2(Na_2S_2O_3) = Na_2S_4O_6 + 2NaJ.$$

Die Titerstellung der Jodlösung erfolgt mit As_2O_3. Es werden 1,32 g davon in 100 ccm Wasser unter Zusatz von 10 g $NaHCO_3$ gelöst und auf 1 Liter verdünnt.

$$As_2O_3 + 4J + 2H_2O = 4HJ + As_2O_5.$$

Das Arsen kann nach György[2] auch mit $\frac{n}{10}$ Kaliumbromatlösung titrimetrisch bestimmt werden mit Methylorange als Indikator.

$$2KBrO_3 + 3As_2O_3 = 2KCl + HBr + 3As_2O_5.$$

Zur Bereitung der $\frac{n}{10}$ $KBrO_3$-Lösung werden 2,7852 g bei $100°$ C getrockneten Salzes in 1 Liter Wasser gelöst.

1) Chrom.

Die Bestimmung des Chroms wird bei höherem Chromgehalt immer titrimetrisch durchgeführt. Zu empfehlen sind folgende zwei Methoden:

1. Titration mit Ferrosulfat und Permanganatlösung.

1 g Erz wird mit 8 g Na_2O_2 gut durchgemischt und in einem Porzellantiegel mit dickem Boden etwa 10 Minuten geschmolzen. Man muß sich hüten, daß die Temperatur zu hoch steigt, da dann der Tiegel durchschmilzt. Selbst bei dem besten Porzellan wird der Tiegel immer angegriffen.

Nach dem Erkalten gibt man den Tiegel in ein entsprechend großes Becherglas und behandelt mit heißem H_2O, nimmt nach

---

[1] Statt nachträglich das Destillat zu neutralisieren, ist es vorzuziehen, die Vorlage vor Beginn der Destillation mit 750 ccm H_2O zu beschicken, in dem $NaHCO_2$ aufgeschlämmt ist. In diesem Falle erübrigt sich bei der Destillation die Anwendung eines Kühlers. Die Titration mit Jodlösung kann dann sofort in der Vorlage erfolgen. Von der verbrauchten Anzahl Kubikzentimeter Jodlösung sind jedoch 0,5 ccm n Abzug zu bringen, da erfahrungsgemäß bei einem Leerversuch diese Jodmenge bis zum Eintritte der Blaufärbung zugegeben werden muß.
[2] Ber. d. deutsch. chem. Ges. 1910, S. 1218.

erfolgter Lösung dasselbe heraus und spült ihn mit H_2O ab, kocht bis zur vollständigen Zerstörung des noch unzersetzten Na_2O_2, fügt vorsichtig 20 ccm konzentrierte H_2SO_4 hinzu und filtriert die erkaltete Flüssigkeit. Ist der auf dem Filter verbleibende Rückstand gefärbt, so muß der Aufschluß mit einer entsprechend kleineren Menge von Na_2O_2 in derselben Weise wiederholt werden. Die vereinigten Lösungen werden in einem Liter-Meßkolben übergespült und der Kolben mit Wasser bis zur Marke aufgefüllt. Je nach dem Chromgehalt werden zur weiteren Bestimmung 100 ccm oder mehr abgenommen.

Die Bestimmung des Chroms, das in der Lösung als Chromat vorliegt, bei der Titration mit Ferrosulfat und Permanganatlösung erfolgt nach der Reaktion:

$$2\,CrO_3 + 6\,FeSO_4 + 3\,H_2SO_4 = Cr_2O_3 + 3\,Fe_2(SO_4)_3 + 3\,H_2O$$
$$10\,FeSO_4 + 8\,H_2SO_4 + 2\,KMnO_4 = 5\,Fe_2(SO_4)_3 + K_2SO_4 + MnSO_4 + 8\,H_2O.$$

Man gibt zu der Chromsäurelösung von der Ferrosulfatlösung (Titerflüssigkeit 3, S. 187) 30 ccm hinzu und titriert dann das überschüssige Ferrosulfat mit Permanganatlösung von bekanntem Gehalt (Titerflüssigkeit 1, S. 186) zurück. Der Titer der Permanganatlösung auf Chrom ist gleich dem Titer der Permanganatlösung auf Eisen, multipliziert mit 0,310. Es ist nicht ganz leicht, den Farbenumschlag zu erkennen, besonders wenn ein Erz mit höherem Chromgehalt zur Analyse vorgelegen hat.

2. **Umsetzung mit Jodkalium und Titration des ausgeschiedenen Jods mit Natriumthiosulfat.**

Der Aufschluß geschieht genau so wie bei der Titration mit Ferrosulfat und Permanganatlösung jedoch in einem Eisentiegel.

Da hier eine Reduktion der CrO_3 durch naszierenden H, der sich bilden kann, möglich ist, muß nach dem Schmelzen eine Oxydation mit Permanganatlösung eingeschaltet werden; der Überschuß davon ist mit Alkohol unschädlich zu machen. Man spült dann in einem 1 Liter-Meßkolben über und nimmt einen aliquoten Teil davon. Derselbe wird fast zur Trockne eingedampft, mit verdünnter H_2SO_4 angesäuert, mit 1—2 g JK versetzt, alsbald 40 ccm verdünnte HCl hinzugefügt, auf 400 ccm verdünnt und nach kurzem Stehen mit Natriumthiosulfat titriert.

1 ccm $\frac{n}{10}$ J-Lösung = 0,001 733 g Cr.

m) Kupfer, Blei, Wismuth, Antimon und Zinn.

In den meisten Fällen enthalten die Erze so geringe Mengen von diesen Körpern, daß für deren Bestimmung die zur Gesamtanalyse angewendete Einwage von 1 g nicht genügt und eine größere genommen werden muß. Dieselbe richtet sich nach dem vermeintlichen Gehalte, für den uns die qualitative Untersuchung einen Anhalt gibt.

Man wägt bis 10 g ein, löst nach dem Durchfeuchten mit H_2O in HCl (1,19) unter Zusatz von $KClO_3$ und engt ein, gibt etwas $FeCl_2$ hinzu und verflüchtigt durch Eindampfen das As. Das Ungelöste wird nach dem Verdünnen mit H_2O abfiltriert und das Filter verascht. Der Rückstand wird mit HF und H_2SO_4 zur Trockne abgedampft, mit HCl in Lösung gebracht und mit der ersten Lösung vereinigt. Bei gewöhnlicher Temperatur fällt man das Fe mit NH_3, bringt den Niederschlag mit HCl eben wieder in Lösung und verdünnt mit kaltem Wasser auf 600 ccm. Dann leitet man einen langsamen Strom von H_2S ein, bis die ausgefällten Sulfide sich gut absetzen und die Flüssigkeit über dem Niederschlage farblos, bei hohem Eisengehalt hellgrün, gefärbt ist.

Die ausgefällten Sulfide[1]) können enthalten Cu, Pb, Bi, Sb, Sn und As, sie werden abfiltriert, mit H_2S-haltigem H_2O ausgewaschen dann mit verdünnter Na_2S-Lösung in der Wärme behandelt. In Lösung gehen dabei die Sulfide von Sb, Sn und As. Letzteres wird in einer besonderen Einwage bestimmt. Die ungelösten Sulfide von Cu, Pb und Bi werden in HNO_3 gelöst und mit H_2SO_4 abgedampft, dann in H_2O gelöst, abgekühlt, mit annähernd einem Drittel des Volumens Alkohol versetzt und über Nacht stehen gelassen. Das ausgeschiedene $PbSO_4$ wird abfiltriert, zuerst mit 5%iger H_2SO_4, dann mit Alkohol gewaschen. Der Niederschlag wird nach dem Trocknen möglichst vollständig vom Filter abgetrennt, dieses in einem Porzellantiegel eingeäschert, dann mit einigen Tropfen HNO_3 und nach dem Erwärmen mit einigen Tropfen H_2SO_4 versetzt, abgedampft und schwach geglüht. Nach dem Abkühlen gibt man den Hauptteil des $PbSO_4$ dazu in den Tiegel und glüht gleichfalls schwach. $PbSO_4$ enthält 68,29% Pb.

Das Filtrat von Pb wird bis zum vollständigen Entweichen des Alkohols gekocht, dann abgekühlt, mit NH_3 und $(NH_4)_2CO_3$ versetzt, gekocht und filtriert.

---

[1]) Enthalten die Erze Zn, so ist mit H_2S aus einer stärker salzsauren Lösung zu fällen und dem H_2S-Wasser dann etwas HCl hinzuzufügen.

Ist der Niederschlag von Eisen braun gefärbt, wird er in verdünnter HCl gelöst und Bi durch H_2S gefällt. Der Niederschlag wird nach dem Filtrieren und Auswaschen mit H_2O in HNO_3 gelöst, die Lösung mit NH_3 und $(NH_4)_2CO_3$ nochmals gefällt. Der abfiltrierte und ausgewaschene Niederschlag ergibt nach dem Glühen Bi_2O_3 mit 89,68% Bi.

Das Filtrat von Bi säuert man mit HCl schwach an und fällt das Cu mit H_2S als CuS. Den Niederschlag filtriert man und wäscht ihn mit H_2S-haltigem Wasser gut aus. Enthalten die Erze auch Zn, so macht man dieses Waschwasser schwach salzsauer.

Bei geringen Cu-Gehalten und wenn es nicht auf ganz besondere Genauigkeit ankommt, wird der Niederschlag direkt ausgeglüht und als CuO gewogen.

Ganz genaue Bestimmungen erhält man durch elektrolytische Ausscheidung des Cu. Der oben erhaltene CuS-Niederschlag wird in einem Porzellantiegel vorsichtig geglüht, damit er nicht zusammensintert, dann in möglichst wenig HNO_3 (1,20) gelöst (es genügen 10—20 ccm) und elektrolisiert. (Siehe „Einzelbestimmungen, Cu", S. 28).

Die durch Na_2S in Lösung gebrachten Sulfide von Sb, Sn und As werden in nachfolgender Weise getrennt.

Man fällt sie durch verdünnte HCl heraus, filtriert und wäscht sie mit H_2O. Dann bringt man sie mit Kalilauge in Lösung und oxydiert mit Cl oder H_2O_2. Ein Überschuß von Cl oder H_2O_2 muß durch Kochen vollständig zerstört werden. Die Trennung des Sb von Sn geschieht am besten nach der Methode von F. W. Clarke, die von Henze modifiziert ist.

Die Durchführung dieser Trennung ist unter der Analyse von Weißmetall S. 168 genau beschrieben.

Ist nur Sb oder Sn im Erz enthalten, so wird das gut ausgewaschene Schwefelmetall im Porzellantiegel in rauchender HNO_3 gelöst, abgedampft, vorsichtig geglüht und zur Wägung gebracht.

Sb_2O_4 enthält 78,95% Sb,

SnO_2 enthält 78,74% Sn.

n) Zink, Nickel und Kobalt.

Die Größe der Einwage richtet sich nach der zu erwartenden Menge dieser Bestandteile und schwankt für gewöhnlich zwischen 1 und 5 g. Das Lösen des Erzes wird genau wie bei der Bestimmung der in salzsaurer Lösung durch H_2S fällbaren Körper durchgeführt und müssen, wenn solche vorhanden sind, diese vorerst abgeschieden werden. Die aus salzsaurer Lösung abgeschiedenen Sulfide müssen mit H_2S-haltigem Wasser, das salzsauer gemacht worden ist, ausgewaschen werden, um etwa mitgefallenes Zink aus dem Niederschlag herauszulösen. Das Filtrat davon kocht man, bis H_2S vollkommen entwichen ist, oxydiert mit HNO_3 (1,40) und läßt abkühlen. Fe und Mn fällt man dann mit NH_3 und Bromwasser bei gewöhnlicher Temperatur, läßt wenigstens 1 Stunde kalt stehen, kocht auf und filtriert. NH_3 muß dabei in großem Überschusse vorhanden bleiben. Den Niederschlag löst man in HCl und wiederholt die Fällung zweimal. Das Filtrat konzentriert man, macht essigsauer und fällt in der heißen Lösung mit H_2S. Der Niederschlag wird nach dem Absitzen filtriert[1]) und mit heißem Wasser, das etwas $(NH_4)NO_3$ enthält, ausgewaschen. Ist nur Zn vorhanden, so wird der Niederschlag in einem Porzellantiegel bei schwacher Rotglut zu ZnO ausgeglüht. Der Niederschlag ist meistens nicht ganz rein. Er wird in HCl gelöst, ohne zu filtrieren, das etwa vorhandene Fe, Al und Mn mit NH_3 und Bromwasser gefällt und abfiltriert. Zeigt sich durch Blaufärbung des Filtrats, daß auch noch Cu enthalten ist, wird das Filtrat stark salzsauer gemacht, Cu mit H_2S gefällt, filtriert mit H_2S und etwas HCl-haltigem Wasser ausgewaschen. Beide Niederschläge werden zusammen geglüht und in Abzug gebracht.

ZnO enthält 80,34% Zn.

Bei Anwesenheit von Ni und Co neben Zn werden die Sulfide im Porzellantiegel schwach geglüht, in HCl aufgelöst und am besten nach der Zimmermannschen Methode getrennt[2]). Man versetzt die schwach saure Lösung mit Na_2CO_3 in geringem Überschusse, so daß eine schwache Trübung bleibt, welche man durch einige Tropfen sehr stark verdünnter HCl gerade in Lösung bringt. Dann setzt man auf je 80 ccm Lösung 10 ccm Ammoniumrhodanatlösung (1:5) zu und leitet nach dem Erhitzen auf etwa 70° H_2S ein. Nach einiger Zeit scheidet sich das ZnS als weißer Niederschlag aus, der nach dem Absitzenlassen in der Wärme filtriert und mit heißem Wasser ausgewaschen wird. Der Niederschlag wird bei schwacher Rotglut bis zum konstanten Gewicht geglüht und als ZnO ausgewogen.

Das Filtrat wird ammoniakalisch und dann essigsauer gemacht, Ni und Co mit H_2S ausgefällt. Gewöhnlich wird nur

---

[1]) Es ist zweckmäßig, auf das Filter vor dem Filtrieren etwas aufgeschlämmten Filterschleim zu geben, um ein klares Filtrat zu erhalten.

[2]) Nach Treadwell, Quantitative Analyse, 5. Aufl., S. 132.

die Summe beider Metalle verlangt. Es werden die Sulfide in Königswasser gelöst und aus der Lösung Ni und Co mit NaOH gefällt, gut ausgewaschen, geglüht und gewogen. Der Niederschlag enthält fast immer geringe Mengen Alkali, die durch Wasser nach dem Glühen entfernt werden können, und SiO_2. Der ausgeglühte und gewogene Niederschlag, der Ni als NiO und Co als CO und Co_3O_4 enthält, wird in HCl gelöst; SiO_2 bleibt ungelöst und kann nach dem Ausglühen zurückgewogen werden.

Die Trennung des Ni vom Co geschieht am besten nach der Methode von Tschugaeff-Brunck, wie Treadwell in seiner Quantitativen Analyse, 5. Aufl., S. 134, angibt. Diese beruht darauf, daß Ni durch Dimethylglyoxim aus schwach ammoniakalischer oder natriumazetathaltiger Lösung quantitativ als Nickeloxim gefällt wird, Co dagegen nicht. Ist die Menge des Co geringer oder gleich der Menge des Ni, so verfährt man genau so, als wäre Ni allein vorhanden; bei größeren Co-Mengen verwendet man die doppelte bis dreifache Menge der alkoholischen Dimethylglyoximlösung zur Fällung und verfährt so, wie weiter unten angegeben ist. Zur Bestimmung des Co teilt man die Lösung in zwei Teile. In dem einen bestimmt man das Ni mit Dimethylglyoxim, in dem anderen Ni + Co elektrolytisch. Aus der Differenz bekommt man das Co. Liegt sehr wenig Substanz für die Analyse vor, werden zuerst beide Körper elektrolytisch abgeschieden und nach dem Wägen mit HNO_3 in Lösung gebracht. In dieser Lösung bestimmt man dann das Ni mit Dimethylglyoxim.

Die Ni-Bestimmung mit Dimethylglyoxim bzw. durch Elektrolyse geschieht in folgender Art:

Die Dimethylglyoximmethode nach Tschugaeff-Brunck, welche sich in der Praxis vorzüglich bewährt hat, beruht auf der Eigenschaft des Dimethylglyoxims, in alkoholischer Lösung aus ammoniakalischer oder schwach essigsaurer Lösung das Ni in Form eines scharlachroten, kristallinischen, leicht zu filtrierenden Niederschlags von Nickeldimethylglyoxim auszufällen. Die Gegenwart anderer Körper schadet dabei nicht. Der chemische Prozeß findet nach folgender Gleichung statt:

$NiCl_2 + 2(CH_3)_2C_2(NOH)_2 =$
$(CH_3)_2C_2(NO)_2 \cdot Ni \cdot (CH_3)_2C_2(NOH)_2 + 2 HCl$.

1—5 g Erz werden nach dem Durchfeuchten mit HCl (1,19) in Lösung gebracht und mit HNO_3 oxydiert. Ist das Unlösliche nicht rein weiß und kann es Ni enthalten, so wird es nach dem Abfiltrieren, Auswaschen und Ausglühen mit HF und

H_2SO_4 zur Trockne abgedampft, in HCl gelöst und mit dem Filtrat vereinigt. Sodann dampft man wieder zur Trockne ab, löst in HCl und filtriert, wenn die Lösung nicht ganz klar ist. Auf je 1 g Einwage setzt man dann 10—15 g kristallisierte Weinsäure zu, neutralisiert genau mit NH_3, fällt mit 100 ccm (eventuell mehr) 1%iger alkoholischer Lösung von Dimethylglyoxim, verdünnt mit kochend heißem Wasser auf 500—700 ccm, setzt dann tropfenweise NH_3 zu, bis die Lösung deutlich nach NH_3 riecht, und läßt 1—2 Stunden an einem warmen Orte stehen. Dann filtriert man, wäscht mit heißem Wasser aus, nimmt das feuchte Filter aus dem Trichter, biegt den oberen Rand nach innen ein und steckt umgekehrt, daß die Spitze des Kegels nach oben kommt, das Filter in ein zweites, dessen oberen Rand man auch nach innen einbiegt. Diese Filter bringt man in einen mit Deckel versehenen gewogenen Porzellantiegel, erhitzt anfangs ganz schwach, bis keine Dämpfe aus dem Tiegel mehr entweichen, nimmt den Deckel ab und glüht bei mäßiger Temperatur, bis das Ni als NiO zurückbleibt. Sodann wird noch der Deckel von unten schwach ausgeglüht und nach dem Erkalten mit dem Tiegel gewogen.

NiO enthält 78,58% Ni.

Bei der elektrolytischen Bestimmung von Ni und Co als Metall fallen dieselben gemeinschaftlich heraus. Sie müssen für die Elektrolyse als Sulfat oder Chlorid in Lösung sein, aber nicht als Nitrat. Nach Treadwell fügt man für je 0,25—0,3 g Ni · 5—10 g $(NH_4)_2SO_4$ und 30—35 ccm konzentriertes NH_3 hinzu und verdünnt mit H_2O auf 150 ccm. Die Elektrolyse soll bei gewöhnlicher Temperatur mit einem Strome von 0,5—1 Amp. und 2,8—3,3 Volt durchgeführt werden. Zur genauen Feststellung, ob alles Ni und Co herausgefällt ist, entnimmt man 5 ccm der Flüssigkeit, macht dieselbe essigsauer und prüft mit H_2S. Nach beendeter Elektrolyse wird bei ununterbrochenem Strome die Flüssigkeit abgehebert und die Elektrode einigemal mit H_2O gewaschen wie beim Cu. Man wäscht die Elektrode mit dem Metallüberzug zum Schlusse noch mit Alkohol, trocknet im Trockenschrank und wägt[1]).

o) Vanadin.

Man löst 10 g nach dem Durchfeuchten mit H_2O in HCl (1,19) und oxydiert das vorhandene FeO mit möglichst wenig

---

[1]) Genaueres siehe Treadwell, Quantitative Analyse, 5. Aufl., S. 109 u. f.

Eisenerze, Briketts, Abbrände, Anilinrückstände und Eisenschlacken. 41

HNO_3, filtriert das Ungelöste ab und engt das Filtrat auf dem Wasserbade auf annähernd 15 ccm ein. Dann trennt man nach der Rotheschen Methode mit Äther.

Die Rothesche Methode dient zur Trennung größerer Mengen Fe von wenig V, Cu, Mn, Ni, Co, Al und Ti. Sie beruht auf der Eigenschaft des Fe_2Cl_6, unter bestimmten Bedingungen mit Äthersalzsäure geschüttelt in den Äther überzugehen, während die anderen Metalle in der wäßrigen salzsauren Lösung enthalten sind und von der Ätherlösung leicht abgetrennt werden können.

Nach Treadwell[1]) und den Erfahrungen im Laboratorium der Friedenshütte gelingt diese Trennung sehr gut in dem abgeänderten Rotheschen Apparat (Abb. 9) in nachstehender Weise.

Nötig sind dazu folgende Lösungen:
1. HCl (1,19).
2. Äthersalzsäure (1,19). HCl (1,19) wird so lange mit Äther geschüttelt, als noch davon aufgenommen wird. 1 Volum HCl (1,19) nimmt gegen $1^1/_2$ Volum Äther auf.
3. Äthersalzsäure (1,10). 1 Volum HCl (1,10) nimmt gegen $^1/_3$ Volum Äther auf.

Die zur Trennung vorbereitete Lösung gießt man in den oberen Scheidetrichter des Apparates und spült mit kleinen Mengen HCl (1,10) so lange nach, bis in der Schale keine Spur von einer Gelbfärbung zu bemerken ist. Dazu reichen 10 bis 15 ccm HCl aus. Nachdem die Flüssigkeit gut durchgeschüttelt und abgekühlt[2]) worden ist, da sie sich erwärmt hat, setzt man für jedes Gramm Fe 6 ccm Äthersalzsäure (1,19) hinzu, mischt und füllt den oberen Scheidetrichter fast ganz mit Äther voll, schüttelt gut durch und kühlt abermals mit fließendem Wasser ab. Jetzt spannt man den Apparat wieder in das Stativ ein und läßt bis zur vollständigen Trennung der Ätherschicht von der wäßrigen absitzen, zieht dann die letztere, welche meistens noch schwach gelb gefärbt ist, in den unteren Scheidetrichter vorsichtig ab, daß kein Äther mitkommt. In der Hahnbohrung verbleibt noch ein wenig von der wäßrigen Flüssig-

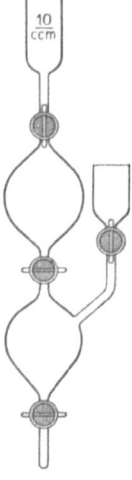

Abb. 9. Rothescher Apparat.

---

[1]) Fr. Treadwell, Kurzes Lehrb. d. anal. Chemie, 1917, S. 742 u. f.
[2]) Während der Trennung muß die Flüssigkeit kalt gehalten werden. In der Wärme wird durch den Äther etwas Fe_2O_3 zu FeO reduziert und dieses nicht vom Äther aufgenommen.

keit; um diese auch in den unteren Scheidetrichter zu bekommen, gießt man 3—4 ccm Äthersalzsäure (1,10) in den oberen Scheidetrichter und läßt die sich dann gesammelte wäßrige Flüssigkeit in den unteren Scheidetrichter ab.

Die olivgrün gefärbte Ätherlösung enthält noch geringe Mengen der abzutrennenden Metalle. Um diese auch zu gewinnen, gießt man in den oberen Scheidetrichter 10 ccm Äthersalzsäure (1,10), füllt den unteren fast ganz mit Äther an und schüttelt gut durch. Sobald sich die Schichten gut getrennt haben, läßt man die salzsaure Flüssigkeit des unteren Scheidetrichters in eine Porzellanschale ab und spült den in der Hahnbohrung verbliebenen Rest mit wenig Äthersalzsäure (1,10) nach.

Nun läßt man die salzsaure Lösung des oberen Scheidetrichters in den unteren, in welchem der Äther noch enthalten ist, fließen, spült wieder mit 3—4 ccm Äthersalzsäure (1,10) nach und zieht diese in den unteren Scheidetrichter ab, bringt in den oberen wieder 10 ccm Äthersalzsäure, schüttelt gut durch, zieht die salzsaure Flüssigkeit von dem unteren Scheidetrichter in die Porzellanschale ab und wiederholt den Zusatz von Äthersalzsäure (1,10) in dem oberen Scheidetrichter noch einmal.

Für die Vanadinbestimmung werden die in der Porzellanschale vereinigten wäßrigen Lösungen, welche das ganze V enthalten, auf dem Wasserbade zur Trockne verdampft. Den Rückstand versetzt man mit 15 ccm HCl (1,19), dampft wieder ab und wiederholt diese Operation noch dreimal, um alles V in VCl_4 umzuwandeln. Sodann fügt man 25 ccm H_2SO_4 (1:1) hinzu und dampft zur Vertreibung der HCl so lange ab, bis H_2SO_4 stark abraucht. Jetzt spült man unter vorsichtiger Zugabe von H_2O die Flüssigkeit in einen Erlenmeyerkolben, verdünnt auf annähernd 500 ccm, gibt 5—10 ccm H_3PO_4 (des Farbenumschlages wegen) hinzu, erhitzt auf annähernd 70° und titriert mit Permanganat (Titerlösung 1, S. 185) auf schwach rosa wie bei den Fe-Bestimmungen.

Fe-Titer · 0,91531 = V-Titer.

p) Molybdän[1]).

Bei geringem Mo-Gehalt werden 5—10 g, bei höherem 1—3 g in HCl (1,19) gelöst und mit HNO_3 oxydiert. Ein größerer Rückstand wird mit HF und H_2SO_4 bis zum vollständigen Vertreiben der H_2SO_4 abgedampft, dann wieder in HCl gelöst und mit der ersten Lösung vereinigt. Dann macht man mit NaOH alka-

---

[1]) Siehe auch Treadwell, Quantitative Analyse, 5. Aufl., S. 239.

lisch, versetzt mit einer Lösung von Na_2S, erwärmt 2—3 Stunden lang, filtriert und wäscht mit Na_2S-haltigem Wasser aus. Das Filtrat enthält das Molybdän, welches durch verdünnte H_2SO_4 herausgefällt wird. Man erwärmt so lange in einer Druckflasche, bis der Niederschlag sich vollständig abgesetzt hat, filtriert und wäscht mit heißem Wasser aus. Der noch feuchte Niederschlag wird in einen geräumigen, vorher gewogenen Porzellantiegel gebracht und auf dem Wasserbade getrocknet. Hierauf wird bei bedecktem Tiegel mit einer kleinen Flamme bis zum vollständigen Veraschen des Filters erhitzt und das Sulfid durch vorsichtig gesteigerte Temperatur in Trioxyd übergeführt. Um etwa nicht veraschte Kohlenteilchen vollständig zu verbrennen, fügt man nach dem Erkalten etwas in H_2O aufgeschlämmtes HgO dazu, verdampft durch Erhitzen und glüht schwach, um das Hg zu verjagen.

Das Filtrieren und Ausglühen des Niederschlages kann auch sehr gut in einem Goochtiegel erfolgen. Der Niederschlag wird zuerst mit H_2SO_4-haltigem Wasser, dann mit Alkohol gewaschen und getrocknet. Man stellt den Goochtiegel in einen Porzellantiegel, erhitzt bei bedecktem Tiegel vorsichtig mit kleiner Flamme, bis der Geruch von SO_2 verschwunden ist, dann bei offenem Tiegel, bis der Boden des Porzellantiegels schwach glüht, bis zum konstanten Gewicht. Geringe Mengen von SiO_2, welche das MoO_3 enthält, beeinträchtigen nicht die Richtigkeit des Resultates. MoO_3 enthält 66,66% Mo.

q) Wolfram.

Man schmilzt 0,5—1 g des Erzes mit Na_2CO_3, laugt das entstandene Na_2WO_4 mit Wasser aus und filtriert. Das Filtrat wird unter Anwendung von Methylorange als Indikator ganz schwach sauer gemacht und dann das W mit Benzidinlösung gefällt, filtriert, mit Benzidinlösung (1 : 5 Teilen H_2O) gewaschen, geglüht, mit HF abgeraucht, um etwa vorhandene SiO_2 zu entfernen, nochmals geglüht und gewogen.

Der Glührückstand besteht aus WO_3 mit 79,31% W.

r) Titan.

Man wägt 5—10 g in einem Porzellanschiffchen ein, reduziert in der Glühhitze im H-Strome, läßt darin erkalten, löst in verdünnter H_2SO_4 1 : 40 Teilen H_2O die reduzierten Metalle heraus. Dann wird der durch Filtration abgetrennte Rückstand durch Behandeln mit H_2SO_4 und HF von SiO_2 befreit und bis zur Staubtrockne abgeraucht, ohne zu glühen. Hierauf schmilzt man mit entwässertem $KHSO_4$ bis die Schmelze gerade durchsichtig wird, aber nicht länger, sonst geht die TiO_2 in unlösliche Form über, läßt erkalten, löst in kaltem Wasser nach Verrreiben in einer Porzellanreibschale. Bleibt ein Rückstand, so muß der Aufschluß wiederholt werden.

Die Lösung von der TiO_2 reduziert man mit H_2S und trennt die ausgefallenen Sulfide, sowie das in die Schmelze übergegangene Pt durch Filtration ab. Das Filtrat macht man schwach ammoniakalisch bis zum Ausscheiden des noch vorhandenen Fe als FeS, löst dieses bei kräftigem Schütteln durch tropfenweisen Zusatz von Ameisensäure, fügt dann, sobald das FeS gelöst ist, noch 10 ccm Ameisensäure hinzu und kocht in einem Rundkolben, welcher durch ein Bunsenventil von der atmosphärischen Luft abgeschlossen ist, so lange, bis die ausgefallene TiO_2 weiß erscheint, filtriert, wäscht mit heißem Wasser, das mit Ameisensäure schwach angesäuert ist, glüht und wägt.

Ist die TiO_2 unrein, so hat man den Aufschluß mit $KHSO_4$ und die anderen Operationen zu wiederholen.

TiO_2 enthält 60,05 % Ti.

s) Kohlensäure.

Zwecks Bestimmung der CO_2 wird die Erzprobe in verdünnter H_2SO_4 gelöst; die durch die Zersetzung der Karbonate frei werdende CO_2 wird durch konzentrierte H_2SO_4 und P_2O_5 geleitet und so vollständig getrocknet, dann durch zwei mit feinkörnigem Natronkalk gefüllte und vorher gewogene U-Röhrchen hindurchgeführt und absorbiert.

Die Gewichtszunahme dieser Röhrchen, welche nach dem Versuche wieder gewogen werden, ergibt uns die Menge der im Erz enthaltenen CO_2.

Da die vorher vollständig getrocknete CO_2 aus dem Natronkalk etwas H_2O aufnehmen kann, würden wir zu wenig CO_2 feststellen. Deshalb ist das zweite Natronkalkrohr in der Ausgangshälfte mit P_2O_5 beschickt. Während der ganzen Zeit wird durch die Apparate Luft hindurchgeleitet. Dieselbe darf keine CO_2 enthalten, die deshalb vorher durch verdünnte Kalilauge zurückgehalten wird. Das Saugen geschieht entweder durch einen Wasserstrahlinjektor oder mittels eines Aspirators.

Die einzelnen Teile der Apparatur sind folgende:
1. Waschflasche mit 15%iger KOH.
2. Corleisscher Zersetzungskolben[1]). (Abb. 10.)

---

[1]) In gleich guter Weise finden auch andere für solche Zwecke konstruierte Zersetzungskolben Anwendung.

Eisenerze, Briketts, Abbrände, Anilinrückstände und Eisenschlacken. 45

3. Kugelrohr mit konzentrierter H_2SO_4.
4. U-Rohr mit P_2O_5.
5. u. 6. U-Röhrchen mit Natronkalk und P_2O_5.
7. U-Rohr mit P_2O_5.
8. Kugelrohr mit konzentrierter H_2SO_4.
9. Leere Waschflasche.
10. Wasserstrahlinjektor oder Aspirator.

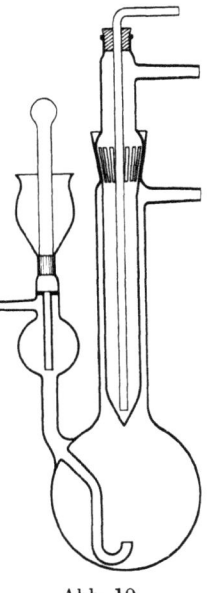

Abb. 10.

Man wägt in den Zersetzungskolben je nach dem CO_2-Gehalte zwischen 0,5 und 5 g ein, füllt den Kolben so weit mit Wasser, daß das in ihm bis nahe zum Boden reichende Rohr ins Wasser eintaucht und setzt den ganzen Apparat zusammen. Vorher wurden das fünfte und sechste Röhrchen gewogen. Dann läßt man durch den Trichter, welcher seitlich am Kolben angebracht ist, verdünnte H_2SO_4 einfließen, verschließt schnell mit dem eingeschliffenen Glasstab und gießt zum vollständigen Gasabschlusse noch etwas Wasser in den Trichter. Sobald der durch die CO_2-Entwicklung entstandene Überdruck nachläßt, saugt man CO_2-freie Luft langsam hindurch. Läßt die Gasentwicklung nach, so erhitzt man zuerst mit kleiner Flamme, nachher stärker und kocht schließlich eine halbe Stunde. Man kann dann sicher sein, daß alle CO_2 aus der Lösung ausgetrieben ist. Das Saugen hat man so zu regeln, daß man die durch die H_2SO_4 hindurchgehenden Gasbläschen noch leicht zählen kann. Nach Beendigung saugt man in gleicher Weise noch $1/2$ Stunde Luft durch. Die früher bezeichneten und gewogenen Röhrchen werden jetzt wieder gewogen. Aus der Gewichtszunahme erhält man die Menge der im Erz enthaltenen CO_2, die man auf Gewichtsprozente umrechnet.

f) **Wasser, organische Substanz und Glühverlust.**

Das Wasser kommt in den Erzen als hygroskopisches (Feuchtigkeit oder Nässe) und als chemisch gebundenes (Konstitutionswasser) vor.

Die Feuchtigkeit bestimmt man durch den Gewichtsverlust, den eine größere Probe von 200—500 g beim Trocknen bei 100—105° erleidet.

In Erzen, Schlacken und anderen Schmelzmaterialien kann, vorausgesetzt, daß darin kein chemisch gebundenes Wasser enthalten ist, die Bestimmung des Feuchtigkeitsgehaltes auch durch Abdestillieren des Wassers bestimmt werden.

50—100 g bringt man in eine kleine kupferne Destillierblase, welche mit einem kleinen Kühler verbunden ist. Das Erhitzen kann ganz schnell erfolgen, wenn man für gute Kühlung sorgt. Das abdestillierte Wasser wird in einem graduierten Meßzylinder aufgefangen und gemessen.

Selbstredend muß zum Verschluß der Destillierblase ein durchbohrter Kork aber kein Kautschukpfropfen genommen werden.

Für die Bestimmung des chemisch gebundenen Wassers werden 2—3 g auf einem Porzellanschiffchen in einem Glasrohre geglüht. Das dabei freiwerdende Wasser wird in einem Kugel-

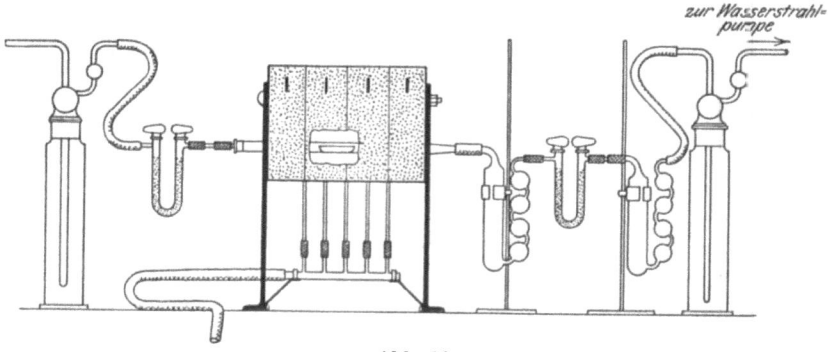

Abb. 11.

rohre, welches konzentrierte H_2SO_4 enthält und vor der Bestimmung gewogen worden ist, absorbiert und durch nachherige Wägung bestimmt. An das Kugelrohr schließt sich noch ein U-Rohr mit P_2O_5 an, das auch vor und nach der Bestimmung gewogen wird. Die P_2O_5 absorbiert auch die geringsten Spuren von H_2O. Bevor das Schiffchen mit der Substanz in das Glasrohr kommt, wird dieses durch schwaches Ausglühen und Hindurchleiten von Luft, die vor Eintritt in das Glasrohr durch H_2SO_4 und P_2O_5 geleitet worden ist, vollständig getrocknet. In gleicher Weise saugt man auch während des Glühens der Probe trockene Luft durch den ganzen Apparat.

Die Abbildung 11 erübrigt wohl eine nähere Beschreibung. Das Saugen geschieht mittels einer Wasserstrahlpumpe oder eines Aspirators. Zum Schutz, daß nicht vielleicht etwas Feuchtigkeit vom Aspirator her in die gewogenen Röhrchen eintritt, dient eine leere Waschflasche und vorher ein Kugelrohr mit konzentrierter H_2SO_4.

Enthalten die Erze außer chemisch gebundenem Wasser auch noch organische Substanzen, so können beide nur zusammen bestimmt werden und das auch nur auf dem Wege der Elementaranalyse (siehe S. 127).

Der Hüttenmann interessiert sich aber meistens nur für den Gewichtsverlust, welchen die Erze beim Glühen erleiden, den sogenannten Glühverlust. Zu einer Bestimmung werden 1—5 g Substanz in einem geräumigen Tiegel in einer nicht zu heißen Muffel bei Vermeidung des Sinterns unter Luftzutritt bis zum konstanten Gewichte geglüht. Der Glühverlust kann naturgemäß nur in oxydulfreien Erzen bestimmt werden, da bei oxydulhaltigen statt eines Gewichtsverlustes eine Zunahme eintritt oder eintreten kann. Bei der Bestimmung des Glühverlustes in karbonathaltigen Erzen ist zu berücksichtigen, daß beim Glühen bis zum konstanten Gewichte die CO_2 ausgetrieben wird und die Karbonate dann als Oxyde im Glührückstand enthalten sind (das Mn als Mn_3O_4).

Der größte Teil der Sulfide wird beim Glühen unter Luftzutritt gleichfalls in Oxyde übergeführt.

B. Gesamtanalyse.

a) Bei Abwesenheit von Baryum-, Strontium- und Chromverbindungen.

Man wägt 1 g Substanz in ein 200 ccm fassendes Becherglas und löst in der Wärme in 20 ccm HCl (1,19). Sobald die Lösung beendet ist, verdünnt man mit 50 ccm H_2O, filtriert ab und wäscht den Rückstand mit heißem Wasser gut aus. Das Filter wird in einem Platintiegel verascht und der Rückstand mit 1 g $NaKCO_3$ aufgeschlossen. Die Schmelze wird dabei so lange erhitzt, bis sie gleichmäßig fließt und keine Gasblasen mehr daraus aufsteigen. Sie wird dann in Wasser gelöst, mit dem Filtrate vereinigt, in einer Porzellanschale zur Trockne abgedampft und auf 150° einige Stunden erhitzt. Sodann feuchtet man mit HCl (1,19) gut durch, verdünnt mit heißem Wasser und filtriert die SiO_2 ab. Das Filtrat wird nochmals derselben Operation unterzogen und nach dem Lösen über das gleiche Filter filtriert.

Die auf dem Filter verbliebene SiO_2 wird in einem Platintiegel nach scharfem Ausglühen zur Wägung gebracht, dann mit HF abgedampft, ausgeglüht, wieder gewogen und der etwa verbliebene Rückstand abgezogen. Diesen bringt man durch HCl oder, wenn das nicht ganz möglich ist, durch Schmelzen mit etwas KHSO$_4$ und nachträglichem Behandeln mit H$_2$O in Lösung und vereinigt dieselbe mit dem Filtrate von SiO$_2$ zur weiteren Untersuchung.

Wenn diese Probe aus saurer Lösung durch H$_2$S fällbare Körper enthält, so wird die erhaltene Lösung schwach ammoniakalisch, nachher schwach salzsauer gemacht und dann der Einwirkung von H$_2$S bei gewöhnlicher Temperatur ausgesetzt. Die ausgefällten abfiltrierten und mit H$_2$S-haltigem Wasser ausgewaschenen Sulfide von Antimon, Blei und Kupfer werden mit Schwefelnatrium längere Zeit in der Wärme digeriert. Antimon geht dabei allein in Lösung. Es wird im Filtrat mit HCl wieder ausgefällt und die überstehende Flüssigkeit dekantiert. Durch Zugabe von konzentrierter HCl und KClO$_3$ bringt man das Antimon wieder in Lösung und filtriert den dabei ausgeschiedenen Schwefel ab. Im Filtrat leitet man Schwefelwasserstoff ein, filtriert das Sulfid ab und wäscht mit schwefelwasserstoffhaltigem Wasser gut aus. Man bringt das Filter samt Niederschlag in einen Porzellantiegel, trocknet, durchfeuchtet mit HNO$_3$ zu, dampft nochmals zur Trockne ab und glüht schwach. Der Glührückstand ist Sb$_2$O$_4$ und enthält 89,68% Sb[1]).

Der nach dem Filtrieren der Na$_2$S-Lösung auf dem Filter verbliebene Rückstand der Sulfide des Bleies und Kupfers wird in HNO$_3$ gelöst und die Lösung unter Zugabe von einigen Tropfen H$_2$SO$_4$ so weit eingedampft, bis starke Schwefelsäuredämpfe auftreten. Man verdünnt mit Wasser, versetzt mit einem Viertel des Volumens Alkohol, läßt einige Stunden stehen und filtriert auf ein kleines Filter das ausgeschiedene Bleisulfat und bringt es als solches zur Auswage. Die vom Bleisulfat abfiltrierte Kupferlösung wird nach dem Verkochen des Alkohols mit H$_2$S zur Ausfällung gebracht und kann dann beliebig bestimmt werden[2]). (Siehe Einzelbestimmung, S. 28.) Das Filtrat von den Sulfiden des Cu, Sb und Pb wird bis zum vollständigen Ver-

---

[1]) Enthält das Erz As, so ist dasselbe in die Na$_2$S-Lösung übergegangen und wurde mit der Salzsäure als As$_2$S$_3$ mit dem Sb herausgefällt. Diese beiden Sulfide werden mit Königswasser in Lösung gebracht, die Lösung konzentriert und das As mit Magnesiamixtur gefällt. Das Filtrat von As wird angesäuert, mit H$_2$S das Sb herausgefällt und der Niederschlag wie oben in Sb$_2$O$_4$ übergeführt.

[2]) In seltenen Fällen enthalten die Erze auch Bi. Zwecks Bestimmung wird das vom Alkohol befreite Filtrat des Bleies mit NH$_3$ und kohlensaurem Ammon versetzt und gekocht. Der Niederschlag von Bi(OH)$_3$ wird nach dem Filtrieren und Auswaschen mit Wasser geglüht und als Bi$_2$O$_3$ gewogen. Das Filtrat von Bi wird mit HCl angesäuert und durch H$_2$S das Cu gefällt.

jagen des H_2S gekocht, mit HNO_3 (1,40) oxydiert und erkalten gelassen. Waren anfänglich keine durch H_2S aus saurer Lösung fällbaren Körper vorhanden, so oxydiert man das Filtrat der SiO_2 direkt mit HNO_3. Die so erhaltene Lösung wird mit NH_3 annähernd neutralisiert. Die Flüssigkeit muß ganz klar sein. Die genaue Neutralisation nimmt man in folgender Weise vor. Man versetzt die Lösung mit einer solchen von $(NH_4)_2CO_3$, bis nach längerem Durchmischen ein deutlicher Niederschlag bleibt. Diesen löst man durch ganz vorsichtig zugesetzte 10 % HCl. Die Neutralisation muß in der Kälte durchgeführt werden. Nun fügt man dazu 50 ccm einer konzentrierten neutralen Lösung von essigsaurem Ammon. (Hergestellt durch vorsichtiges Mischen von konzentrierter Essigsäure und Ammoniak [25 %]. Diese Lösung darf nur ganz schwach sauer sein.) Alsdann kocht man kurze Zeit. Der ausgeschiedene Niederschlag muß rotbraun sein und nicht ziegelrot, sonst setzt er sich schlecht ab und geht beim Filtrieren trübe durch. Der abfiltrierte und mit heißem Wasser ausgewaschene Niederschlag wird in HCl aufgelöst und das Filter mit heißem Wasser gut ausgewaschen. Diese Fällung wird noch einmal wiederholt.

Der Niederschlag wird wieder in HCl gelöst und das Filter vollständig mit heißem Wasser ausgewaschen. Die erhaltene Lösung fällt man dann in der Kälte mit einem schwachen, aber deutlichen Überschuß von NH_3, kocht auf, filtriert nach dem vollständigen Absitzen, wäscht mit heißem Wasser erst mehrere Male unter Dekantation, bringt den Niederschlag quantitativ aufs Filter und wäscht vollkommen aus, bis das Waschwasser mit $AgNO_3$ keine Cl-Reaktion mehr zeigt. Der Niederschlag wird, nachdem er getrocknet worden ist, in einem Platintiegel bis zum konstanten Gewicht geglüht. Er besteht aus $Fe_2O_3 + P_2O_5 + TiO_2 + Al_2O_3$. Die drei ersten Körper sind in anderen Einwagen bestimmt worden. (Vgl. Einzelbestimmungen, S. 17, 26, 43.) Ihre Summe davon abgezogen, ergibt uns Al_2O_3.

Das Filtrat von der Fällung mit essigsaurem Ammon wird konzentriert und mit Essigsäure versetzt. In der Wärme leitet man H_2S. Zn, Co und Ni fallen aus.

Da ihre Mengen meist sehr gering sind, erfolgt ihre Bestimmung und Trennung in der Regel in einer besonderen größeren Einwage. (Vgl. Einzelbestimmungen, S. 37.)

Das Filtrat von Zn, Ni und Co wird bis zur völligen Vertreibung des H_2S gekocht und mit NH_3 im Überschusse versetzt. Auf Zusatz von Bromwasser fällt das Mangan als hydratisches MnO_2 aus. Man läßt in der Kälte längere Zeit stehen, bis das MnO_2 sich abgesetzt hat, kocht auf, filtriert und wäscht den Niederschlag sehr gut aus, bringt ihn nochmals mit HCl in Lösung und wiederholt die Fällung mit Bromwasser. Der ausgeglühte Niederschlag besteht aus Mn_3O_4. Er enthält 72,05 % Mn oder 93,01 % MnO.

Das vom Manganniederschlag verbleibende Filtrat wird aufgekocht und mit oxalsaurem Ammon das Ca als oxalsaurer Kalk gefällt und durch Filtration und Auswaschen mit heißem Wasser abgetrennt. Bei geringen Mengen glüht man den Kalk in einem Platintiegel stark aus und bringt ihn als CaO zur Wägung. Bei erheblicheren Mengen wird der sehr gut mit Wasser ausgewaschene Niederschlag mit dem Filter in das Becherglas, in welchem die Fällung stattgefunden hat, gebracht, mit heißem H_2O und verd. H_2SO_4 versetzt und nach dem Lösen heiß mit der Permanganatlösung (Titerlösung 1, S. 185), welche man für die Fe-Bestimmung hat und deren Eisentiter man kennt, titriert. Der Eintritt der Reaktion, also der Entfärbung der Lösung, bedarf mehrerer Sekunden, wodurch man sich nicht täuschen lassen darf. Der Titer der $KMnO_4$-Lösung auf CaO beträgt die Hälfte des Titers auf Fe.

Das Filtrat von der Kalkfällung wird gut abgekühlt, mit einer Lösung von phosphorsaurem Natrium und $^1/_4$ seines Volumens NH_3 (25 %) versetzt. Man reibt zur leichteren Ausfällung mit einem, am Ende mit Kautschuk überzogenen, Glasstabe die Wandungen des Becherglases bis der Niederschlag von Magnesium-Ammoniumphosphat ausfällt. Nach dem vollständigen Absitzenlassen, was am besten über Nacht geschieht, wird filtriert, der Niederschlag mit verdünntem NH_3 (3 %) gut ausgewaschen und im Platintiegel ausgeglüht. Das Ausglühen muß anfangs bei niedriger Temperatur erfolgen, sonst bleibt der Niederschlag grau, was aber der Genauigkeit nicht viel schadet. Der ausgeglühte Rückstand ist $Mg_2P_2O_7$ mit 36,24% MgO.

Ehe wir Analysenmethoden bei Anwesenheit von Cr, Ba und Sr folgen lassen, sei der Verlauf der Gesamtanalyse noch einmal, der besseren Übersicht halber, in Form eines Schemas dargestellt (s. S. 51).

b) Bei Anwesenheit von Chromverbindungen[1]).

Man löst 1 g der Substanz nach dem Durchfeuchten mit H_2O in 20 ccm HCl (1,19), setzt einige Tropfen HNO_3 (1,40)

---

[1]) Nach Ledebur.

Eisenerze, Briketts, Abbrände, Anilinrückstände und Eisenschlacken.

Schema der Gesamtanalyse bei Abwesenheit von Ba-, Sr- und Cr-Verbindungen.

Einwage 1 g, lösen HCl, filtrieren

- **Rückstand** aufschließen mit $NaKCO_3$, lösen in HCl, vereinigen mit . . . . . . **Filtrat**
  - Vereinigte Lösung eindampfen, Rückstand mit HCl und H_2O behandeln, filtrieren
    - **Rückstand** glühen, wägen, abrauchen, zurückwägen, SiO_2. Glührückstand lösen, vereinigen mit . . . . **Filtrat**
      - Vereinigte Lösung fällen mit H_2S, filtrieren
        - **Niederschlag** mit Na_2S digerieren, filtrieren
          - **Rückstand** in HNO_3 lösen, mit H_2SO_4 und Alkohol das **Pb** als $PbSO_4$ abscheiden, filtrieren vom **Cu**, dieses fällen mit H_2S
          - **Filtrat** mit HCl ansäuern. **Sb** als Sb_2O_4 bestimmen
        - **Filtrat** Zweimalige Trennung nach dem Azetat-Verfahren
          - **Niederschlag** in HCl mit NH_3 fällen, auswaschen, wägen Fe_2O_3 + Al_2O_3 + TiO_2 + P_2O_5, **Fe, Ti, P** in besonderer Einwage bestimmen, durch Differenz **Al**
          - **Filtrat** mit H_2S behandeln, filtrieren
            - **Niederschlag** **ZnS, NiS, CoS** Bestimmung und Trennung in besonderer Einwage
            - **Filtrat** Verkochen des H_2S, mit NH_3 und Br versetzen, filtrieren
              - **Niederschlag** auswaschen, glühen, als Mn_3O_4 wägen
              - **Filtrat** mit NH_3 und Ammonoxalat versetzen, filtrieren
                - **Niederschlag** auswaschen, titrieren oder glühen u. als CaO wägen
                - **Filtrat** mit Na_4HPO_4 das **Mg** fällen, abfiltrieren u. als $Mg_2P_2O_7$ bestimmen

zu und dampft zur Trockne ein, erhitzt 2 Stunden auf 150° C, nimmt in HCl (1,19) und H_2O auf, filtriert den unlöslichen Rückstand ab; diesen schmilzt man in einem Ni-Tiegel mit Na_2O_2, löst die Schmelze in H_2O und HCl auf, scheidet die SiO_2 durch Abdampfen zur Trockne ab, löst wieder in HCl, dampft bei Anwesenheit größerer Mengen von Cr einige Male nach Zusatz von Alkohol bis zum Verjagen desselben ab, verdünnt mit H_2O und filtriert.

In dem Filtrat vom unlöslichen Rückstand entfernt man nach der Rotheschen Methode durch Ausschütteln mit Äther den größten Teil des Fe, das in den Äther übergeht. Die wäßrige Lösung wird durch Kochen von dem anhaftenden Äther befreit und mit dem Filtrate von der SiO_2 vereinigt.

Diese Lösung wird dann bei gewöhnlicher Temperatur in einem geräumigen Kolben mit aufgeschlämmtem $BaCO_3$, unter Vorsicht wegen des anfänglichen starken Aufbrausens, im Überschusse versetzt und bei gewöhnlicher Temperatur 24—28 Stunden, mit einem Stopfen geschlossen, stehen gelassen. Während dieser Zeit schüttelt man öfter durch, dann filtriert und wäscht man mit kaltem Wasser aus. Auf dem Filter verbleiben Fe, P, Al und Cr.

Der Niederschlag wird in HCl gelöst, Ba durch H_2SO_4 entfernt, das Filtrat mit einem geringen Überschuß von NH_3 gefällt. Der Niederschlag wird geglüht und gewogen. Er besteht aus Fe_2O_3, P_2O_5, Al_2O_3 und Cr_2O_3. Derselbe wird, nachdem er in einer Achatreibschale fein gepulvert worden ist, mit Na_2O_2 geschmolzen und die Schmelze in H_2O gelöst. In Lösung geht das Cr als Na_2CrO_4. Darin wird das Cr titrimetrisch bestimmt. (Siehe Einzelbestimmung, S. 34.) Als Rückstand verbleibt Fe_2O_3, das gelöst und nach Reinhardt bestimmt wird. Der P wird in einer anderen Einwage bestimmt.

Da Fe, P und Cr jetzt bekannt sind, kann Al_2O_3 leicht berechnet werden.

Das Filtrat von der Fällung mit $BaCO_3$ wird in der Siedehitze mit H_2SO_4 in geringem Überschusse versetzt. Das ausgeschiedene $BaSO_4$ wird abfiltriert.

Die Fällung und Bestimmung des Mn, Zn, Ni, Co, Ca und Mg geschieht wie früher.

Ni und Co müssen für alle Fälle in einer anderen Einwage bestimmt werden, da der Nickeltiegel beim Schmelzen mit Na_2O_2 stark angegriffen worden ist und die Schmelze Ni und auch Co aufgenommen hat.

Das Fe wird in einer besonderen Einwage bestimmt.

Sind auch aus saurer Lösung durch H_2S fällbare Körper enthalten, müssen dieselben vor der Mn-Fällung abgeschieden werden.

Eisenerze, Briketts, Abbrände, Anilinrückstände und Eisenschlacken. 53

c) **Bei Anwesenheit von Baryum- und Strontiumverbindungen.** Enthält die Probe $BaSO_4$ und $SrSO_4$ oder eines von beiden oder auch andere Ba- und Sr-Verbindungen, so wird gleichfalls 1 g Substanz in ein 200 ccm fassendes Becherglas eingewogen, in der Wärme in 20 ccm HCl (1,19) gelöst. Nach beendeter Lösung verdünnt man mit 50 ccm H_2O, filtriert ab und wäscht den Rückstand mit heißem H_2O gut aus. Das Filtrat dampft man zur Trockne, erhitzt einige Stunden auf $150°$ C, läßt abkühlen, durchfeuchtet mit HCl (1,19), löst dann in heißem Wasser auf und filtriert. Auf dem Filter befindet sich die anfänglich in Lösung gegangene und dann durch das Eindampfen unlöslich gemachte SiO_2. Das Filtrat wird aufgekocht, in der Siedehitze tropfenweise mit verdünnter H_2SO_4 und Alkohol[1]) versetzt, bis kein Niederschlag mehr herausfällt, derselbe absitzen gelassen, filtriert und gut ausgewaschen. Das Filtrat bezeichnen wir mit l.

Der beim Lösen in HCl verbliebene Rückstand wird mit dem Filter eingeäschert, dann mit 1 g $NaKCO_3$ geschmolzen. Durch den Aufschluß sind die Sulfate von Ba und Sr in Karbonate übergeführt und die H_2SO_4 ist an Alkalien gebunden worden. Durch den Zusatz von HCl würden Ba und Sr sich wieder in die Sulfate umwandeln, dann mit der SiO_2 zur Wägung gelangen und so das Resultat von der SiO_2 unrichtig beeinflussen. Deshalb muß in nachfolgender Weise weiter verfahren werden. Die Schmelze wird in heißem Wasser gelöst, filtriert und mit heißem Wasser gut ausgewaschen. Die schwefelsauren Alkalien werden herausgelöst; sie können auch SiO_2 enthalten und werden deshalb abgedampft, bei $150°$ C einige Stunden getrocknet, mit HCl (1,19) durchfeuchtet, mit heißem Wasser auf das Filter filtriert (Filtrat 2), welches die durch Abdampfen der salzsauren Lösung der Probe abgeschiedene SiO_2 enthält. Filtrat 2 kommt zu Filtrat 1.

Der Rückstand von dem wäßrigen Auszug der Schmelze wird von dem Filter in eine Porzellanschale gespült, das Filter selbst eingeäschert und dazu gegeben, in HCl gelöst, zur Trockne abgedampft, einige Stunden auf $150°$ erhitzt, mit HCl (1,19) durchgefeuchtet, mit heißem Wasser verdünnt und auf das Filter, welches schon die anderen Teile der SiO_2 enthält, filtriert, in einem Platintiegel ausgeglüht und gewogen. Das Filtrat wird kochend mit verdünnter H_2SO_4 und Alkohol versetzt. Der Niederschlag von $BaSO_4$ und $SrSO_4$ wird auf das Filter filtriert

---

[1]) Bei Abwesenheit von Sr erübrigt sich die Zugabe von Alkohol, ebenso die später beschriebene Behandlung mit Ammonkarbonat.

(Filtrat 3), welches die in die erste salzsaure Lösung gegangenen Baryumverbindungen enthält.

Der auf dem Filter befindliche Niederschlag von $BaSO_4$ und $SrSO_4$ wird in ein Becherglas abgespritzt und mindestens 12 Stunden der Einwirkung von Ammonkarbonat ausgesetzt. Das Strontium setzt sich dabei zu Karbonat um. Wir haben also nach der Behandlung mit Ammonkarbonat im Becherglas $BaSO_4$ und $SrCO_3$. Beide Körper werden abfiltriert und das in Lösung befindliche $(NH_4)_2SO_4$ gut ausgewaschen. Gibt man dann auf das Filter verdünnte HCl, so geht Strontium in Lösung und kann im Filtrat mit H_2SO_4 und Alkohol wieder gefällt werden. Die so getrennten Sulfate von Baryum und Strontium werden ausgeglüht und als solche gewogen.

$BaSO_4$ enthält 58,85% Ba oder 65,71% BaO,
$SrSO_4$ enthält 47,70% Sr oder 56,41% SrO.

Das Filtrat 3 wird mit Filtrat 2 und 1 vereinigt und der Alkohol durch Erwärmen verjagt. Die Lösung wird dann, wenn nötig, mit H_2S behandelt, im übrigen aber dem Azetatverfahren unterworfen.

2. Roheisen, Ferrolegierungen und Stahl.

A. Kohlenstoff.

Die chemisch bestimmbaren Formen, in welchen sich der Kohlenstoff im Roheisen und Stahl befindet, sind der Graphit, die Karbidkohle und die Härtungskohle. Beim Behandeln mit verdünnter heißer HNO_3 (1,2) bleibt der Graphit zurück, die Karbidkohle verflüchtet sich. Die beiden letzteren Formen des Kohlenstoffs, von welchen auf diese Weise der Graphit getrennt werden kann, werden kurz als chemisch gebundener Kohlenstoff bezeichnet.

Beim Roheisen interessieren vor allem die Bestimmung des Gasamtkohlenstoffs und die des Graphits; beim Stahl die des Gesamtkohlenstoffs, der Karbidkohle und der Härtungskohle.

a) Gesamtkohlenstoff.

Die Bestimmung des Kohlenstoffs im Roheisen und Stahl beruht darauf, daß der Kohlenstoff zu Kohlensäure oxydiert und die dabei entstandene Kohlensäure absorbiert und gewogen oder volumetrisch bestimmt wird. Diese Oxydation des Kohlenstoffs kann nach zwei Methoden vorgenommen werden:
mit einem Chromschwefelsäuregemisch und
durch direkte Verbrennung im Sauerstoffstrome.

Bei ersterer Methode muß unter bestimmten Umständen, auf die wir später noch zu sprechen kommen, ein Aufschluß im Chlorstrome vorangehen.

1. Chromschwefelsäureverfahren.

Die Apparatur beim Chromschwefelsäureverfahren ist fast genau die gleiche, wie wir sie bereits bei der Bestimmung der Kohlensäure in Erzen kennen gelernt haben. Nur muß die Apparatur noch eine kleine Vervollständigung erfahren. Bei der Einwirkung der Chromschwefelsäure auf Roheisen und Stahl ist es möglich, daß neben der Kohlensäure auch Kohlenwasserstoffe entstehen und sich diese der weiteren Oxydation und infolgedessen auch dann der Absorption und späteren Wägung entziehen. Um diese eventuell sich bildenden Kohlenwasserstoffe zu oxydieren, wird in die Apparatur noch eine Platinkapillare von 30 cm Länge und 0,5 mm lichter Weite, die in der Mitte in Form einer Schlinge gebogen ist, oder eine Quarzkapillare, eingeschaltet.

Der besseren Übersicht halber wollen wir auch hier noch einmal die einzelnen Apparaturteile aufzählen.

1. Waschflasche mit 15% Kalilauge.
2. Corleisscher Zersetzungskolben.
3. Platinkapillare mit untergestelltem Bunsenbrenner.
4. Waschflasche mit konzentrierter Schwefelsäure.
5. U-Rohr mit P_2O_5.
6. u. 7. U-Röhrchen mit Natronkalk, von denen das zweite in der Ausgangshälfte mit P_2O_5 beschickt ist.
8. Kugelrohr mit konzentrierter H_2SO_4.
9. Leere Waschflasche.
10. Wasserstrahlinjektor.

Die eigentliche Bestimmung wird folgendermaßen vorgenommen.

Die Absorptionsröhrchen 6 und 7 werden zunächst durch ein Glasrohr ersetzt, dann läßt man durch den seitlichen Trichter in den Corleiskolben der Reihe nach 25 ccm gesättigte Chromsäurelösung, 200 ccm konzentrierte H_2SO_4 und 150 ccm H_2O[1]) einfließen. Man schließt dann den seitlichen Trichter mit dem eingeschliffenen Glasstab und prüft die Apparatur zunächst auf ihre Dichtigkeit. Ist der Beweis erbracht, daß alles dicht abschließt, so wird mit dem Erhitzen der Chromsäurelösung be-

---

[1]) Die 150 ccm Wasser können bei schwer zersetzbaren Eisensorten durch 150 ccm einer 20%igen Kupfersulfatlösung ersetzt werden.

gonnen, und zwar unter gleichzeitigem Durchsaugen von Luft. Die Luft soll so langsam durchgesaugt werden, daß die Gasblasen gut zu beobachten und zu zählen sind. Das Auskochen der Chromsäurelösung, das ungefähr 2 Stunden zu dauern hat, muß vorgenommen werden, um etwaige Spuren von organischen Substanzen, die sich im Corleiskolben oder auch in der Aufschlußflüssigkeit befinden könnten, vor der eigentlichen Verbrennung zu zerstören. Beachtet man diese Vorsichtsmaßregel nicht und nimmt die Verbrennung in der unausgekochten Chromsäurelösung vor, so werden die erhaltenen Resultate meistens zu hoch ausfallen.

Nachdem die Chromsäurelösung genügend ausgekocht ist, läßt man unter Luftdurchleiten erkalten und schaltet dann die gewogenen Absorptionsröhrchen ein. Die zu untersuchende Substanz hat man mittlerweile in ein kleines Glaseimerchen (Masse: 15 mm Durchmesser, 35 mm Höhe, oder 15 mm Durchmesser und 20 mm Höhe), das an einem haarfeinen Platindraht befestigt ist, eingewogen, und zwar nimmt man in der Regel als Einwage für Roheisen 1 g, für Stahl 3—5 g. Man lüftet jetzt den im Halse des Corleiskolben befindlichen Kühler, läßt das Glaseimerchen mit samt dem Platindraht in den Kolben hineingleiten, setzt möglichst schnell den Kühler wieder auf und dichtet ihn mit einigen Kubikzentimeter Wasser ab.

Während der ganzen Verbrennung wird ein langsamer Luftstrom durch die Apparatur hindurchgesaugt. Man hat die Stärke des Luftstromes entsprechend der Gasentwicklung im Zersetzungskolben zu regeln. Anfangs darf der Corleiskolben nur mit kleiner Flamme erhitzt werden. Läßt dann später die Gasentwicklung nach, so wird die Flamme vergrößert, bis die Flüssigkeit im Kolben zum Sieden kommt. Man erhält die Lösung mindestens 2—3 Stunden im Sieden, entfernt dann die Flamme und läßt unter Luftdurchleiten erkalten.

Die vor Beginn der Verbrennung gewogenen Absorptionsröhrchen werden jetzt herausgenommen und wieder zurückgewogen. Ihre Gewichtszunahme entspricht der entstandenen Menge CO_2 mit 27,27% C.

Die Chromsäurelösung reicht zur Vornahme von drei Verbrennungen. Eine vierte Verbrennung mit derselben Lösung vorzunehmen, ist nicht ratsam, da dann die Oxydationskraft manchmal schon nicht mehr ausreicht, den Kohlenstoff zu Kohlensäure zu verbrennen. Bei der zweiten und dritten braucht die Chromsäurelösung natürlich vorher nicht besonders ausgekocht zu werden. Es ist aber empfehlenswert, zu jeder Bestimmung, welche von Wichtigkeit ist, neue Chromsäurelösung zu nehmen und nach Beendigung die Lösung im Corleiskolben mit Wasser zu verdünnen und durch Augenschein sich davon zu überzeugen, ob der Graphit auch vollständig zersetzt ist. Wenn das nicht der Fall wäre, muß die Bestimmung wiederholt werden, wobei man die Lösung 1—2 Stunden länger kocht. Man kann sich von der ausgekochten Chromsäurelösung auch eine größere Menge herstellen und in einer mit einem eingeriebenen Glasstopfen versehenen Glasflasche zum Gebrauch aufbewahren.

2. Chloraufschluß.

Wie schon früher bemerkt wurde, gibt es eine Reihe von Roheisensorten (hierzu gehören vor allem die Spezialroheisen wie Ferrosilizium, Ferrochrom usw.), deren Kohlenstoffgehalt nicht durch einfache Oxydation mittels Chromschwefelsäure bestimmt werden kann. Diese Roheisensorten müssen deshalb für die eigentliche Kohlenstoffverbrennung vorbereitet oder, wie man sagt, aufgeschlossen werden. Der Aufschluß geschieht durch Erhitzen der Substanz im Chlorstrome. Die bei diesem Prozeß sich bildenden Chloride des Eisens, Siliziums und Phosphors sind leicht flüchtig, und zurück bleibt, abgesehen von einigen wenigen in geringerem Maße flüchtigen Chloriden, nur der reine Kohlenstoff, der dann im zweiten Teile der Analyse nach dem Chromschwefelsäureverfahren bestimmt werden kann.

Zum Chloraufschluß dient folgende Apparatur.

Am vorteilhaftesten entnimmt man das Chlor einer Bombe. Die weiteren Apparaturteile sind:
1. Eine Waschflasche mit $KMnO_4$-Lösung.
2. Eine Waschflasche mit konzentrierter H_2SO_4.
3. Ein Porzellanrohr (von 500 mm Länge, 15 mm lichter Weite), das mit Holzkohlenstückchen von Erbsen- bis Haselnußgröße gefüllt ist und in einem kurzen Verbrennungsofen liegt.
4. Eine Waschflasche mit konzentrierter H_2SO_4.
5. Ein Rohr aus schwer schmelzbarem Glase von 15—20 mm lichter Weite und 1 m Länge, das in seinem hinteren Teil in einem Winkel von etwa 30° umgebogen ist und in eine konzentrierte Lösung von Ätzkali eintaucht.

Der Zweck der einzelnen Apparaturteile ist folgender:
ad 1 und 2. Die beiden Waschflaschen dienen zum Reinigen und Trocknen des Chlorgases.

ad 3. Die auf hohe Temperatur gebrachte Holzkohle soll etwa im Chlorstrome mitgeführten freien Sauerstoff oder Kohlensäure unschädlich machen, indem beide durch die glühende Holzkohle in Kohlenoxyd umgewandelt werden.

ad 4. Die Waschflasche dient dazu, etwa aus dem Holzkohlenrohre mitgerissene Feuchtigkeit aufzunehmen.

ad 5. In diesem Glasrohre findet der eigentliche Aufschluß statt. Die vorgelegte Kalilauge dient zur Absorption des überschüssigen Chlors.

Man nimmt den Chloraufschluß in folgender Weise vor:

Zunächst ist die Hohlzkohle sorgfältig im Chlorstrome zu trocknen. Es geschieht dies am besten dadurch, daß man die Apparatur zwischen dem dritten und vierten Teil unterbricht, und das Ende des Holzkohlenrohres mit einem gut wirkenden Abzuge verbindet oder auch ins Freie ableitet. Dann läßt man einen kräftigen Chlorstrom aus der Bombe austreten und ererhitzt währenddessen das Holzkohle enthaltende Rohr auf Rotglut. Solange noch Feuchtigkeit in der Holzkohle vorhanden ist, ist dies an den auftretenden weißen Nebeln zu erkennen, wo das Gas ins Freie austritt. Hat man die Überzeugung, daß die Holzkohle von Feuchtigkeit befreit ist, so kann man den eigentlichen Chloraufschluß beginnen.

Man hat während des Austrocknens der Holzkohle von dem aufzuschließenden Roheisen 1 g in ein Porzellanschiffchen eingewogen. Das Schiffchen, das mindestens 100 mm lang sein soll, damit die Substanz nur ganz niedrig geschichtet zu sein braucht, wird in das eigentliche Verbrennungsrohr so eingeschoben, daß es sich am Ende des ersten Drittels des Rohres befindet.

Man verbindet alsdann den Teil 3 der Apparatur wieder mit 4 und füllt die ganze Apparatur mit Chlorgas an. Sobald das geschehen, beginnt man mit dem Erhitzen der Substanz, und zwar zündet man die Brenner des Ofens unter dem Schiffchen in der Reihenfolge von rechts nach links an, derart, daß der Teil der Substanz, der am weitesten von der Chlorbombe entfernt ist, zuerst aufgeschlossen wird. Der Anfang des Aufschlusses zeigt sich durch das Auftreten von braungelben Dämpfen, die aus Eisenchlorid bestehen und an dem Aufleuchten der Substanz. Die flüchtigen Chloride kondensieren sich zum größten Teil im letzten Drittel des Aufschlußrohres. Um dies zu begünstigen, tut man gut, über dem letzten Drittel des Ofens die Kacheln fortzulassen, damit hier die Abkühlung eine intensivere ist und die Kondensierung besser vor sich gehen kann.

Sobald die Entwicklung der gelbbraunen Dämpfe aufhört und man auch kein Aufleuchten der Substanz im Schiffchen mehr wahrnehmen kann, ist der Aufschluß beendet.

Man läßt im Chlorstrom erkalten, unterbricht die Apparatur vor dem Aufschlußrohr und zieht das Porzellanschiffchen mit einem Draht, der an der Spitze zu einem Haken umgebogen ist, vorsichtig heraus. Der Inhalt des Schiffchens wird mit Wasser in ein kleines Becherglas gespült. Die Chloride, welche etwa im Schiffchen zurückgeblieben sind, werden dabei gelöst. Der zurückbleibende Kohlenstoff wird auf einem Asbestfilter abfiltriert und gut ausgewaschen.

Zur Herstellung eines Asbestfilters nimmt man kohlenstofffreien, langfaserigen Asbest, befeuchtet mit HCl und glüht ihn vorsichtshalber noch einmal gründlich aus. Man nimmt einen kleinen Glastrichter, gibt in denselben zu unterst etwas zusammengedrückte Glaswolle, dann darauf den weichen in kurze Fasern zerrissenen Asbest, feuchtet mit Wasser gut durch und drückt ihn noch zusammen, damit das Filtrat dann klar durchläuft.

Der auf diesem Asbestfilter abfiltrierte und gut ausgewaschene Kohlenstoff wird nach dem bereits oben beschriebenen Chromschwefelsäureverfahren zu Kohlensäure verbrannt.

Man spült zu diesem Zweck den Kohlenstoff samt dem Asbestfilter in den Corleiskolben, indem man den Trichter umgekehrt über den Hals des Kolbens hält und das Asbestfilter mit einem dünnen Glasstab herausstößt.

3. Besonderheiten bei Chromeisen.

Der Kohlenstoff in Ferrochrom und Chromstahl läßt sich erst nach vorhergegangenem Aufschluß im Chlorstrom bestimmen. Doch kommt noch eine weitere Schwierigkeit hinzu. Das beim Chloraufschluß sich bildende Chromchlorid ist weder flüchtig noch löslich. Man hat deshalb bei dem Einwägen des Chromeisens in das Porzellanschiffchen für den Chloraufschluß besonders darauf zu achten, daß die Substanz in nur ganz niedriger Schicht ausgebreitet liegt, weil sonst Teile der Substanz von den oberflächlich gebildeten Chromchloriden eingeschlossen werden und sich so dem weiteren Aufschluß entziehen.

Die zweite Schwierigkeit liegt, wie schon gesagt, in der Unlöslichkeit des gebildeten Chromchlorids. Im Gegensatz zum Chromchlorid ist aber Chromchlorür löslich, und merkwürdigerweise genügt es schon, das Chromchlorid teilweise in Chromchlorür überzuführen, um die ganze Menge des Chromsalzes in Lösung bringen zu können.

Die Reduktion des Chromchlorids zu Chromchlorür erfolgt am einfachsten durch Erhitzen im Wasserstoffstrom. Man bringt zu diesem Zweck das Schiffchen nach dem Chromaufschluß in ein Glasrohr und erhitzt dieses Rohr im Wasserstoffstrom. Den Wasserstoff entnimmt man einer Bombe. Der Bombenwasserstoff ist sehr häufig als Elektrolyt-Wasserstoff sauerstoffhaltig und man muß deshalb den Wasserstoff von diesem Sauerstoff sorgfältig befreien, da durch diesen Sauerstoff die Analyse beeinflußt würde. Man reinigt den Wasserstoff vom Sauerstoff, indem man ihn durch eine glühende Platinkapillare oder über glühenden Platinasbest leitet. Auch bei der Reduktion des Chromchlorids zu Chromchlorür ist der weitere Analysengang derselbe wie bei den übrigen Roheisensorten.

4. Verbrennung im Sauerstoffstrom.

Daß man den Kohlenstoff des Eisens bei genügend hoher Temperatur im Sauerstoffstrom direkt zu Kohlensäure verbrennen kann, war schon lange bekannt. Die Erreichung der dafür notwendigen hohen, dabei gleichmäßigen und genau kontrollierbaren Temperatur war aber erst durch Einführung der elektrischen Öfen und des Le Chatelierschen Thermoelementes möglich. Das Verfahren ist fast ausschließlich von G. Mars zu seiner jetzigen Vollkommenheit ausgebildet worden und hat sich in den Eisenhüttenlaboratorien wohl fast überall eingebürgert. Mit Leichtigkeit ist es möglich, den Kohlenstoff im Stahl in 30 Minuten gewichtsanalytisch und in 3—4 Minuten volumetrisch zu bestimmen, wozu früher nach dem Chromsäureverfahren gut 3 Stunden notwendig waren.

a) Gewichtsanalytische Bestimmung.

Die Apparatur besteht aus folgenden Teilen:

1. Eine Waschflasche mit Sauerstoff, versehen mit einem Finimeter, das die Regulierung des Gasstroms ermöglicht.

2. Waschflasche mit KOH-Lauge zur Reinigung des O. Früher wurde der O dann noch durch eine zweite Waschflasche, die mit konzentrierter H_2SO_4 beschickt war, zwecks Trocknung geleitet. Nach den neuesten Versuchen verzichtet man aber auf eine Trocknung des O, indem in feuchtem O die Verbrennung leichter vor sich geht, besonders, wenn die Stahlspäne größer sind.

3. Ein Verbrennungsrohr aus Porzellan, das in einem elektrischen Röhrenofen liegt (Abb. 12). Dieses Verbrennungsrohr von 16 mm lichten Durchmesser und 3 mm Wandstärke bei 500 mm Länge ist an den beiden Enden mit Gummistopfen mit je

einer Bohrung zur Aufnahme der Verbindungsröhrchen geschlossen. Die Gummistopfen sind gegen die strahlende Wärme mit Asbestscheiben geschützt.

In die Mitte des Verbrennungsrohres ist das Porzellanschiffchen mit der eingewogenen Probe eingeschoben. Die aus gutem feuerfesten Ton hergestellten Schiffchen müssen schroffen Temperaturwechsel aushalten (1100—1300°) aber auch billig sein, da sie meistens nur einmal verwendet werden können, weil das verbrannte Eisen bei der Verbrennung zusammenschmilzt oder sintert und ohne Verletzung des Schiffchens in fast allen Fällen nicht zu entfernen ist. Da in den meisten Eisenhüttenlaboratorien die C-Bestimmungen durch Verbrennung volumetrisch gemacht werden, ist der Verbrauch ein sehr großer, es haben sich mehrere Laboratorien deshalb die Schiffchen selbst gemacht. Die Herstellung der Schiffchen ist aber ein großer Fabrikationszweig geworden und kommen diese deshalb bei Bezug billiger als bei Selbstherstellung. Um ein Anbacken der Schiffchen zu erschweren, für den Fall, daß der geschmolzene Verbrennungsrückstand durch den Boden des Schiffchens dringt, ist auch der Boden an den

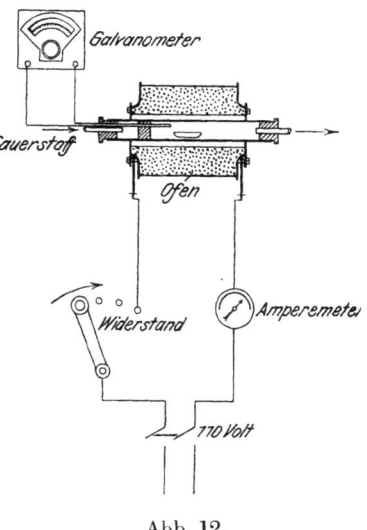

Abb. 12.

Längsseiten verstärkt worden, daß in der Mitte dann zwischen Schiffchen und Porzellanrohr ein kleiner Hohlraum entsteht[1]).

Der elektrische Ofen ist ein Widerstandsofen, er bestand früher aus einem Rohr aus feuerfestem Material, in dessen äußere Wand Platinfolie als Heizkörper eingebettet war. Dieses Heizrohr war mit einer dicken Asbestschicht zur Vermeidung von Wärmeverlusten nach außen umgeben. Bei dem enormen hohen Platinpreis ist aber jetzt die Anwendung von Platin ausgeschlossen und es besteht der Heizkörper aus Karborundumstäben.

---

[1]) Bezugsquelle, Zentrale für Laboratoriumsbedarf, Dr. K. Dawe, Beuthen, O.-S.

Dieser Ofen bewährt sich bei der mehrjährigen Verwendung auf der Friedenshütte sehr gut[1]). Zum Messen der Temperatur dient ein elektrisches Pyrometer, ein Thermoelement aus Platin- und Platinrhodiumdraht oder aus Nickel-Nickelchromdraht. Die beiden Drähte sind durch dünne Quarzglasröhrchen von einander isoliert. Das ganze Element steckt in einer Hülse senkrecht zum Verbrennungsrohr und lehnt sich daran an der Stelle an, wo sich im Rohr das Verbrennungsschiffchen befindet. Die Enden des Thermoelementes sind mit einem Galvanometer verbunden, welches direkt die an der Lötstelle des Thermoelementes vorhandene Temperatur anzeigt.

In den Stromkreis des elektrischen Ofens ist ein Widerstand eingeschaltet, welcher es ermöglicht, die Temperatur genau zu regulieren.

4. Eine Waschflasche mit $KMnO_4$-Lösung, eine Waschflasche mit konzentrierter H_2SO_4, ein U-Rohr mit P_2O_5, beide zum Trocknen des Gases, zwei Natronkalkröhrchen, von welchen das zweite in der Ausgangshälfte mit P_2O_5 gefüllt ist, zur Absorption der CO_2, und endlich eine Waschflasche mit H_2SO_4 zum Schutze gegen die äußere Luft.

Die Kohlenstoffbestimmungen werden in folgender Weise durchgeführt.

Nachdem alle Teile der Apparatur miteinander verbunden sind, wird langsam Sauerstoff hindurchgeleitet, gleichzeitig wird mit dem vorsichtigen Erhitzen des Verbrennungsrohres begonnen, indem der Strom bei teilweise eingeschaltetem Widerstande geschlossen wird. Sobald man sicher ist, daß aus der ganzen Apparatur die Luft durch Sauerstoff verdrängt ist, werden die Natronkalkröhrchen abgenommen, ins Wägezimmer gebracht und nachdem sie die Temperatur desselben angenommen haben, gegewogen. Während dieser Zeit hat man auf dem vorher ausgeglühten und erkalteten Verbrennungsschiffchen die Probe eingewogen. — Man nimmt von Stahl 3 g, von Roheisen 1 g; inzwischen schließt man den Ofen kurz, wodurch die Temperatur schnell auf 900^0 steigt.

Sobald diese Temperatur erreicht ist, unterbricht man den Sauerstoffstrom, fügt die beiden Natronkalkröhrchen an der vorgeschriebenen Stelle ein, lüftet den Gummistopfen, der das Ver-

---

[1]) In der Abbildung ist der Heizkörper noch aus Platinfolio bestehend gedacht. Die elektrischen Öfen mit Heizkörper aus zwei Karborundumstäben besitzen genau dieselbe Form und Größe, es befinden sich nur die beiden Heizstäbe unter dem Verbrennungsrohr zu beiden Seiten von diesem.

brennungsrohr nach der Seite der Absorptionsgefäße hin schließt und setzt schnell das Schiffchen in das Rohr ein. Damit es stets an die richtige Stelle, d. h. in die Mitte des Ofens zu liegen kommt, bedient man sich zu seiner Einführung eines Messing- oder noch besser Quarzstabes mit Marke. Das Einsetzen des Schiffchens hat möglichst rasch zu erfolgen. Nachdem es eingeführt ist, stellt man schnell die Verbindung mit den Trocken- und Absorptionsgefäßen her.

Jetzt läßt man wieder den Sauerstoffstrom, den man vorher abgestellt hatte, durch den Apparat streichen. In den ersten Minuten geht die Verbrennung sehr rasch vonstatten, so daß in der letzten Waschflasche fast gar keine Blasen zu sehen sind. Man muß deshalb den Sauerstoffstrom verstärken, damit kein Zurücksteigen der Flüssigkeit in den letzten Waschflaschen stattfindet.

Die Temperatur des Ofens ist nach dem Kurzschließen mittlerweile in ungefähr 10 Minuten auf 1150^0 gestiegen. Diese Temperatur muß zur vollständigen Verbrennung erreicht werden. Ein Überschreiten dieser Temperatur ist aber zu vermeiden, denn es kann ein zu hohes Erhitzen leicht falsche, und zwar zu niedrige Resultate verursachen, da das schmelzende und zusammensinternde Eisen unverbrannten Kohlenstoff einschließt und so der Oxydation entzieht.

Sobald das Galvanometer $1150-1200^0$ anzeigt, schaltet man den Ofen aus, ohne dabei den Sauerstoffstrom zu unterbrechen. Die Temperatur beginnt zu sinken. — Ist sie auf 900^0 gefallen, so nimmt man die Natronkalkröhrchen ab und das Schiffchen aus dem Verbrennungsrohr heraus. Eine zweite Verbrennung kann unmittelbar erfolgen. Um Zeitverluste zu vermeiden und möglichst billig zu arbeiten, hat man zweckmäßig einige Garnituren von Natronkalkröhrchen in Verwendung.

Körper wie Ferrochrom, Ferromangan, Ferrosilizium u. a. können nur mit Zuschlägen verbrannt werden. Man nimmt deshalb größere Schiffchen. Diese werden zweimal hintereinander mit Bi_2O_3 gefüllt, das dann jedesmal bei einer Temperatur von 900^0 im Schiffchen eingeschmolzen wird. In diese zur Hälfte mit Bi_2O_3 gefüllten Schiffchen wägt man die Probe ein und verteilt sie gut. Das Bi_2O_3 dient als Sauerstoffüberträger. Die Verbrennung geschieht im übrigen in der gewohnten Weise. Als Katalysator hat sich auch sehr gut CoO bewährt, das vor der Verwendung $1/2$ Stunde im elektrischen Ofen ausgeglüht worden ist. Man mischt davon $1-2$ g je nach der Höhe der Einwage direkt mit der eingewogenen Probe. Die Verbrennung muß aber auf $1^1/_2-2$ Stunden ausgedehnt werden.

b) Volumetrische Bestimmung.

Die Apparatur ist dieselbe wie bei der gewichtsanalytischen Bestimmung, an Stelle der Wägeröhrchen tritt jedoch eine mit Niveauflasche versehene Meßbürette und eine mit KOH-Lösung gefüllte Absorptionspipette. Vor dem Eintritt in die Meßbürette werden die Gase gekühlt, damit sie annähernd immer dieselbe Temperatur haben, da die auf der Bürette eingeätzte Teilung direkt die Prozente anzeigt und unter der Voraussetzung einer Gastemperatur von 20° C hergestellt worden ist. Die Absorptionspipette besitzt ein Rückschlagventil, um auch beim schnellen Arbeiten den Eintritt der KOH-Lösung in die Bürette zu verhindern. Man muß sich aber stets davon überzeugen, ob dieses Ventil auch gut funktioniert.

Als Einwage werden bei einem C-Gehalte von 4% und darüber 0,2 g bei C-ärmerem Gehalt 0,5—2 g genommen.

Nachdem für einige Minuten Sauerstoff durch das Verbrennungsrohr geleitet und der Ofen auf 1150 bis 1200° erhitzt worden ist, wird das Porzellanschiffchen, das man schon in dem kälteren Teil des Verbrennungsrohres vorgewärmt hat, in den heißen Teil desselben geschoben und die Verbindung mit dem Meß- und Absorptionsapparat (Abb. 12a) schnell hergestellt. Der Dreiwegehahn wird nun so gestellt, daß das Verbrennungsrohr mit der Gasbürette verbunden ist. Die Niveauflasche läßt man auf dem Platze, der für sie bestimmt ist, stehen. Jetzt

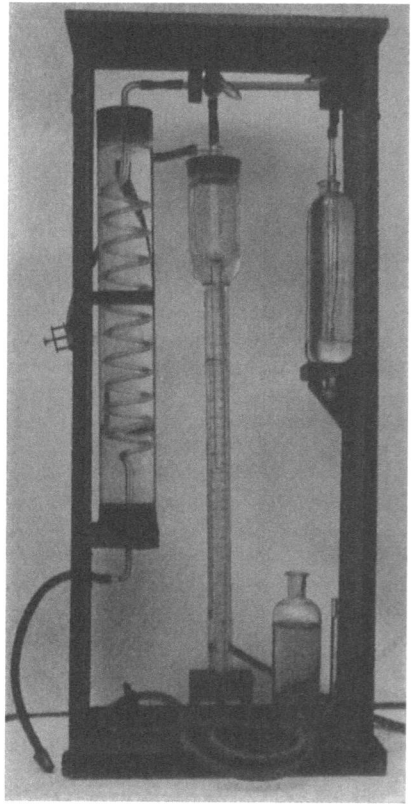

Abb. 12a.

verbrennt man unter Einleiten so schnell, daß dafür nur 1 Minute gebraucht wird. Das Wasser in der Gasbürette senkt sich sehr schnell, man schließt den Hahn, hebt die Verbindung mit dem Verbrennungsrohr auf, stellt mit der Niveauflasche auf den Nullpunkt und absorbiert die CO_2 durch Herüberdrücken in die KOH. Die entstandene Volumenverminderung ergibt die Menge der bei der Verbrennung entstandenen CO_2. Die auf der Bürette eingeätzten Zahlen geben uns gleich den Gehalt an C in Prozenten an, und zwar für eine Einwage von 1 und 2 g. Bei Anwendung einer kleineren Einwage kann der Prozentgehalt leicht berechnet werden.

Versuche haben ergeben, das eine Verbrennung in feuchtem Sauerstoff der in trockenem vorzuziehen ist, ersterer bewirkt leichter eine vollständige Verbrennung.

Auch bei der volumetrischen Bestimmung müssen in den bei der gewichtsanalytischen Bestimmung angegebenen Fällen Zuschläge zwecks vollständiger Verbrennung zugesetzt werden.

5. Kolorimetrisches Verfahren für Stahl.

Der C ist im Stahl als Karbidkohle und Härtungskohle vorhanden. Beide sind, vorausgesetzt, daß der Stahl normal erkaltet und nicht abgeschreckt worden ist, immer im gleichen Verhältnis enthalten, und zwar sind 75% als Karbidkohle und 25% als Härtungskohle vorhanden. Die Karbidkohle hat die Eigenschaft, beim Auflösen des Stahls in verdünnter HNO_3 (1,2) die Lösung braun zu färben. Die Stärke dieser Färbung steht bei gleicher Einwage und gleichem Volumen in direktem Verhältnis zum Gehalte an Karbidkohle und mithin auch zum Gehalte an Gesamtkohlenstoff. Wägt man daher von zwei Stahlproben gleiche Mengen ein, löst sie in gleich viel HNO_5 (1,2) und bringt diese Lösungen durch entsprechendes Verdünnen mit Wasser auf den gleichen Farbenton, so verhalten sich die Kohlenstoffgehalte der beiden Stahlproben wie die Volumina. Ist der C-Gehalt der einen Probe, des sogenannten Normalstahls, bekannt, so kann der der fraglichen Probe dann leicht berechnet werden. Die Durchführung der Bestimmung geschieht in folgender Weise:

Das Auflösen und die Vergleichung bei diesen Bestimmungen findet in graduierten Reagenzrohren statt. Es kommen davon, entsprechend dem C-Gehalte des Stahls, drei Größen in folgenden Maßen zur Anwendung.

1. Rohre von 10 ccm Inhalt, geteilt in 0,1 ccm. Beginn des ersten Teilstriches bei 4 ccm, lichte Weite 10 mm.

2. Rohre von 20 ccm Inhalt, geteilt in 0,1 ccm. Beginn des ersten Teilstriches bei 10 ccm, lichte Weite 11 bis 12 mm.

3. Rohre von 30 ccm Inhalt, geteilt in 0,1 ccm. Beginn des ersten Teilstriches bis 10 ccm, lichte Weite 13 mm.

Es ist vor allem darauf zu achten, daß die Röhrchen derselben Größenordnung genau dieselbe lichte Weite haben. Wir machen ausdrücklich darauf aufmerksam, daß es sehr zweckmäßig ist, die Graduierung im unteren Teil der Vergleichsrohre, auch Kohlenstoffröhrchen genannt, fortfallen zu lassen, denn die unteren Teilstriche sind nicht nur zwecklos, da man niemals bei zu starken Konzentrationen vergleichen darf, sondern sie beeinträchtigen sogar die genaue Beurteilung. Abgesehen davon, daß die eingeätzten Teilstriche die Vergleichung an sich erschweren, wirken dieselben störend, sobald sie durch Verunreinigungen, die sich darin festsetzen, dunkel gefärbt sind.

Man wägt von dem Normalstahl und von der zu untersuchenden Probe je 0,1 g in eines dieser Kohlenstoffröhrchen ein und löst bei einem C-Gehalte bis 0,3% in 2 ccm, bis 0,5% in 3 ccm, und darüber hinaus in 5 ccm chlorfreier HNO_3 (1,2). Sobald die Reaktion aufgehört hat, erhitzt man im Wasserbade 1—2 Stunden lang auf 80—90°, bis die Lösung vollkommen klar ist. Dann kühlt man die Röhrchen durch Eintauchen in kaltes Wasser ab. Zwecks Vergleichs nimmt man einen Bogen weißes Kanzleipapier, faltet ihn auseinander und legt ihn so auf einen Tisch, der vor einem Fenster steht, daß die eine Hälfte des Bogens auf dem Tische liegt, die andere den Hintergrund für ein Becherglas von annähernd 100 mm Durchmesser und 160 mm Höhe bildet, welches zu zwei Drittel mit destilliertem Wasser gefüllt man auf die untere Hälfte des Bogens gestellt hat. Nun setzt man die Röhrchen mit dem gelösten Stahl so in das Becherglas, daß die dunklen Flüssigkeiten in den Röhrchen am Boden des Becherglases Schatten werfen, die gegen den Beschauer, welcher vor dem Tische sitzt, gerichtet sind. Man ersieht sofort, daß an dem Schatten viel leichter bemerkbar ist, welche von den Flüssigkeiten heller bzw. dunkler gefärbt ist, als an der Flüssigkeit selbst[1]. Durch vorsichtiges Verdünnen mit kaltem H_2O und Durchschütteln bringt man die Flüssigkeiten in beiden Röhrchen auf dieselbe Farbenstärke.

---

[1] Auf diese Weise wird vor allem erreicht, daß stets eine Vergleichung in diffusem Licht stattfindet. Hat man Bestimmungen bei künstlichem Licht auszuführen, so ist natürlich die Lichtquelle so anzuordnen, daß sie sich hinter dem Papierschirm befindet.

Sobald die Farbe in den beiden Röhrchen auf dieselbe Stärke gebracht worden ist, liest man die Flüssigkeitsmengen ab. Die C-Gehalte verhalten sich wie die Anzahl der Kubikzentimeter zueinander. Hat man z. B. beim Normalstahl von 0,075% C 5,5 ccm abgelesen, bei dem zu untersuchenden Stahl 6,5 ccm, so besteht die Gleichung $5,5 : 6,5 = 0,075 : x$.

$$x = 0,089\% \text{ C}.$$

Mehrfach wird beim Vergleich der Stärke der Braunfärbung auch ein Gestell verwendet mit einem horizontalen Brettchen zum Einstecken der Röhrchen und einer Milchglasscheibe im Hintergrund. Auch hier ist der leitende Gedanke, in diffusem Licht zu arbeiten.

b) Einzelne Kohlenstoffformen.

1. Graphitkohle.

Die Graphitkohle hinterbleibt beim Behandeln von Eisen mit heißen, verdünnten Säuren.

Man versetzt je nach dem Kohlenstoffgehalt 1—3 g der Probe mit HNO_3 (1,2) und einigen Tropfen HF. Die erste heftige Reaktion mildert man, indem man das Becherglas, in welchem die Auflösung vorgenommen wird, abkühlt. Später erwärmt man längere Zeit auf dem Wasserbade und filtriert den Rückstand, der (neben Kieselsäure) aus der zurückgebliebenen Graphitkohle besteht, auf einem Asbestfilter ab, das in derselben Weise hergestellt worden ist, wie wir beim Chloraufschluß beschrieben haben.

Die Verbrennung des Kohlenstoffes zu Kohlensäure erfolgt nach einer der bekannten Methoden.

2. Karbidkohle.

Während beim Behandeln des Eisens mit heißer Säure nur der Graphit zurückbleibt, bleibt bei der Behandlung mit stark verdünnter kalter Schwefelsäure oder Salzsäure neben dem Graphit auch noch die Karbidkohle zurück. Der Rückstand, bestehend also aus Graphit und Karbidkohle, wird in bekannter Weise verbrannt. Hat man dann in einer anderen Einwage die Graphitkohle bestimmt, so läßt sich aus der Differenz der Gehalt an Karbidkohle berechnen.

3. Härtungskohle.

Durch Behandeln des Eisens mit kalter, verdünnter HCl oder H_2SO_4 gelingt es, die Härtungskohle von den oben genannten

Kohlenstoffarten des Eisens zu trennen. Die Härtungskohle entweicht nämlich dabei in Form von Kohlenwasserstoffen. Da aber diese Methode der direkten Bestimmung umständlich und ungenau ist, so zieht man es vor, durch Differenzrechnung aus dem Gesamtkohlenstoff einerseits und dem Graphit und Karbidkohlenstoff andererseits die Härtungskohle zu bestimmen.

B. Silizium.

1. Im Roheisen und Stahl.

Man löst 2—5 g in einem 250—500 ccm fassenden Becherglase in 30—80 ccm NHO_3 (1,2) unter Zugabe von 5—10 ccm HCl (1,19), setzt 25—30 ccm verd. H_2SO_4 (1:1) zu und dampft bis zum starken Abrauchen der H_2SO_4 ein. Nach dem Abkühlen löst man durch vorsichtigen Zusatz von kaltem Wasser, kocht längere Zeit, filtriert, wäscht mit heißem, HCl-haltigem Wasser, zum Schluß mit heißem Wasser allein und glüht die SiO_2 in einem Platintiegel aus. Enthält das Roheisen Graphit in größerer Menge, so dauert das Ausglühen längere Zeit. Ist die SiO_2 nicht reinweiß, so muß sie mit HF abgeraucht und der verbleibende Rückstand nach dem Ausglühen in Abzug gebracht werden;

SiO_2 enthält 47,02% Si.

2. Im Ferrosilizium.

Das Lösen des Ferrosiliziums in Säuren, so in Königswasser und Bromsalzsäure, ist schon bei einem Siliziumgehalt von 10% schwierig, versagt aber vollständig, wenn wir es mit hochprozentigem Ferrosilizium (70% Si und darüber) zu tun haben. In allen Fällen führt ein Aufschließen mit Alkalien am sichersten zum Ziele. Gleich gut gelingt der Aufschluß mit $NaKCO_3$ wie mit Na_2O_2, zu welchem letzteren man, um die stürmische Reaktion zu mildern, $NaKCO_3$ zusetzt.

Vorzuziehen ist der letztere Aufschluß, da man ihn sehr leicht in einem Eisen- oder Nickeltiegel durchführen kann, während für den ersteren eine höhere Temperatur und deshalb ein Platintiegel notwendig ist.

Beim Aufschluß mit Na_2O_2 werden 1 g bei niedrigprozentigem und 0,5 g bei hochprozentigem Ferrosilizium eingewogen. Um sich dann die Berechnung zu erleichtern, können auch 0,9404 bzw. 0,4702 g genommen werden. Von Na_2O_2 nimmt man die zehnfache und von $NaKCO_3$, das vorher schwach ausgeglüht wurde und vollständig trocken sein muß, die 5—6fache Menge der Einwage. Zuerst mischt man die eingewogene Probe mit dem

$NaKCO_3$ und dann noch mit annähernd zwei Drittel des Na_2O_2; mit dem Rest von diesem wird die Mischung bedeckt. Man schmilzt ganz vorsichtig, nachdem der Tiegel mit einem Uhrglas bedeckt worden ist durch annähernd 15 Minuten und mischt mehrere Male durch vorsichtiges Umschwenken des Tiegels. Es darf auf der Unterseite des Uhrglases kein Beschlag von SiO_2 sich bilden, sollte es der Fall sein, muß der Aufschluß wiederholt werden.

Der Aufschluß mit $NaKCO_3$ muß in einem Platintiegel geschehen. Die Einwage ist die gleiche wie oben, vom $NaKCO_3$ wird die zehnfache Menge genommen. Unerläßlich ist ein gutes Mischen; bleibt Ferrosilizium am Boden des Tiegels liegen, so legiert es sich beim stärkeren Erhitzen mit dem Platin und der Tiegel wird durchgefressen. Bei vollständiger Mischung ist das nicht zu befürchten. Zur Vorsicht kann man in dem Platintiegel unten zuerst eine Schicht von $NaKCO_3$ einschmelzen.

Die auf die eine oder die andere Art erhaltene Schmelze wird in einer Porzellanschale mit Wasser in Lösung gebracht, dann mit HCl angesäuert, zur Trockne abgedampft, mehrere Stunden auf 150^0 C erhitzt, nach dem Erkalten mit HCl (1,19) durchgefeuchtet und in HCl gelöst. Die ausgeschiedene SiO_2 wird abfiltriert und mit heißem HCl-haltigem Wasser gewaschen. In der gleichen Weise muß noch zweimal mit dem Filtrat verfahren werden. Die beim zweiten und dritten Abdampfen erhaltene SiO_2 wird auf ein gemeinsames Filter gebracht.

Die beiden Filter mit SiO_2 werden in einem Platintiegel verascht und stark geglüht. Nach dem Auswägen raucht man die SiO_2 mit HF ab. Der dann nach dem Ausglühen verbliebene Rest wird in Abzug gebracht.

Für genaue Analysen ist dieses dreimalige Abdampfen unerläßlich[1]), man kann es sich aber bei folgender Arbeitsweise ersparen.

[1]) Versuche ergaben z. B. folgende Resultate:
Abgeschiedene SiO_2 nach dem Abdampfen umgerechnet auf Si.

	1. Abscheidung	2. Abscheidung	3. Abscheidung	Gesamt-Si
Probe 1	79,22 % 79.12 %	1,00 % 1.28 %	0,31 % 0,29 %	80,53 % 80,69 %
Probe 2	76,27 % 76,55 %	1,00 % 0,98 %	0,15 % 0,19 %	77,42 % 77,66 %

Das Filtrat, das man nach dem ersten Abscheiden der SiO_2 erhält, wird deutlich ammoniakalisch gemacht, dann setzt man 10 g NH_4Cl zu, kocht längere Zeit, wobei die noch in Lösung gebliebene SiO_2 sich auch vollständig abscheidet, filtriert, löst den Niederschlag, indem man vorher den größten Teil vom Filter gespritzt hat, vollständig in HCl auf und dampft mit H_2SO_4 bis zum starken Abrauchen derselben ab, löst in Wasser, filtriert, wäscht gut mit HCl-haltigem heißen Wasser, dann mit diesem allein aus und glüht die SiO_2 mit der früher erhaltenen stark aus. Die Weiterbehandlung geschieht wie bei der Bestimmung des Si in Roheisen und Stahl.

Zuweilen kommt es vor, daß Ferrosilizium bemerkenswerte Mengen SiO_2 enthält, die bei ganz richtigen Bestimmungen des Si-Gehaltes in Abzug gebracht werden müssen. Zur Bestimmung dieser SiO_2 werden 1—2 g im Cl-Strome geglüht, wobei Si als $SiCl_4$ sich verflüchtigt, die SiO_2 aber zurückbleibt. Das Glühen geschieht am besten auf einem Porzellanschiffchen in einem möglichst weiten Glasrohr. Der Glührückstand wird in HCl (1,19) bei späterem Zusatz von einigen Tropfen HNO_3 (1,2) gelöst, zur Trockne abgedampft, mit HCl aufgenommen, mit heißem H_2O verdünnt und filtriert. Die geglühte und ausgewogene SiO_2 wird von der Gesamt-SiO_2, welche bei der Bestimmung des Si erhalten worden ist, in Abzug gebracht.

C. Mangan.

1. Im Roheisen.

a) Nach Volhard und Volhard-Wolff[1]).

Die Manganbestimmung in Roheisen nach Volhard und Volhard-Wolff unterscheidet sich von der Manganbestimmung in Erzen wenig, eigentlich nur durch die Verschiedenheit der einzuwägenden Substanzmenge und der Art des Lösungsmittels.

Nach Volhard. Man löst 5 g in einem Erlenmeyerkolben von annähernd 500 ccm in 50 ccm HNO_3 (1,20) auf, setzt dann 10 ccm HCl (1,19) zu, kocht bis sich nichts mehr löst, und der größte Teil der überschüssigen Säure abgedampft ist, spült in einen Meßkolben von 1 Liter Inhalt, fällt mit aufgeschlämmtem ZnO das Fe heraus, füllt bis zur Marke auf, schüttelt gut durch, filtriert durch ein trockenes Faltenfilter in ein trockenes Becher-

---

[1]) Wir verweisen an dieser Stelle noch einmal ausdrücklichst auf die Qualitätsbedingungen der bei dieser Methode zur Verwendung kommenden Faltenfilter und des Zinkoxyds, welche bei den Manganbestimmungen in Erzen genau beschrieben sind. Siehe S. 24, 25.

glas, nimmt 200 ccm = 1 g in einen Erlenmeyerkolben von 1 Liter Inhalt ab, verdünnt auf annähernd 500 ccm, erhitzt bis zum Kochen und titriert wie bei der Mn-Bestimmung in Erzen.

Nach Volhard-Wolff. 1 g wird aufgelöst in annähernd 20 ccm HNO_3 (1,20), dann mehrere Tropfen HCl (1,19) zugesetzt und gekocht zum Vertreiben der überschüssigen Säure. Diese Lösung spült man in einen Erlenmeyerkolben von 1 Liter Inhalt, fällt genau mit aufgeschlämmtem ZnO bei Vermeidung eines Überschusses. Die Flüssigkeit über dem Niederschlage muß klar sein. Dann erhitzt man, ohne den Niederschlag abzufiltrieren, zum Kochen und titriert bis die Flüssigkeit nach dem Absitzen des Niederschlages über demselben schwach rosa gefärbt ist.

b) Nach Procter Smith.

Dieses Verfahren gründet sich auf der Tatsache, daß Manganosalz in salpetersaurer Lösung bei Gegenwart von Silbernitrat durch Ammonpersulfat zu Permanganat oxydiert wird und ferner, daß dieses durch arsenige Säure dann wieder zu Manganosalz reduziert werden kann. Dieser letztere Vorgang verläuft als Ionenreaktion betrachtet nach der Gleichung:

$$2 Mn \cdots + 5 As \cdots = 2 Mn \cdot\cdot + 5 As \cdots\cdot$$

Das Verfahren selbst ist folgendes:

1 g wird in 60 ccm HNO_3 (1,2) in einem Meßkolben von 500 ccm aufgelöst, die Flüssigkeit wird abgekühlt, bis zur Marke aufgefüllt, gut durchgeschüttelt und durch ein trockenes Faltenfilter in ein trockenes Becherglas filtriert. Vom Filtrat nimmt man 50 ccm = 0,1 g in einen Erlenmeyerkolben von 600 ccm Inhalt ab, setzt 10 ccm $AgNO_3$-Lösung zu (Lösung 7, S. 184), verdünnt mit heißem Wasser auf 300 ccm, kocht auf, fügt 2—3 g Ammonpersulfat $(NH_4)_2S_2O_8$ zu, kühlt ab und titriert rasch unter stetem Umschwenken mit der Titerlösung As_2O_3 (Titerlösung 2, S. 186) bis zum Eintritt der grünen Farbe.

2. Im Ferromangan und Spiegeleisen.

a) Nach Volhard.

Von Ferromangan wägt man 1 g, von Spiegeleisen 2,5 g ab, löst in 50—70 ccm HNO_3 (1,20), setzt 10—20 ccm HCl (1,19) zu, erhitzt mäßig, bis das Ungelöste rein weiß ist, und engt ein. Die Lösung spült man mit H_2O in einen Meßkolben von 1 Liter Inhalt, fällt mit aufgeschlämmtem ZnO, füllt zur Marke auf, schüttelt gut durch, nimmt beim Ferromangan 100 ccm = 0,1 g und beim Spiegeleisen 200 ccm = 0,5 g der abfiltrierten Flüssigkeit und titriert genau so wie bei den Erzen.

b) Nach Volhard-Wolff.

Man löst von Ferromangan 1 g in 20 ccm HCl (1,12), von Spiegeleisen 2,5 g in 40 ccm HCl auf, oxydiert mit 0,5—1,5 g $KClO_3$ vollständig und kocht bis zum Verschwinden des Cl-Geruches. Dann bringt man die Lösung auf 1000 ccm, schüttelt gut durch und nimmt bei Ferromangan 100 ccm = 0,1 g, bei Spiegeleisen 200 ccm = 0,5 g in einen Erlenmeyerkolben von 1 Liter ab, fällt mit aufgeschlämmtem ZnO in möglichst geringem Überschusse. Bei Vorhandensein von wenig Fe setzt sich der Eisenniederschlag schlecht ab, was die richtige Durchführung der Methode erschwert. Dann erhitzt man zum Kochen und titriert wie bei den Erzen.

3. Im Stahl.

a) Nach Volhard und Volhard-Wolff.

Die Durchführung geschieht genau wie beim Roheisen.

Es werden bei der Volhardschen Methode auch 5 g eingewogen. Dagegen nimmt man zum Titrieren 2 g (400 ccm der vom Fe abfiltrierten Flüssigkeit) ab.

Bei der Volhard-Wolffschen Methode wird bei geringerem Mn-Gehalt die Einwage auf 2 g erhöht.

b) Nach Procter Smith.

Man löst 0,1 g Späne in einem Philippskölbchen in 10 ccm HNO_3 (1,2) läßt ziemlich weit eindampfen und fügt 10 ccm Silbernitratlösung (Lösung 7, S. 184) als Katalysator und annähernd 1 g Ammoniumpersulfat hinzu. Sobald die Oxydation nach einigen Minuten beendet ist, d. h. wenn die Lösung sich violett gefärbt hat, verdünnt man auf ungefähr 90 ccm, läßt abkühlen und titriert möglichst rasch unter stetem Umschwenken mit As_2O_3, deren Titer unter Anwendung eines Normalstahls von bekanntem Mn-Gehalt festgestellt worden ist (Titerlösung 2, S. 186).

D. Phosphor.

1. Im Roheisen.

Diese P-Bestimmung gleicht in der Grundidee der in den Erzen. Um den Phosphor durch molybdänsaures Ammon fällbar zu machen, muß er zu Orthophosphorsäure (H_3PO_4) oxydiert werden. Dieses geschieht entweder durch Auflösen des Roheisens in HNO_3 (1,2), nachheriges Abdampfen und starkes Rösten, oder aber durch Behandeln der salpetersauren Lösung mit Permanganat.

Je nach dem zu erwartenden Phosphorgehalte werden 2 bis 5 g in einem Porzellanbecher in HNO_3 (1,2) gelöst, die Lösung durch Zusatz von 5 ccm HCl (1,19), vervollständigt alsbald wird zur Trockne abgedampft und bei schwacher Rotglut 1 Stunde geröstet, nachher abgekühlt und der Abdampfrückstand durch HCl (1,19) wieder in Lösung gebracht. Die erhaltene Lösung spült man in einem Meßkolben von 250 ccm, füllt bis zur Marke auf, schüttelt gut durch und filtriert durch ein trockenes Faltenfilter, nimmt 50 ccm vom Filtrat, macht schwach ammoniakalisch, löst wieder in HNO_3 (1,4) gerade auf und fällt wie bei den Erzen den Phosphor mit molybdänsaurem Ammon.

Zur P-Bestimmung kann auch das Filtrat von der Si-Bestimmung verwendet werden. Man nimmt davon einen aliquoten Teil, erhitzt ihn zum Sieden, oxydiert mit 4 ccm Chamäleonlösung (Lösung 5, S. 184), kocht, löst das ausgeschiedene MnO_2 in 4 ccm HCl, kühlt ab, macht schwach ammoniakalisch, löst gerade wieder in HNO_3 (1,4) und fällt mit molybdänsaurem Ammon.

In beiden Fällen wird der Phosphor gewichtsanalytisch bestimmt.

Der ausgewaschene Niederschlag von Phosphorammoniummolybdat wird entweder bei 100^0 C getrocknet, — er enthält in diesem Fall 1,64 % P, — oder aber schwach geglüht; sein P-Gehalt beträgt dann 1,72 %.

Die Bestimmung durch Titration, wie sie bei Stahlproben angewendet wird, ergibt nur bei ganz niedrigen P-Gehalten zuverlässige Werte.

2. Im Ferrophosphor.

Man behandelt zur Phosphorbestimmung im Ferrophosphor 1 g der Substanz ungefähr 8—10 Stunden mit Königswasser. Der größere Teil geht dabei in Lösung. Das Ungelöste wird abfiltriert und mit $NaKCO_3$ aufgeschlossen. Die Schmelze wird in heißem Wasser gelöst, mit Salzsäure angesäuert und die ausgeschiedene SiO_2 abfiltriert.

Die vereinigten Filtrate spült man in einen Literkolben, füllt bis zur Marke auf und pipettiert 100 ccm = 0,1 g Einwage ab. Zur Abscheidung etwa in Lösung gegangener Kieselsäure dampft man zur Trockne ein, feuchtet den Rückstand mit wenigen Tropfen konzentrierter HCl an, erwärmt, verdünnt mit H_2O, filtriert, setzt zur Oxydation 20 ccm Permanganatlösung (Lösung 5, S.184) hinzu, läßt einige Zeit in der Wärme stehen und zerstört das überschüssige Permanganat mit 5—10 ccm konzentrierter HCl und bestimmt die Phosphorsäure in bekannter Weise.

3. Im Ferrosilizium.

2 g werden in einer geräumigen Platinschale, mit 50 ccm HNO_3 (1,20) übergossen, unter tropfenweisem Zusatze von HF, bis vollständige Lösung erfolgt oder nur ausgeschiedener Kohlenstoff zurückbleibt. Dann setzt man 8 ccm H_2SO_4 (1 : 1) zu, dampft ab, bis der größte Teil der H_2SO_4 abgeraucht ist, löst in H_2O, spült in ein Becherglas, filtriert, wenn nötig, oxydiert mit 4 ccm Permanganatlösung (Lösung 5, S. 184), kocht, löst das ausgeschiedene MnO_2 in 3—4 ccm HCl und behandelt weiter wie beim Roheisen.

4. Im Stahl.

Wie im Roheisen, muß auch hier der Phosphor vor seiner Fällung mit molybdänsaurem Ammon zu Orthophosphorsäure oxydiert werden. Dasselbe kann gleichfalls in der salpetersauren Lösung durch Abdampfen und Rösten oder durch Oxydation mit $KMnO_4$ geschehen.

Die gravimetrische Bestimmung des Phosphorammoniummolybdats ist hier nur bei hochlegierten Phosphorstählen notwendig. In allen anderen Fällen ist der titrimetrischen Bestimmung der Vorzug zu geben. Sie hat neben der großen Genauigkeit den Vorteil der Kürze, besonders deshalb, weil es sich bei ihr erübrigt, etwa vorhandenes Si zu berücksichtigen und zur Abscheidung zu bringen. Deshalb kann die Oxydation des Phosphors immer mit Permanganat erfolgen.

Man löst das Phosphorammoniummolybdat in einem Überschusse von Normalnatronlauge und titriert diesen Überschuß mit Normalschwefelsäure. Es empfiehlt sich stets eine $^1/_4$ Normalschwefelsäure und eine $^1/_4$ Normalnatronlauge zu nehmen. Als Indikator kommt Phenolphtalein zur Anwendung. Nach empirischen Versuchen ist eine Einwage des Stahls von 2,81 g erforderlich, damit 1 ccm der verbrauchten NaOH-Lauge gerade 0,01 % Phosphor entspricht. Somit ist eine große Genauigkeit möglich.

2,81 g Stahl werden in 25—30 ccm HNO_3 (1,2) gelöst, mit 3 ccm Chamäleonlösung (Lösung 5, S. 184) oxydiert gekocht, das ausgeschiedene MnO_2 in 2—3 ccm HCl (1,19) gelöst. Die Lösung wird mit etwas Wasser verdünnt, schwach ammoniakalisch gemacht und der ausgeschiedene Niederschlag gerade in HNO_3 (1,4) gelöst. Nun fällt man in der nicht über 60° heißen Flüssigkeit den Phosphor mit molybdänsaurem Ammon (Lösung 4, S. 183), mischt gut durch und läßt bei 40—50° absitzen. Nachdem der Niederschlag sich gut abgesetzt hat, filtriert man ihn, wäscht zuerst mit schwach salpetersaurem Wasser, dann mit KNO_3- oder K_2SO_4-haltigem Wasser bis zur neutralen Reaktion aus. Man gibt das Filter mit Niederschlag in dasselbe Becherglas zurück, in dem die Fällung erfolgt ist, das man aber vorher mit H_2O ausgespült hat. Nun löst man mit $1/4$ Normal-NaOH (Titerlösung 10, S. 191) im Überschusse, fügt einige Tropfen einer Phenolphtaleinlösung dazu bis zur ganz deutlichen Rotfärbung und titriert mit der $1/4$ Normal-H_2SO_4 (Titerlösung 9, S. 190) auf farblos zurück. 1 ccm der verbrauchten NaOH-Lösung entspricht 0,01 % P. Es ist möglich, diese P-Bestimmung in 35 Minuten, vom Einwägen an gerechnet, fertig zu stellen. — Hat man eine große Anzahl von Bestimmungen nebeneinander auszuführen, die nicht allzu eilig sind, so kann man sich durch Anwendung nachstehender kleiner Abänderung der Methode etwas Arbeit ersparen. — Nachdem das ausgeschiedene MnO_2 in HCl gelöst worden ist, dampft man bis zur Bildung eines kleinen Häutchens auf der Oberfläche ein. Nach dem Abkühlen setzt man 5 ccm einer konzentrierten Lösung von NH_4NO_3 zu, fällt mit molybdänsaurem Ammon und verfährt wie oben.

Wie früher gesagt, kann der Phosphor auch getrocknet oder schwach geglüht werden. In diesen Fällen muß vorhandenes Si als SiO_2 abgeschieden und entfernt werden, wie es auch beim Roheisen geschieht. Ebenso zu beachten ist, daß etwa ungelöster Glühspan nicht mit aufs Filter kommt.

Es gibt auch eine volumetrische Bestimmung des P-Niederschlages. Hier sind dieselben Vorsichtsmaßregeln zu beachten. Alle früheren Operationen sind die gleichen, bis zum Filtrieren. Statt zu filtrieren, spült man den Niederschlag in ein birnenartiges Glasgefäß. Dasselbe hat oben einen kurzen Hals, der durch einen Kautschukstopfen verschließbar ist. Der untere verengte Teil des Gefäßes endigt in ein kubiziertes, unten geschlossenes Glasröhrchen. Die Teilstriche sind bei einer bestimmten Einwage empirisch hergestellt. Durch Schleudern wird der Niederschlag in das graduierte Röhrchen getrieben[1]).

E. Schwefel.

1. Im Roheisen und Stahl.

Die Schwefelbestimmung wird jetzt fast nur gravimetrisch oder titrimetrisch durchgeführt. Die kolorimetrischen Methoden

---

[1]) Karl Bormann hat diese Methode so ausgearbeitet, daß sie exakte Resultate liefert, was vorher nicht der Fall war. Da diese Methode wohl selten mehr angewendet wird, wurde von einer genauen Beschreibung Abstand genommen. Siehe Zeitschrift f. angew. Chemie 1889, S. 638.

wurden verlassen, da die titrimetrische mit großer Schnelligkeit in der Durchführung eine bedeutende Genauigkeit verbindet und wegen der großen Einwage, die genommen werden kann, gute Durchschnittswerte liefert, was von den kolorimetrischen Methoden nicht gut behauptet werden kann. Die kolorimetrische Methode von Vita nach Verbrennung im Sauerstoffstrome wird voraussichtlich besonders bei Betriebsanalysen von Stahl wegen ihrer Schnelligkeit in der Durchführung und da auch dabei gleichzeitig der Kohlenstoff bestimmt werden kann, Eingang finden.

In den ersten fünf Fällen wird der S durch Auflösen der Probe mit HCl in H_2S umgewandelt, und nur die Art der Bestimmung des S darin ist verschieden. Es finden sechs Methoden Anwendung:
a) jodometrische Methode,
b) jodometrische Methode nach Kinder,
c) Methode nach Schulte,
d) Bariumsulfatmethode,
e) Permanganatmethode nach Vita und Massenez,
f) durch Verbrennung im Sauerstoffstrome nach Vita.

a) Jodometrische Methode.

Zweckmäßig werden (mit Rücksicht auf eine spätere kolorimetrische Cu-Bestimmung, zu welcher dieselbe Probe benutzt wird) 8 g in einen Kochkolben von 500 ccm Inhalt eingewogen. Dieser wird durch einen Kautschukstopfen mit zwei Bohrungen verschlossen. Durch eine derselben geht ein mit einem Hahn versehener Scheidetrichter, der bis nahe an den Boden des Kolbens reicht, durch die andere ein Rohr, das mit einem Rückflußkühler verbunden ist. Aus dem Kühler werden die entwickelten Gase in ein hohes Becherglas (170 mm hoch, 70 mm Durchmesser) eingeleitet, in das man vorher 60 ccm ammoniakalische Kadmiumzinkazetatlösung (Lösung 6a, S. 184) und 100 ccm H_2O gegeben hat. Das Einleitungsrohr muß eine enge Spitze haben, damit möglichst kleine Bläschen durch die Flüssigkeit streichen. Zur Lösung läßt man durch den Scheidetrichter 100 ccm HCl (1,19) in den Kolben einfließen. Der Zusatz der HCl hat anfangs tropfenweise zu erfolgen, damit die Gasentwicklung eine möglichst langsame ist. Sobald die HCl vollständig in den Kolben abgelaufen ist und die Gasentwicklung nachgelassen hat, erwärmt man schwach mit einer kleinen Flamme, später bis zum Kochen. Wenn die Probe fast gelöst ist, öffnet man, um ein Zurücksteigen zu vermeiden, den Hahn vom Scheidetrichter und kocht noch einige Zeit. Dann nimmt man das Einleitungsrohr ab, spült die anhaftende Flüssigkeit mit etwas destilliertem Wasser in das Becherglas. Dieses erhitzt man und kocht bis das NH_3 sich fast vollständig verflüchtigt hat, kühlt ab, macht mit HCl schwach sauer und titriert in folgender Weise.

Man hat für die jodometrische Titration zwei Flüssigkeiten, die Jodlösung (Titerlösung 5, S. 188) und die Thiosulfatlösung (Titerlösung 4, S. 187), deren gegenseitigen Wirkungswert man kennt. Wegen der leichten Veränderlichkeit der Jodlösung nimmt man als Basis eine $^1/_{10}$ Normalthiosulfatlösung, von der 1 ccm $= 0{,}01604$ g S entspricht.

Der einfachen Berechnung wegen empfiehlt es sich, für Betriebsanalysen die Konzentration der Thiosulfatlösung so zu wählen, daß 1 ccm $= 0{,}001$ g S anzeigt.

Man versetzt die abgekühlte Flüssigkeit mit einem Überschusse von Jodlösung und schüttelt gut durch, bis der Niederschlag verschwunden ist. Nach Zusatz von 5 ccm Stärkelösung titriert man mit der Thiosulfatlösung in schwachem Überschusse, versetzt dann mit der Jodlösung bis deutlich blau und titriert mit der Thiosulfatlösung genau auf farblos.

Aus der verbrauchten Anzahl Kubikzentimeter Thiosulfatlösung und Jodlösung berechnet man den S-Gehalt.

b) Jodometrische Methode nach Kinder[1]).

Da die Jodlösung, wie sie zur gewöhnlichen jodometrischen Bestimmung des Schwefels benutzt wird, ihren Titer stetig ändert, ist eine regelmäßige Nachprüfung ihres Wirkungswertes notwendig. Diese Nachprüfung ist natürlich zeitraubend und kann zu Fehlern Veranlassung geben. Es ist deshalb besser, sich für jeden einzelnen Versuch eine neue Jodlösung herzustellen, und zwar durch Einwirkung von Kaliumpermanganat von bekanntem Gehalt auf Jodkali in saurer Lösung.

Diese Einwirkung erfolgt nach der Gleichung:

$$2 KMnO_4 + 10 KJ + 8 H_2SO_4 = 10 J + 2 MnSO_4 + 6 K_2SO_4 + 8 H_2O.$$

Als Permanganatlösung dient eine Lösung, die derart verdünnt ist, daß 1 ccm 0,001 g Schwefel entspricht (Titerlösung 7, S. 189). Die Ausführung der Methode ist folgende. 8 g Roheisen oder Stahlspäne werden in bekannter Weise mit konzentrierter

---

[1]) Vgl. Bericht Nr. 4, 1911, der Chemiker-Kommission des Vereins deutscher Eisenhüttenleute.

Salzsäure zersetzt und der gebildete Schwefelwasserstoff wird in einer Vorlage, die mit 50 ccm einer ammoniakalischen Kadmiumsulfatlösung (Lösung 6b, S. 184) gefüllt ist, absorbiert. Das ausgefällte, abfiltrierte und gut ausgewaschene CdS gibt man samt Filter in einen Erlenmeyer, der mit 20 ccm KJ-Lösung und einer hinreichenden, genau abgemessenen Menge von $KMnO_4$-Lösung beschickt ist. Das CdS wird von dem ausgeschiedenen Jod zersetzt, und das überschüssige Jod wird dann mit Thiosulfat unter Zugabe von Stärkelösung mit einer Natriumthiosulfatlösung (Titerlösung 7, S. 184), die ebenfalls so eingestellt ist, daß 1 ccm 0,001 g entspricht, zurücktitriert. Die Differenz zwischen der verbrauchten Anzahl Kubikzentimeter Permanganatlösung und Thiosulfatlösung gibt den Schwefelgehalt direkt in Milligramm an. Der Prozentgehalt ergibt sich daraus bei einer Einwage von 8 g durch Division mit 80.

c) Methode nach Schulte.

Das Auflösen erfolgt hier so wie bei der jodometrischen Methode. Der gebildete H_2S wird aber in eine Kadmiumazetatlösung (siehe Lösung 6c, S. 184) geleitet. Nachdem aller S als CdS ausgefällt worden ist, gibt man in das Becherglas, worin die Fällung erfolgt ist, überschüssiges $CuSO_4$. Folgende Umsetzung findet statt:

$$CdS + CuSO_4 = CuS + CdSO_4.$$

Das ausgeschiedene schwarze CuS wird abfiltriert, möglichst schnell mit heißem H_2O gewaschen und durch Ausglühen in CuO übergeführt. 1 Gewichtsteil CuO entspricht 0,4028 Gewichtsteilen S[1]).

d) Bariumsulfatmethode.

Das Auflösen wird auch hier genau so durchgeführt wie bei der jodometrischen Methode. Man leitet aber den H_2S in stark ammoniakalisches, schwefelfreies H_2O_2 ein[2]). Man nimmt dazu

---

[1]) Ledebur, Leitfaden für Eisenhüttenlaboratorien, 1918, S. 113.
[2]) Als H_2O_2 verwendet man gewöhnlich das 3%ige, sogenanntes medicinale. Dasselbe enthält fast immer kleinere Mengen von H_2SO_4, mit denen es zur Erhöhung der Haltbarkeit versetzt worden ist. Es muß deshalb vor Gebrauch gereinigt werden. Man versetzt das unreine H_2O_2 mit einigen Tropfen HCl, fällt mit einigen Tropfen $BaCl_2$ die H_2SO_4 heraus, läßt das herausgefällte $BaSO_4$ vollständig absitzen, versetzt dann mit Ammoniak bis zur deutlichen ammoniakalischen Reaktion (es fallen dabei auch andere Verunreinigungen aus), filtriert möglichst schnell durch ein Faltenfilter und macht das gereinigte H_2O_2, damit es haltbar bleibt, schwach salzsauer.

100 ccm H_2O_2 und 60 ccm Ammoniak. Sobald das Lösen der Probe beendet ist, kocht man die Flüssigkeit der Vorlage zur Zerstörung des H_2O_2, versetzt mit Chamäleon, kocht wieder auf und fällt mit $BaCl_2$. Man gibt einige Kubikzentimeter NH_3 zu, da so auch Spuren leichter und schneller fallen, versetzt mit HCl bis deutlich sauer, kocht nochmals auf, läßt vollständig absitzen, filtriert, wäscht mit heißem HCl-haltigen H_2O, dann mit heißem H_2O allein aus, glüht und wägt.
$BaSO_4$ enthält 13.73 % S.

e) **Permanganatmethode nach Vita und Massenez.**

Bei einem Schwefelgehalt bis annähernd 0,12 % werden 8 g, bei einem höheren 4 g genau in derselben Weise wie bei der jodometrischen Methode in HCl gelöst, die entwickelten Gase in 70 ccm einer ammoniakalischen Lösung von $CdSO_4$ (Lösung 6b, S. 184) eingeleitet, die bis zum Schlusse des Lösens ammoniakalisch bleiben muß. Beim Roheisen wird die Flüssigkeit mit dem ausgeschiedenen CdS ½ Stunde gekocht und dann abgekühlt. Das Auskochen geschieht zur Vertreibung der gelösten Kohlenwasserstoffe. Beim Stahl ist diese Behandlung nicht erforderlich. In einen Becherstutzen hat man 600 ccm H_2O gegeben. Nachdem man mit 4—5 Tropfen Permanganat angerötet hat, spült man die Flüssigkeit mit dem CdS-Niederschlag in diesen Becherstutzen, beim Stahl neutralisiert man, setzt 25 ccm H_2SO_4 (1:1) hinzu und titriert mit Kaliumpermanganat (Titerlösung 1, S. 185), bis der Niederschlag von CdS vollständig verschwunden ist und die Flüssigkeit einige Minuten deutlich rot bleibt.

Der Schwefeltiter beträgt ⅛ des Eisentiters[1].

---

[1] Wenn der Schwefeltiter der Permanganatlösung unter Zugrundelegung nachstehender Reaktionsgleichung aus dem Eisentiter errechnet wird, stimmen die Resultate dieser Methode sehr gut mit der gewichtsanalytischen überein. Deshalb kann auch als sicher angenommen werden, daß in der Hauptsache dabei folgender chemischer Prozeß wirklich stattfindet:

$5 CdS + 8 KMnO_4 + 12 H_2SO_4 = 5 CdSO_2 + 4 K_2SO_4 + 8 MnSO_4 + 12 H_2O$.

Da

$10 FeSO_4 + 2 KMnO_4 + 8 H_2SO_4 = 5 Fe_2(SO_4)_3 + K_2SO_4 + 2 MnSO_4 + 8 H_2O$

ist, beträgt der Titer der Chamäleonlösung auf Schwefel den achten Teil des Eisentiters. Dadurch wird die Methode eine sehr genaue, auch ist es sehr bequem, daß man den Schwefeltiter direkt aus dem Eisentiter berechnen kann.

f) **Durch Verbrennung im Sauerstoffstrome nach Vita.**
Bestimmung des Schwefels allein.

Diese Methode eignet sich ganz besonders für Stahl und Roheisen mit niedrigem Schwefelgehalt zur Kontrolle des Betriebes und kann gleichzeitig mit der Bestimmung des Kohlenstoffs durchgeführt werden. Die Zeitdauer beträgt bei Stahl 4, bei Roheisen 10 Minuten.

0,5—1 g werden in einem Porzellanrohr, das sich im Marsofen befindet, im Sauerstoffstrome genau so wie bei der Kohlenstoffbestimmung verbrannt; die Temperatur wird aber bis 1200° gesteigert. Der Sauerstoff durchstreicht vor dem Ofen zwei Waschflaschen, die der Reihe nach mit Kaliumpermanganat und einer Lösung von Kaliumjodat und Kaliumjodid beschickt sind.

Die Verbrennungsgase mit dem überschüssigen Sauerstoff werden in eine Doppelwaschflasche geleitet; im ersten Teil derselben befinden sich 10, im zweiten 5 ccm der Kaliumjodatjodidlösung, die im Liter 3 g Jodat und 30 g Jodid enthält. Zur Herstellung dieser Lösung ist vorher ausgekochtes, nicht sauer reagierendes destilliertes Wasser zu verwenden. Die Wirkung ist so energisch, daß im zweiten Teil der Doppelwaschflasche die Lösung nur einen schwachen Stich ins Gelbe erhält.

Bei der Untersuchung von Roheisen, welches fein gepulvert sein muß, wird von dem Gasstrome etwas verbranntes Eisen mitgerissen, deshalb ist im weiteren Gange der Untersuchung eine Filtration durch ein Asbestfilter einzuschalten, was sich beim Stahl erübrigt. Dieses Asbestfilter kann für eine große Zahl von Bestimmungen verwendet werden, da bei der Filtration das Waschen mit ausgekochtem, destilliertem, nicht sauer reagierendem Wasser nur einige Male zu geschehen braucht, bis das Filtrat farblos ist. Dazu sind nur einige wenige Minuten erforderlich.

Für die Richtigkeit der Analyse ist es gleichgültig, ob der Schwefel zu SO_2 oder SO_3 verbrennt. Es finden dabei folgende Umsetzungen statt:

$$KJO_3 + 5\,KJ + 3\,SO_2 = 6\,J + 3\,K_2SO_3,$$
$$KJO_3 + 5\,KJ + 3\,SO_3 = 6\,J + 3\,K_2SO_4.$$

Es entspricht mithin in beiden Fällen 1 g S = 7,9039 g J. In beiden Fällen wird dieselbe Menge Jod frei.

Das vom freigewordenen und im Überschusse von Jodkalium gelöste Jod bewirkt eine Färbung, welche schon bei einem Mehr- oder Mindergehalt von nur 0,01% Schwefel einen sehr deutlichen Unterschied in der Farbenstärke zeigt, so daß es ganz gut möglich ist, die Bestimmung kolorimetrisch durchzuführen.

Als färbender Körper, der, wenn er nicht unnötig lange dem Licht und der Wärme ausgesetzt wird, lange Zeit beständig bleibt, eignet sich am besten eine wäßrige Lösung von Kaliumbichromat. Zur Herstellung der Vergleichslösung dient eine Stammlösung von Kaliumbichromat, welche der Farbenstärke nach mit einer annähernd $1/2$ normalen Jodlösung, deren Gehalt an Jod man genau festgestellt hat, übereinstimmt. Man kennt mithin den Jodgehalt von 1 ccm dieser Lösung, die der Farbenstärke nach mit der Kaliumbichromatlösung übereinstimmt.

Die Vergleichslösungen für die kolorimetrische Bestimmung befinden sich in mit eingeriebenem Glasstopfen versehenen Zylindern aus farblosem Glas und von gleicher lichter Weite, möglichst nicht zu eng (zu empfehlen sind $4^{1}/_{2}$ cm l. W.), mit zwei Marken von 200 und 300 ccm.

Unter der Annahme einer Einwage von 1 g wird aus dieser Stammlösung, welche als Jodlösung angesehen wird, eine Vergleichsskala hergestellt, die mit einer solchen Menge freien Jods beginnt, welche 0,02 % S entspricht, das sind 0,005806 g J. Die Zwischeneinteilungen in der Skala betragen 0,02 %, so daß auf 0,01 % gut geschätzt werden kann. Die Skala reicht bis 0,10 % S. Es empfiehlt sich nicht, sie weiter auszudehnen, da dann die Färbung zu stark wird und den Vergleich sehr erschwert. Hat man es mit höheren Gehalten von Schwefel zu tun, die man noch kolorimetrisch bestimmen will, so nimmt man nur 0,5 g Einwage oder verdünnt vor dem Vergleichen auf 300 ccm statt auf 200 ccm; selbstredend ist das bei der Berechnung zu berücksichtigen.

Die Menge des Jods, welches bei der Verbrennung im Sauerstoffstrome frei geworden ist, läßt sich auch ganz gut durch Titration mit $1/_{20}$ normaler Natriumthiosulfatlösung bestimmen und daraus den richtigen Schwefelgehalt berechnen.

Gleichzeitige Bestimmung von Schwefel und Kohlenstoff.

Man kann S und C im Roheisen und Stahl ganz gut gleichzeitig bestimmen. Da die übliche Größe des Kropfes der Meßbürette hier nicht ausreicht, muß derselbe und entsprechend die Absorptionspipette um annähernd 100 ccm vergrößert werden. Ferner ist die Verbrennung so zu leiten, daß die CO_2 nicht unter Druck in die Kaliumjodidjodatlösung eingeführt wird, da sonst die CO_2 sich darin löst und Jodausscheidungen stattfinden, daher die S-Resultate zu hoch ausfallen. Dieser Übelstand kann ganz gut vermieden werden, indem die Verbrennung durch Tiefstellung der Niveauflasche unter Saugdruck durchgeführt wird.

Die Doppelwaschflasche zur Aufnahme der Kaliumjodidjodatlösung muß entsprechend kleiner gewählt werden, ein Inhalt von 65 ccm hat sich gut bewährt.

Die Verbrennung selbst wird wie sonst durchgeführt.

2. Im Chromstahl.

Da sich Chromstahl in Salzsäure nicht löst, so kann die gewöhnliche Schwefelbestimmung, d. h. die Bestimmung des Schwefels in Form von Sulfid, nicht in Anwendung kommen. Man muß vielmehr den Schwefel im Chromstahle zu Schwefelsäure oxydieren und die gebildete Schwefelsäure gewichtsanalytisch bestimmen.

Das Verfahren ist folgendes:

Man löst 10 g Stahl in Königswasser, engt nach dem Lösen ein, indem man zur Bindung der gebildeten Schwefelsäure Na_2CO_3 in die Lösung gibt, dampft zur Trockne ein und röstet im Becherglas auf der heißen Ofenplatte.

Nach dem Erkalten feuchtet man mit konzentrierter HCl an, nimmt mit H_2O auf, filtriert die SiO_2 ab und engt das Filtrat nach Möglichkeit ein.

Der Ausfällung der Schwefelsäure in Form von $BaSO_4$ muß die Entfernung des Eisens vorangehen, da sonst das Eisen in den Niederschlag mitgerissen wird. Man versetzt zu diesem Zweck das eingeengte Filtrat mit Rothescher Salzsäure und schüttelt die Lösung mit Äther aus. Die ausgeschüttelte Lösung wird wiederum eingeengt, wobei sich meistens noch etwas SiO_2 abscheidet. Man filtriert diese SiO_2 ab und versetzt, um den letzten Rest des Eisens zu fällen, der meistens in der Lösung zurückgeblieben ist, mit NH_3, und wiederholt diese Fällung noch einmal.

In dem mit HCl schwach angesäuerten Filtrate vom Eisen fällt man die Schwefelsäure mit $BaCl_2$-Lösung.

F. Kupfer.

8 g Roheisen oder Stahl werden in HCl (1,19) gelöst. Man kann auch die von der S-Bestimmung im Kolben verbliebene Lösung nehmen. Ein großer Überschuß an HCl wird nach vorheriger Verdünnung mit H_2O durch NH_3 abgestumpft. Dann fällt man ohne vorherige Filtration das Kupfer mit H_2S, filtriert den Niederschlag von CuS und wäscht ihn mit H_2S-haltigem Wasser gut aus. In diesem unreinen Niederschlag kann das Kupfer auf dreierlei Weise bestimmt werden.

1. Bestimmung als CuO.

Der Niederschlag wird schwach geglüht, dann in Königswasser gelöst, nach dem Verdünnen mit H_2O ammoniakalisch gemacht, filtriert und gut mit heißem H_2O ausgewaschen. Ist viel Kupfer vorhanden, was an der Stärke der Blaufärbung ersichtlich ist, so wird der NH_3-Niederschlag in HCl (1,19) gelöst und die Fällung mit NH_3 wiederholt. Die beiden miteinander vereinigten Filtrate werden salzsauer gemacht, das Cu nochmals mit H_2S gefällt, über ein aschenfreies Filter filtriert, mit H_2S-haltigem Wasser gut gewaschen, längere Zeit bei mäßiger Rotglut geglüht und als CuO gewogen.

CuO enthält 79,90% Cu.

2. Elektrolytische Methode.

Der nach der zweiten Fällung genau wie früher erhaltene Niederschlag von CuS wird schwach geglüht, in 10—15 ccm HNO_3 (1.2) gelöst, auf annähernd 200 ccm verdünnt und so wie bei den Erzen (siehe S. 28) elektrolysiert.

3. Kolorimetrische Methode.

Dieses Verfahren beruht auf der Stärke der Blaufärbung von ammoniakalischen Kupfersalzlösungen. Die Stärke der Färbung steht, gleiche Flüssigkeitsmengen vorausgesetzt, in direktem Verhältnis zum Cu-Gehalte. Das Lösen von 8 g der Probe geschieht wie oben. Vor dem ersten Fällen mit H_2S empfiehlt es sich, die Flüssigkeit zu filtrieren[1]. Der Niederschlag von CuS wird schwach geglüht, in Königswasser gelöst mit H_2O verdünnt, deutlich ammoniakalisch gemacht, auf 200 ccm gebracht, gut durchgeschüttelt, durch ein trockenes Faltenfilter in einen trockenen, nachher beschriebenen, Vergleichszylinder filtriert und festgestellt, welchem Cu-Gehalt der Vergleichsflüssigkeit die zu untersuchende Probe entspricht.

Die Vergleichsskala besteht aus einer Reihe von gläsernen, weithalsigen, zylindrischen Standflaschen von 45 mm lichtem Durchmesser und 270 mm Höhe mit Glasfuß. Sie werden aus farblosem Glase hergestellt und müssen, da die Lösungen später im horizontalen Querschnitt verglichen werden, genau die gleiche lichte

---

[1] Enthält der Rückstand nämlich Mangan, herrührend von etwa noch ungelöstem Roheisen, so stört dieses nachher den kolorimetrischen Vergleich, indem das Mangan durch das Königswasser gelöst wird und bei der späteren Behandlung mit NH_3 sich durch Oxydation in Form von $Mn(OH)_2$ abscheidet und den blauen Farbenton der Kupferlösung ins Grünliche überspielen macht.

Weite haben. Sie besitzen gut eingeriebene Glasstopfen, die nach Fertigstellung der Skala durch Paraffin vollständig gedichtet worden sind und haben bei 200 ccm eine Marke. Man bereitet sich zuerst eine verdünnte Lösung von Kupfervitriol in Wasser, bestimmt durch Elektrolyse ganz genau den Gehalt dieser Lösung an Cu und weiß somit, wieviel Cu 1 ccm davon enthält. Die Skala soll uns Cu-Gehalte in Zwischenräumen von 0,02% anzeigen. Die äußersten Grenzen der Skala richten sich nach den Cu-Gehalten, die für gewöhnlich vorkommen. In den meisten Fällen wird sie genügen, wenn sie von 0,04—0,4% reicht. Die Skala muß uns direkt den Cu-Gehalt anzeigen. Sie muß deshalb immer so viel Cu enthalten, als bei dem entsprechenden Prozentsatz in 8 g Einwage vorhanden ist. Mithin

bei 0,04% . . . . 0,0032 g Cu
„ 0,06% . . . . 0,0048 „ „
„ 0,08% . . . . 0,0064 „ „ usw.

Man bringt z. B. in den Vergleichszylindern für 0,04% mittels einer Bürette von der verdünnten Kupfervitriollösung die Menge, welche 0,0032 g Cu enthält, hinein, macht deutlich ammoniakalisch, füllt bis zur Marke von 200 ccm auf und schüttelt gut durch. So bereitet man sich die einzelnen Vergleichszylinder, bis die ganze Skala fertig ist. Das Vergleichen erfolgt am besten auf einem kleinen Gestell mit weißer Bodenfläche und einem Milchglase als Hintergrund. Reicht man mit der Vergleichsskala nicht aus, so nimmt man einen Teil der Lösung und verdünnt entsprechend, was bei der Berechnung natürlich berücksichtigt werden muß.

G. Nickel.
1. Elektrolytische Bestimmung.

2—5 g Nickelstahl werden in verdünnter H_2SO_4 gelöst, mit H_2O verdünnt, durch H_2S das Cu gefällt und abfiltriert. Das Filtrat wird zur Vertreibung des H_2S aufgekocht und mit H_2O_2 oder HNO_3 oxydiert. Die Lösung, die sich dabei gelb-rot färbt, spült man in einen 500 ccm-Kolben über, gibt $(NH_4)_2SO_4$ zu und fällt das Eisen im Überschuß mit NH_3. Nachdem man bis zur Marke aufgefüllt hat, filtriert man durch ein trockenes Filter und pipettiert 100 ccm = 0,4—1 g Stahl ab. Man gibt in die Lösung 5 g $(NH_4)_2SO_4$, fügt 30—40 ccm NH_3 und 50—60 ccm H_2O hinzu, erwärmt auf $50°$ und elektrolysiert bei 3,5—4 Volt Spannung und 1—2 Amp. etwa 2 Stunden, bis alles Ni ausgefällt ist, was man qualitativ zu prüfen hat. Nach Beendigung der Elektrolyse unterbricht man den Strom, nimmt die Elektrode ab, spült sie mit H_2O und Alkohol ab und trocknet sie im Trockenschrank bei 100^0.

2. Dimethylglyoxymmethode[1]).

Man löst 1 g Substanz in 20 ccm HCl und oxydiert, nachdem alles in Lösung gegangen ist, mit konzentrierter HNO_3. Die Zugabe von HNO_3 hat tropfenweise zu erfolgen, um jeden Überschuß nach Möglichkeit zu vermeiden. Nachdem man einige Zeit erhitzt hat, bis jeglicher Chlorgeruch verschwunden ist, läßt man erkalten. Zeigt sich in der Flüssigkeit jetzt ausgeschiedene Kieselsäure, so muß dieselbe abfiltriert werden. Das Filtrat (bei Abwesenheit von Kieselsäure die oxydierte Lösung) wird mit 300 ccm Wasser verdünnt. Man fügt alsdann $2-3$ g Weinsäure hinzu und macht die Lösung ammoniakalisch. Der Zusatz der Weinsäure hat den Zweck, das Eisen in Lösung zu halten. Mit wenigen Tropfen verdünnter HCl säuert man alsdann an, erwärmt die Flüssigkeit und gibt 50 ccm einer alkoholischen Lösung von Dimethylglyoxym hinzu und macht wiederum schwach ammoniakalisch. Hierbei fällt das Nickelsalz schön leuchtend rot aus. Man läßt es $1-1^1/_2$ Stunden in der Wärme absitzen, filtriert, verascht das Filter mit dem Niederschlag vorsichtig, indem man das Filter umgekehrt in den Tiegel gibt und anfänglich nicht zu heftig erhitzt. Das Nickel kommt als NiO zur Auswage.

3. Modifizierte Dimethylglyoxymmethode.

Die Methode beruht darauf, daß vor der Ausfällung des Nickels mit Dimethylglyoxym der größte Teil des Eisens mit Äther ausgezogen wird und wird meistens bei der Bestimmung kleiner Mengen von Ni angewandt.

Die Einwage ist bei dieser Methode 5 g. Als Lösungsmittel dient HCl (1,124), die sogenannte Rothesche Säure. Man oxydiert die warme Lösung, ohne etwa am Uhrglas haftende Tropfen abzuspülen und so die Konzentrationsverhältnisse zu ändern, mit konzentrierter HNO_3. Gerade bei dieser Methode ist der größte Wert darauf zu legen, daß jeglicher Überschuß an HNO_3 vermieden wird. Man gibt deshalb die HNO_3 am besten mittels eines Tropfglases hinzu. Die Beendigung der Oxydation zeigt sich durch einen ganz charakteristischen plötzlichen Farbenumschlag von schwarzbraun zu gelbrot. Nach beendeter Oxydation dampft man bis auf wenige Kubikzentimeter ein und gibt 20 ccm

---

[1]) Methode nach Brunck.

HCl (1,124) hinzu zur Verjagung der HNO_3 und engt wiederum ein. Die Lösung spült man dann in dem oberen Scheidetrichter (siehe Abb. 9, S. 41) mittels HCl (1,124) derart, daß die ganze Lösungsflüssigkeit etwa 50 ccm beträgt und trennt nach dem Rotheschen Ausätherungsverfahren in derselben Weise, wie bei der Vanadinbestimmung in Erzen beschrieben worden ist (S. 40).

Die Ni-haltige Lösung wird vorsichtig — eine freie Flamme ist wegen des Äthers zu vermeiden — bis auf einige Kubikzentimeter eingeengt. Ist Si im Stahl, so hat man zur Trockne einzudampfen, um die SiO_2 unlöslich zu machen.

Die weitere Behandlung erfolgt, wie im Abschnitt 2 ausgeführt ist.

H. Arsen.

5—10 g Roheisen oder Stahl werden in HNO_3 (1,2) gelöst, dann nach Zusatz von 30—50 ccm H_2SO_4 bis zum starken Abrauchen abgedampft und in H_2O gelöst. Etwa ausgeschiedene SiO_2 oder zurückgebliebener Graphit wird filtriert und mit heißem H_2O ausgewaschen; das Filtrat wird konzentriert, in einen Arsen-Destillationskolben bei den Erzen (s. S. 31) angegeben wurde, herausdestilliert und bestimmt.

J. Chrom, Vanadin und Molybdän.

1. Bestimmung von Chrom bei Abwesenheit von Vanadin und Molybdän.

a) Persulfatmethode nach Philips.

Die Persulfatmethode gründet sich darauf, Mangan und Chrom durch Persulfat bei Gegenwart von Silbernitrat zu Permanganat und zu Chromsäure zu oxydieren, das Permanganat mit Salzsäure wieder zu reduzieren und die Chromsäure mit Ferrosulfat und Permanganatlösung von bestimmtem Gehalt zu titrieren.

Nach dem Ergebnis einer qualitativen Untersuchung werden 2—5 g in einem Erlenmeyerkolben von 500 ccm Inhalt in 20 bis 30 ccm verdünnter H_2SO_4 (1:1) gelöst. Sobald die H-Entwicklung aufgehört hat, wird auf annähernd 200 ccm verdünnt, 10 ccm einer 0,5%igen $AgNO_3$-Lösung und 100 ccm einer 6%igen Ammoniumpersulfatlösung zugesetzt, auf 300 ccm verdünnt und bis zum Aufhören der O-Entwicklung gekocht. Dann versetzt man mit 10 ccm verdünnter HCl (1:1) erhitzt bis zum Verschwinden des Cl-Geruchs, kühlt ab, fügt 20 ccm $FeSO_4$-Lösung (Titerlösung 3, S. 187) hinzu, spült in eine 2 Liter fassende Porzellanschale und titriert nach Zusatz der Reinhardtschen

P_2O_5- und H_2SO_4-haltigen $MnSO_4$-Lösung mit Chamäleon bis zur Rosafärbung. Die Titration und Berechnung geschieht genau so wie bei der Cr-Bestimmung in Erzen.

Man stellt am besten zuerst den Titer der $FeSO_4$-Lösung, titriert dann die Probe und kontrolliert nachher nochmals den Titer der $FeSO_4$-Lösung.

b) Jodometrische Methode.

Die jodometrische Chrombestimmung eignet sich vor allem für Stahl mit niedrigem Chromgehalt.

Bei dieser Methode geschieht die Oxydation des Chroms zu Chromsäure durch Permanganatlösung und die Bestimmung des Chroms durch Titration mit Jodkali und Thiosulfatlösung.

10 g Stahl werden in HCl (1,19) gelöst und nach der Lösung mit $KClO_3$ oxydiert. Man verkocht das Chlor und spült die Flüssigkeit in einen tarierten Rundkolben von 1 Liter Fassungsvermögen.

Man fügt alsdann Soda hinzu bis zur beginnenden Trübung und dann noch zwei gute Löffel im Überschuß. Mit 40 ccm einer 4%igen Permanganatlösung oxydiert man jetzt und kocht unter Luftdurchleiten 10 Minuten.

Mit 5 ccm Alkohol wird jetzt das überschüssige Permanganat zerstört. Auch während dieses Prozesses leitet man unter Kochen während 10 Minuten Luft durch die Lösung.

Nach der Reduktion des Permanganats füllt man zur Marke auf, filtriert durch ein trockenes Faltenfilter und pipettiert von der gelbgefärbten Lösung je nach dem Chromgehalt 100 ccm oder mehr ab, gibt 1 g Jodkali zu, säuert mit HCl an und titriert das ausgeschiedene Jod mit $^1/_{10}$ Normalthiosulfatlösung. (Titerlösung 4, S. 187.)

2. Bestimmung von Chrom bei Anwesenheit von Vanadin.
Gleichzeitige Vanadinbestimmung.

1. Methode. 2—5 g werden in HNO_3 (1,2) gelöst, in der Platinschale abgedampft und geglüht, dann mit $1-2^1/_2$ g KNO_3 je nach der Größe der Einwage verrieben, 1 Stunde geglüht, mit heißem H_2O ausgezogen und filtriert. Der unlösliche Rückstand wird nochmals mit KNO_3 geglüht und ausgezogen. Die gelb gefärbten Filtrate werden mit verdünnter HNO_3 neutralisiert und mit $BaCl_2$ gefällt. Der Niederschlag von $BaCrO_4$ und $Ba(VO_3)_2$ wird vom Filter abgespült und mit verdünnter H_2SO_4 gekocht. Die Vanadinsäure geht in Lösung und wird von dem $BaCrO_4$ abfiltriert, mit NH_3 neutralisiert, konzentriert und mit

festem NH_4Cl und NH_3[1]) ausgefällt. Das NH_4VO_3 wird abfiltriert, mit NH_4Cl-Lösung gewaschen, eingeäschert, geglüht und gewogen. Der Niederschlag ist V_2O_5 und enthält 56,13% V.

Enthält die Probe kein Cr, so wird der wäßrige Auszug nach dem Neutralisieren mit HNO_3 mit $HgNO_3$ gefällt, geglüht und ebenfalls als V_2O_5 gewogen.

Der Niederschlag von $BaCrO_4$ wird mit der entsprechenden Menge Na_2O_2 in einem dickwandigen Porzellantiegel 10 Minuten lang geschmolzen, die Schmelze mit heißem H_2O aufgenommen, bis zur vollständigen Zerstörung des Na_2O_2 gekocht und mit verdünnter H_2SO_4 angesäuert. Nach dem Erkalten wird mit überschüssiger $FeSO_4$-Lösung reduziert und der Überschuß mit Permanganat zurücktitriert. (Vgl. Chrombestimmung in Erzen, S. 34.)

2. Methode. Man löst vom Stahl 2—5 g und vom Roheisen 10 g in einem Erlenmeyer in HCl (1,12) unter Erhitzen bis zum Sieden, kühlt ab, versetzt mit der doppelten Menge kaltem H_2O und fällt Cr und V mit aufgeschlämmtem $BaCO_3$ in geringem Überschusse. Der Kolben wird dann bis zum Halse mit Wasser aufgefüllt und gut verschlossen wenigstens 24 Stunden stehen gelassen. Die klare Flüssigkeit wird abgehebert, der Niederschlag auf ein Filter gebracht und mit kaltem H_2O ausgewaschen, getrocknet, vom Filter entfernt und zusammen mit der Asche von dem verbrannten Filter mit 5—10 g eines Gemisches von 1 Teil KNO_3 und 15 Teilen Na_2CO_3 verrieben und geschmolzen. Liegt ein graphitreiches Roheisen zur Analyse vor, so muß der Niederschlag vorher zur Verbrennung des Graphits ausgeglüht werden. Die erkaltete Schmelze wird mit heißem H_2O behandelt und filtriert. Das Filtrat, welches das Cr und V enthält, wird zur Reduktion der H_2CrO_4 unter Zugabe von HCl und Alkohol zur Reduktion zur Trockne verdampft. Dann löst man den Rückstand in HCl unter Zusatz einiger Körnchen $KClO_3$, um das V vollständig als HVO_3 zu erhalten. Man fällt in Siedehitze das Cr_2O_3 mit NH_3. Um zu verhindern, daß V mitfalle, setzt man einige Tropfen Na_3PO_4 hinzu. Der Niederschlag wird filtriert, mit heißem H_2O ausgewaschen, getrocknet und mit Na_2O_2 geschmolzen. In der Lösung bestimmt man das Cr maßanalytisch.

---

[1]) Bei der Ausfällung mit NH_4Cl muß man mit NH_3 schwach alkalisch machen, durch Eindampfen konzentrieren und die mit NH_4Cl gesättigte Lösung kalt stehen lassen. Ist die Lösung auch nur schwach sauer, so fällt V nicht aus.

Die Bestimmung des V in dem ammoniakalischen Filtrat geschieht am besten nach Treadwell in folgender Weise. Man neutralisiert möglichst genau mit HNO_3, versetzt mit überschüssigem Bleiazetat, rührt kräftig um, wobei sich der voluminöse Niederschlag zusammenballt, sich rasch zu Boden setzt und die überstehende Flüssigkeit vollkommen klar erscheint. Den anfangs orangefarbigen Niederschlag, welcher nach längerem Stehen gelb und schließlich weiß wird, filtriert und wäscht man mit essigsäurehaltigem Wasser, bis $^1/_2$ ccm des Waschwassers beim Verdampfen keinen Rückstand mehr hinterläßt. Nun spritzt man den Niederschlag in eine Porzellanschale, löst die noch im Filter verbleibenden Anteile in möglichst wenig warmer verdünnter HNO_3, läßt die Lösung zur Hauptmenge des Niederschlags in die Porzellanschale fließen und fügt noch genug HNO_3 hinzu, um alles Bleivanadat zu lösen. Dann versetzt man die Lösung mit überschüssiger H_2SO_4, dampft im Wasserbade so weit als möglich ein und erhitzt schließlich die Schale im Luftbade, bis dicke Schwefelsäuredämpfe zu entweichen beginnen. Nach dem Erkalten verdünnt man mit 50—100 ccm Wasser, filtriert und wäscht mit H_2SO_4-haltigem Wasser aus, bis 1 ccm des Filtrats mit Wasserstoffsuperoxydlösung keine Gelbfärbung mehr gibt. Das so erhaltene Bleisulfat ist, vorausgesetzt, daß genügend überschüssige H_2SO_4 vorhanden war und die Masse beim Abrauchen der H_2SO_4 nicht trocken wurde, weiß und völlig frei von Vanadinsäure. Das Filtrat, welches alle Vanadinsäure enthält, dampft man in einer Porzellanschale auf ein kleines Volumen ein, spült die Flüssigkeit in einen tarierten Platintiegel, verdampft wieder im Wasserbade, zuletzt im Luftbade, bis alle H_2SO_4 vertrieben ist, glüht längere Zeit[1]) bis zur schwachen Rotglut bei offenem Tiegel und wägt das zurückbleibende V_2O_5.

Man kann in dem von CrO ablaufenden ammoniakalischen Filtrate das V in nachstehender Weise bestimmen.

Man fügt gelbliches Schwefelammon dazu und nach erfolgter Umsetzung fällt man mit Essigsäure das V als Sulfid, wäscht mit H_2S-haltigem Wasser aus und glüht, indem das vom Niederschlag befreite Filter vorher mit $(NH_4)NO_3$ durchfeuchtet worden ist, vorsichtig aus. Das V kommt auch hier als V_2O_5 zur Wägung.

---

[1]) Beim Abrauchen der H_2SO_4 bildet sich zum Schluß ein Gemenge von grünen und braunen Kristallen (Verbindungen der Vanadinsäure mit Schwefelsäure), welche erst bei schwacher Rotglut die Schwefelsäure abgeben.

3. Bestimmung von Chrom bei Anwesenheit von Molybdän. Gleichzeitige Bestimmung des Molybdäns.

Beide kommen zusammen nur im Stahl vor. Man löst 2 g der Probe in 10 ccm HCl (1,19), verdünnt nach vollständiger Lösung mit der doppelten bis dreifachen Menge Wasser und leitet in die mindestens 80° heiße Flüssigkeit unter Ersatz des abgedampften Wassers so lange H_2S ein, bis alles Mo ausgefällt ist. Dann filtriert man, wäscht den Sulfidniederschlag mit HCl-haltigem H_2S-Wasser aus und bestimmt darin das Mo, wie früher schon angegeben.

Das Filtrat von den Sulfiden wird bis zur vollständigen Verjagung des H_2S gekocht, dann kochend mit 20 ccm HCl (1,12) versetzt. Man oxydiert durch tropfenweisen Zusatz von 2—3 ccm HNO_3 (1,4), engt auf annähernd 10 ccm ein und entfernt durch das Ätherverfahren den größten Teil des Fe. Die abgetrennte Fe-arme Lösung wird zur Trockne abgedampft, der verbleibende Rückstand in HCl gelöst, dann mit NH_3 das Cr herausgefällt. Der abfiltrierte und getrocknete Niederschlag von $Cr(OH)_3$ wird geglüht, mit Na_2O_2 aufgeschlossen und das Cr in der wäßrigen Lösung der Schmelze titrimetrisch bestimmt.

Bei ganz kleinen Gehalten von Cr, V und Mo werden 5—10 g in HCl (1,19) gelöst und das Mo wie vorher durch H_2S abgeschieden.

Das Filtrat wird auf annähernd 50 ccm abgedampft, mit HNO_3 (1,4) vorsichtig oxydiert, dann wieder zweimal mit Salzsäure (1,10) eingedampft und nach dem Ätherverfahren Cr und V von der größten Menge des Fe abgetrennt.

Die weitere Trennung des Cr von V erfolgt dann durch Ausfällen des Cr mit NaOH, V bleibt dabei in Lösung und wird kolorimetrisch bestimmt.

Das ausgefällte $Cr_2(OH)_6$ wird geglüht, mit Na_2O_2 aufgeschlossen und wie sonst bestimmt.

4. Vanadin im Stahl.

5 g Stahl werden in HCl (1,19) gelöst und mit HNO_3 (1,2) oxydiert, tief eingekocht, zur Trockne gebracht und geröstet. Man nimmt mit HCl (1,12) und wenig H_2O auf und scheidet die SiO_2 durch Filtration ab. Das Filtrat wird im Rotheapparat mit Äther ausgeschüttelt; diese vom Fe befreite Flüssigkeit wird möglichst tief eingedampft, mit wenig H_2O verdünnt und in einen 250 ccm-Kolben gespült, in welchem 15—20 g NaOH in möglichst wenig H_2O gelöst sind. Man mischt durch Umschwenken gut durch und läßt 3 Stunden stehen.

Nach völligem Erkalten füllt man zur Marke auf, mischt durch und filtriert die stark alkalische Lösung. Vom Filtrate nimmt man 200 ccm = 4 g Stahl in einen 250 ccm Kolben ab, säuert mit H_2SO_4 an und füllt neuerdings bis zur Marke auf. Etwa hierbei noch nachträglich ausgeschiedene SiO_2 wird durch ein trockenes Filter abfiltriert, vom Filtrat 100 ccm 1,6 g Stahl genommen und mit 10 ccm H_2O_2-Lösung (1:10) versetzt. Man vergleicht diese so vorbereitete Flüssigkeit mit einer Vanadinlösung von bekanntem Gehalt. Zur Herstellung dieser Vanadinlösung werden 18 g (bei $105°$ vorher getrocknetes) V_2O_5 in H_2SO_4 gelöst und auf 1 Liter verdünnt. Je nach dem vorhandenen Vanadingehalt nimmt man von dieser Vergleichslösung einen aliquoten Teil.

5. Molybdän im Stahl.

4 g Stahl werden in HCl (1,19) gelöst; nach vollständiger Lösung, wozu ungefähr 1 Stunde notwendig ist, läßt man abkühlen, oxydiert mit einigen Tropfen HNO_3 (1,40) und kocht tief ein.

In einem 500 ccm-Kolben löst man 10 g NaOH in heißem H_2O und läßt obige Stahllösung, die mit etwas H_2O verdünnt und mit NaOH fast neutralisiert worden ist, in dünnem Strahle unter Umschwenken einfließen. Nach vollständigem Abkühlen füllt man mit H_2O zur Marke auf, mischt gut durch und filtriert durch ein trockenes Filter. Alles Mo befindet sich im Filtrate, von welchem 250 ccm mit HCl ganz schwach sauer gemacht werden. Diese Lösung wird jetzt zum Kochen erhitzt und das Mo unter Zugabe von 50 ccm konzentrierter Ammonazetatlösung mit 10 ccm essigsaurem Blei (50%ig) gefällt. Man kocht auf, läßt in der Wärme absitzen, filtriert, wäscht mit warmem H_2O, trocknet, entfernt den Niederschlag vom Filter, äschert dies für sich ein, fügt den Niederschlag hinzu, glüht und wägt nach dem Erkalten als MoO_4Pb.

MoO_4Pb enthält 26,10% Mo.

6. Ferrochrom.

0,5 g der möglichst fein gepulverten Probe werden in einem dickwandigen Porzellantiegel mit 5 g Na_2O_2 innig gemischt und 15 Minuten lang im Schmelzen gehalten. Die erkaltete Schmelze löst man in heißem Wasser, kocht einige Zeit bis zur vollständigen Zerstörung des Na_2O_2 und säuert mit H_2SO_4 (1:1) an. Zeigt sich dabei, daß ein Teil des Ferrochroms noch nicht aufgeschlossen ist, so filtriert man, verascht den Rückstand und wiederholt den Aufschluß mit Na_2O_2 noch einmal. In den vereinigten Lösungen wird dann das als Chromat vorliegende Cr in derselben Weise, wie bei der Cr-Bestimmung in Erzen ausgeführt ist, titrimetrisch bestimmt. (Vgl. S. 34.)

7. Ferrovanadin nach Em. Campe[1]).

Bestimmung des Vanadins.

0,5 g werden in einer bedeckten Porzellanschale in 20 ccm HNO_3 (1,2) gelöst, zur Trockne verdampft, dann zur Zerstörung der Nitrate auf dem Sandbade stark geröstet. Der Rückstand wird mit 50 ccm HCl (1,19) gelöst, zwecks Reduktion der Vanadinsäure (V_2O_5) zu Vanadinoxyd (V_2O_4) zur Trockne abgedampft und das Lösen in HCl und Abdampfen noch zweimal wiederholt. Dann wird die HCl durch Abdampfen mit 20 ccm H_2SO_4 bis zum starken Abrauchen vertrieben. Nach dem Abkühlen wird das Sulfat mit kaltem Wasser aufgenommen, in einen Literkolben gespült, auf reichlich $1/2$ Liter verdünnt, auf etwa 80° erhitzt und bei dieser Temperatur mit einer $KMnO_4$-Lösung, deren Fe-Titer genau ermittelt worden ist, titriert. Es empfiehlt sich, vor dem Titrieren 5—10 ccm H_3PO_4 hinzuzufügen. Die Reaktion erfolgt nach folgender Gleichung:

$$5 V_2O_4 + 2 KMnO_4 + 3 H_2SO_4 = 5 V_2O_5 + K_2SO_4 + 2 MnSO_4 + 3 H_2O.$$

Fe-Titer der $KMnO_4$-Lösung $\times$ 0,9162 = V-Titer.

8. Ferromolybdän.

1. Mo-Bestimmung. 0,5 g werden in 15 ccm HNO_3 (1,2) gelöst, mit 10 ccm H_2SO_4 bis zum starken Abrauchen abgedampft; nach dem Erkalten verdünnt man mit H_2O und löst die ausgeschiedene MoO_3 durch Erwärmen. Die zurückgebliebene SiO_2 wird abfiltriert, nach dem Veraschen mit HF und H_2SO_4 abgeraucht, der etwa vorhandene Rückstand von MoO_3 gelöst und mit dem Hauptfiltrat vereinigt. Die vereinigten Lösungen werden in eine Druckflasche gespült und in der Kälte mit H_2S gesättigt. Dann wird die in einem Stativ eingespannte geschlossene Druckflasche in ein kaltes Wasserbad eingehängt, dieses zum Sieden erhitzt und die Druckflasche 1 Stunde lang bei Siedehitze darin belassen. Nach dem Erkalten des Flascheninhalts wird das MoS_3 durch einen Goochtiegel abfiltriert, zuerst mit H_2SO_4-haltigem H_2O und dann mit Alkohol bis zum

---

[1]) Siehe Berliner Berichte der Deutschen chem. Gesellschaft 1903, Bd. 36, S. 3164.

Verschwinden der H_2SO_4-Reaktion ausgewaschen und bei 100^0 getrocknet. Jetzt hängt man den Goochtiegel in einen etwas größeren Porzellantiegel, bedeckt den Goochtiegel gut mit einem Uhrglas und erhitzt anfangs ganz schwach über einer kleinen Flamme. Hierbei verbrennt das MoS_3 unter schwachem Erglühen zu MoO_3. Ist der Geruch nach SO_3 verschwunden, so entfernt man das Uhrglas und erhitzt den äußeren Tiegel stärker bis zur Gewichtskonstanz des Goochtiegels. Zu starkes Glühen muß wegen der leichten Flüchtigkeit des MoO_3 vermieden werden.

Da das erste Filtrat meist noch geringe Mengen Mo enthält, empfiehlt sich eine zweite Behandlung mit H_2S in der Kälte und dann unter Druck wie oben.

MoO_3 enthält 66,66% Mo

Maßanalytische Bestimmung des Molybdäns.

Von Ferromolybdän werden 0,3 g, von Molybdänstahl 1,5 g in HNO_3 (1,2) gelöst, zur Trockne abgedampft, in 20 ccm HCl (1,19) wieder gelöst. Die Abtrennung des Fe erfolgt wie bei der Mo-Bestimmung im Stahl. Ein aliquoter Teil der alkalischen Mo-Lösung wird mit HSO_4 (1:1) angesäuert, mit 10 g metallischem Zn und 100 ccm heißer verdünnter H_2SO_4 (1:5) versetzt und auf dem Herde $1/2$ Stunde lang erwärmt. Die Flüssigkeit darf dabei nicht bis zum Sieden erhitzt werden. Nach raschem Filtrieren und Auswaschen mit kaltem H_2O wird mit $KMnO_4$ bis auf farblos und dann auf schwach rosa titriert.

Ein etwaiger Gehalt an Fe im Zn muß selbstverständlich berücksichtigt werden.

$$5\,Mo_{12}O_{19} + 34\,KMnO_4 = 60\,MoO_3 + 17\,K_2O + 34\,MnO$$
$$\text{Mo-Titer} = \text{Fe-Titer} \times 0{,}605.$$

2. C-Bestimmung. Wegen der Flüchtigkeit des Molybdänoxyds, das beim Verbrennen im O-Strome entsteht und das Verbrennungsrohr verstopfen könnte, empfiehlt sich die Anwendung der nassen Methode durch Oxydation mit Chromsäure, da sich das Ferromolybdän leicht in Chrom-Schwefelsäure löst. Die Methode wird wie beim Roheisen durchgeführt.

K. Aluminium.

Man löst 6 g Stahl in HCl (1,124), dampft zur Trockne, scheidet die SiO_2 ab, löst wieder mit HCl, verdünnt mit H_2O, filtriert die SiO_2 und wäscht mit HCl-haltigem H_2O aus. Das Filtrat erhitzt man zum Sieden, oxydiert vorsichtig durch tropfenweise zugesetzte HNO_3, dampft dann zur Trockne ablöst den Rückstand mit 10 ccm HCl (1,124) und spült mit 40 ccm HCl (1,10) in den Rotheschen Ätherabscheidungsapparat. Durch zweimaliges Schütteln mit Äther wird der größte Teil des Fe abgeschieden.

Die Fe-arme Lösung wird zur Trockne verdampft, der Rückstand in HCl gelöst und nach der Azetatmethode das Mn entfernt. Der Niederschlag, welcher das Al enthält, wird in HCl gelöst und in einer Platinschale zur Trockne verdampft, dann nach Zusatz von 2—3 ccm H_2O und etwa 2 g Al-freiem KOH einige Zeit gekocht. Dann verdünnt man mit H_2O, spült mit H_2O in einen Meßkolben von 300 ccm, füllt bis zur Marke auf, schüttelt gut durch, filtriert durch ein trockenes Filter in ein trockenes Becherglas und nimmt 250 ccm entsprechend 5 g der eingewogenen Probe ab. Man säuert mit HCl an, fällt unter Einhaltung der nötigen Vorsichtsmaßregeln das Al mit NH_3 und bestimmt es als Al_2O_3.

Al_2O_3 enthält 53,03% Al.

Um sich zu überzeugen, ob alles Al gefällt worden ist, säuert man das Filtrat mit Essigsäure an und kocht nach Zusatz von Natriumphosphat.

L. Wolfram.

1. Ferrowolfram.

0,5 g der im Stahlmörser äußerst fein zerkleinerten Probe werden in einer Platinschale mit HNO_3 (1,2) und HF gelöst (Vorsicht wegen starker Reaktion) zur Trockne abgedampft, schwach geglüht und dann mit 5 g $KNaCO_3$ aufgeschlossen. Der Aufschluß wird mit H_2O heiß ausgelaugt, aufgekocht und filtriert, mit HNO_3 (1,24) unter Anwendung von Methylorange als Indikator scharf neutralisiert, dann mit 15 ccm schwach salpetersaurer Merkuronitratlösung versetzt und die überschüssige HNO_3 durch einige Tropfen von aufgeschlämmtem HgO abgestumpft. Man erhitzt zum Sieden, der Niederschlag von Merkurwolframat setzt sich sofort ab. Er wird filtriert, mit kaltem merkuronitrathaltigem H_2O (30 ccm auf 1 Liter), zum Schlusse mit kaltem H_2O allein, ausgewaschen, im Platin- oder Porzellantiegel verascht und über einem Bunsenbrenner ausgeglüht. Das Ausglühen kann auch in der Muffel erfolgen. Der ausgeglühte Niederschlag besteht aus WO_3 mit 79,31% W.

2. Wolframstahl bis 20% W.

1—2 g werden in verdünnter HCl gelöst mit HNO_3 (1,4) tropfenweise bis zum Farbenumschlag in der Wärme oxydiert und bis auf $^1/_3$ des Volums eingekocht mit H_2O aufgenommen und heiß filtriert. Der Niederschlag von WO_3 wird mit heißer verdünnter HCl ausgewaschen, ausgeglüht, mit HF von etwa vorhandener SiO_2 befreit und nochmals geglüht.

3. Hochprozentiger Wolframstahl.
(20% W und darüber.)[1])

Man löst 2 g in 20—25 ccm verdünnter HCl. Sobald keine H-Entwicklung mehr stattfindet, neutralisiert man mit Na_2CO_3 so weit, daß die Flüssigkeit noch schwach sauer ist. Diesen Punkt kann man bei solchen Lösungen, welche nicht viel Rückstand enthalten, nach Zusatz von Methylorange als Indikator leicht bestimmen, indem man Na_2CO_3 bis zum Verschwinden und dann tropfenweise ganz verdünnte HCl bis zum Wiedererscheinen der roten Farbe hinzufügt. Bei Lösungen mit viel Rückstand, wo diese Art der Neutralisation nicht gut durchführbar ist, verfährt man ohne Methylorange in der gleichen Weise. Zum Schlusse setzt man nur so viel HCl zu, bis ein mit einem Glasstabe herausgenommener Tropfen blaues Lackmuspapier schwach rötet.

Jetzt fügt man 10 ccm $^1/_{10}$ Normal-H_2SO_4, dann 40—60 ccm Benzidinlösung (siehe Lösung 14, S. 185) hinzu, erhitzt kurze Zeit zum Sieden, damit sich der Niederschlag gut absetzt. Dann wird filtriert und mit Benzidinlösung (1 Teil mit 5 Teilen H_2O verdünnt) ausgewaschen.

Der anfangs vorsichtig, dann stark ausgeglühte Niederschlag enthält mit Fe sehr verunreinigtes WO_3. Er wird mit der 3—4 fachen Menge Na_2CO_3 geschmolzen, die Schmelze in H_2O gelöst und nach Zusatz einiger Tropfen Methylorange wie früher fast neutralisiert. Dann werden wieder 10 ccm $^1/_{10}$ Normal-H_2SO_4, weitere 40—60 ccm Benzidinlösung zugesetzt, gekocht und verfahren wie oben. Der ausgeglühte Niederschlag ist WO_3.

Bei Anwesenheit von Cr enthält das WO_3 dieses in geringer Menge eingeschlossen, weil nach Knorre Cr und W in der Schmelze komplexe Verbindungen bilden. Man kocht die nicht vollständig neutralisierte Lösung der Schmelze, reduziert die Chromsäure mit SO_2, fügt $^1/_{10}$ Normal-H_2SO_4 zu und fällt mit Benzidinlösung. Bei Anwesenheit größerer Mengen Cr kann der Zusatz von $^1/_{10}$ Normal-H_2SO_4 unterbleiben, weil sich solches genügend aus der zugesetzten SO_2 bildet.

---

[1]) Methode nach G. v. Knorre, St. & E. 1906, S. 1489.

M. Titan[1]).

I. Roheisen und Stahl.

Titan kommt in allen Roheisensorten vor, die aus titanhaltigen Erzen erblasen sind. Im Stahle findet sich Titan in jüngster Zeit häufig, da man bei der Raffination als Desoxydationsmittel[2]) Titanzuschläge anwendet.

Da die Titanmenge im Roheisen und Stahl meistens sehr gering ist (es handelt sich in der Regel um zehntel Prozente), so hat man eine entsprechend größere Einwage zu wählen. Man löst 25 g Eisen oder Stahl in verdünnter HNO_3. Es sind hierzu ungefähr 150 ccm erforderlich. Die Lösung hat unter guter Kühlung zu erfolgen. Nachdem alles aufgelöst, dampft man in einer Porzellanschale zur Trockne, röstet auf der heißen Ofenplatte längere Zeit, läßt abkühlen und feuchtet die geröstete Masse mit wenigen Kubikzentimetern HCl an. Bei mäßiger Temperatur wird längere Zeit erwärmt, bis alles Lösliche sich gelöst hat, dann dampft man abermals ein und bringt nochmals durch einige Kubikzentimeter HCl unter Erwärmen zur Lösung, verdünnt mit Wasser und filtriert die ausgeschiedene SiO_2 ab.

Das möglichst auf 50 ccm eingeengte Filtrat wird in Teilen von je 10 ccm ausgeäthert. Man gibt zu je 10 ccm Lösung 40 ccm Rothesche Salzsäure (1,1) und schüttelt mit Äther aus. Das Eisen geht in die ätherische Flüssigkeit, während das Titan in der wäßrigen Lösung zurückbleibt.

Die dermaßen von Eisen befreiten Lösungen, in welchen sich manchmal die Titansäure bereits flockig auszuscheiden beginnt[3]), werden vereinigt, zur Trockne eingedampft, der Rückstand wird mit HCl befeuchtet, in Wasser gelöst und die ausgeschiedene Titansäure abfiltriert, ausgewaschen, geglüht und als TiO_2 gewogen.

TiO_2 enthält 60,12% Ti.

2. Ferrotitan.

0,5—1 g werden in einer Platinschale in HNO_3 (1,4) und HF vorsichtig gelöst, zur Trockne abgedampft und stark geröstet. Der Abdampfrückstand wird mit 1 g KNO_3 vermischt

---

[1]) Vgl. Ledebur, Leitfaden f. Eisenhüttenlaboratorien, Aufl. 9, S. 145.
[2]) Nach amerikanischen Berichten glaubt man durch diese Titanzuschläge auch den schädlichen Stickstoff aus dem Stahl entfernen zu können.
[3]) Nach Ledebur wird die Titansäure gerade durch die Eisensalze in Lösung gehalten.

und über einem Bunsenbrenner $^1/_2-1$ Stunde aufgeschlossen, mit heißem H_2O ausgelaugt. Dabei bleiben ungelöst Ti und Fe, während in Lösung gehen Cr, Mo, V, P, Al und andere. Der Rückstand wird in derselben Platinschale mit entwässertem $KHSO_4$ aufgeschlossen und zwar geht man nur so weit, bis die Schmelze klar durchsichtig rot erscheint aber noch keine Zersetzung der Bisulfate eintritt.

Diese Schmelze wird nach dem Zerreiben mit kaltem H_2O ausgelaugt (das Lösen kann unter Durchblasen von Luft beschleunigt werden) nach erfolgter klarer Lösung mit H_2S zwecks Reduktion des Fe und Ausfällen des etwa in die Schmelze übergegangenen Pt behandelt. Der Niederschlag wird in einen 1—2 Liter fassenden Rundkolben filtriert, das Filtrat deutlich ammoniakalisch gemacht und tropfenweise solange Ameisensäure unter kräftigem Umschütteln bis zur vollständigen Lösung des ausgeschiedenen FeS zugesetzt.

Ein Ausscheiden von TiO_2 findet schon jetzt statt. Man setzt noch weitere 10 ccm Ameisensäure zu, verschließt mit einem Bunsenventil und kocht bis die TiO_2 rein weiß in flockiger Form erscheint.

Dieselbe wird abfiltriert, ausgeglüht und gewogen. Enthält sie noch Fe, so muß der Aufschluß mit $KHSO_4$ wiederholt werden.

N. Stickstoff im Stahl.

Der Stickstoff ist im Stahl wahrscheinlich in Form von Nitriden vorhanden. Er macht das Eisen in ähnlicher Weise wie Sauerstoff rotbrüchig. Seine Bestimmung ist vor allem deshalb von Interesse, weil man aus seiner Menge mit einiger Gewißheit schließen kann, ob ein vorliegendes Material im Siemens-Martinofen oder im Konverter gewonnen worden ist. Das letztere Erzeugnis enthält nämlich immer viel mehr Stickstoff als das erstere. Soweit bekannt, beträgt der Stickstoffgehalt maximal 0,06%.

Die Bestimmung des Stickstoffs beruht darauf, daß beim Lösen des Eisens in verdünnter Schwefelsäure der gebunden vorliegende Stickstoff durch die reduzierende Wirkung des naszierenden Wasserstoffs in Ammoniak überführt wird. Man braucht daher nur die Menge des gebildeten Ammoniaks festzustellen. Das Lösen des Stahles geschieht in einem Rundkolben von 500 ccm Inhalt. Der Kolben wird durch einen doppelt durchbohrten Gummistopfen verschlossen. Eine Bohrung trägt einen Destillationsaufsatz mit Ableitungsrohr, die andere einen Scheidetrichter, der bis an den Boden des Kolbens geht. Die Einwage beträgt 10 g. Man läßt zunächst 20 ccm Wasser durch den Scheidetrichter zufließen, erwärmt und fügt nach und nach so viel verdünnte H_2SO_4 (1,1) hinzu, als gerade zur Auflösung notwendig ist.

Das Ableitungsrohr taucht man jetzt in eine Vorlage, welche mit 25 ccm $^1/_{10}$ Normal-H_2SO_4 beschickt ist. Diese Menge Schwefelsäure ist vollständig ausreichend zur Absorption des freiwerdenden Ammoniaks. Wie eine einfache stöchiometrische Ausrechnung ergibt, genügen bei einer Einwage von 10 g Stahl und einem Stickstoffgehalt von 0,06 % bereits 4—5 ccm $^1/_{10}$ Normalschwefelsäure (Titerlösung 9, S. 190).

Dann läßt man durch den Scheidetrichter so viel NaOH-Lösung (50 %ig) zulaufen, bis die Lösung stark alkalisch ist. Zum Übertreiben des NH_3 wird der Zersetzungskolben zum langsamen Sieden erhitzt und so lange darin erhalten, bis die Flüssigkeit stark eingeengt ist. Man ist so sicher, daß alles NH_3 herausdestilliert ist.

Die Menge des freigewordenen und in der Vorlage gebundenen Ammoniaks wird dann durch Resttitration der unverbrauchten vorgelegten $^1/_{10}$ Normalschwefelsäure mit $^1/_{10}$ Normalnatronlauge bestimmt (Titerlösung 10, S. 191).

1 ccm der durch Ammoniak neutralisierten Schwefelsäure entspricht 0,014 % Stickstoff bei 10 g Einwage.

Da es sich bei dieser Stickstoff- bzw. Ammoniakbestimmung immer um sehr geringe Mengen handelt, so ist es selbstverständlich, daß das Lösen des Stahls ebenso wie die Destillation in einem Raum vorgenommen werden muß, in dem Ammoniakdämpfe ausgeschlossen sind. Ferner hat man sich auch durch einen Blindversuch davon zu überzeugen, daß die angewandten Reagenzien ammoniakfrei sind.

O. Schlackeneinschlüsse im Stahl[1].

Methode von Eggertz. 10 g Bohrspäne werden in einem durch Eis gekühlten Becherglase mit 50 ccm eiskaltem, ausgekochtem H_2O übergossen und 60 g reines Jod hinzugefügt. Die Späne werden unter ständigem Umrühren gelöst und dann wird zur Zersetzung der Phosphide noch kurze Zeit auf dem Wasserbad erhitzt. Nach dem Abkühlen verdünnt man mit 200 ccm luftfreiem H_2O, läßt absitzen und filtriert durch einen Neu-

---

[1] Siehe Bericht der Chemiker-Kommission des Vereins deutscher Eisenhüttenleute Nr. 12, 25. März 1912.

bauertiegel, wäscht zuerst mit ganz verdünnter HCl bis zum Verschwinden der Eisenreaktion, dann mit heißem Wasser, trocknet und wägt. Jetzt wird der Rückstand aus dem Tiegel entfernt und durch Verbrennen im Sauerstoffstrome der Kohlenstoff bestimmt. Zieht man diesen vom Gewichte des getrockneten Rückstandes ab, so erhält man den Schlackengehalt des Stahls.

P. Sauerstoff im Eisen.

Die Bestimmung des Sauerstoffs im Eisen erfolgt durch Glühen desselben im H-Strome und Ermittlung des dabei gebildeten H_2O. Es ist aber bisher noch nicht möglich, den ganzen O zu bestimmen,

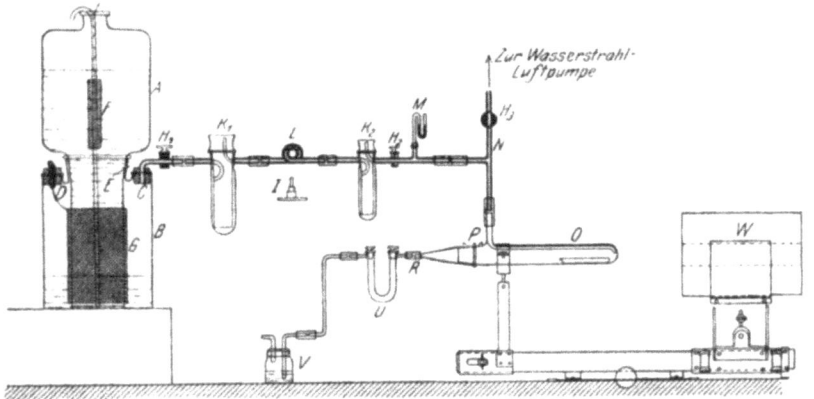

Abb. 13.

sondern nur den Teil festzustellen, welcher als Eisensauerstoffverbindungen und als Mangansauerstoffverbindungen, nicht aber als reines Manganoxydul und Silikate enthalten ist.

Die frühere Methode nach Ledebur fand selten Anwendung wegen der Umständlichkeit des Aufbaus der Apparate und der langen Zeitdauer, die eine Bestimmung beansprucht. Seitdem Oberhoffer seinen ersten Apparat, der auch schon einen großen Grad von Vollkommenheit besaß, bedeutend vereinfacht hat und es möglich ist, bei fortlaufender Durchführung alle 32 Minuten ein Ergebnis zu erhalten, tritt die Bestimmung des O im Eisen in den Vordergrund und kann zur Kontrolle des Betriebes Anwendung finden.

Der Oberhoffersche Apparat Abb. 13 hat, wie nachstehend beschrieben ist, folgende Einrichtung.

Der Wasserstoffentwickler besteht aus einer stabilen Pulverflasche B mit weitem, eingeschliffenen Hals E und zwei durchbohrten und durch Gummistopfen verschlossenen Ansätzen C und D. Im Schiff E sitzt ein zweites Glasgefäß A auf, dessen röhrenartige Fortsetzung bis hart an den Boden des unteren Gefäßes reicht. Die Nickeldraht-Netzelektrode für die Wasserstoffentwicklung ist um die Glasröhre gelegt und erhält den Stromanschluß durch den Ansatz D. Die zweite Elektrode F wird an einem Glasstab durch die obere Öffnung eingeführt und kann der Höhe nach beliebig verschoben werden. Durch Ansatz C ist mittels eingesetzten Hahnes $H1$ die Wasserstoffentnahme geregelt. Bei einer Spannung von 7—10 Volt braucht der Entwickler eine Stromstärke von 4—4$^{1}/_{2}$ Atm. Die Füllung besteht aus zwei Teilen destilliertem Wasser und einem Teil konzentrierter KOH.

An den Wasserstoffentwickler schließen sich folgende Teile an, die mit Gummischläuchen miteinander verbunden sind.

1. Hahn $H1$ zur Regulierung der Wasserstoffentnahme.
2. P_2O_5-Rohr $K1$ zum Trocknen des Wasserstoffs.
3. Quarzspirale L gefüllt mit Platinasbest erhitzt durch Bunsenbrenner J.
4. P_2O_5-Rohr $K2$ zur Absorption des in der Quarzspirale gebildeten Wassers.
5. Hahn $H2$.
6. Quecksilbermanometer M.
7. T-Stück N.
8. Hahn $H3$ führt vom T-Stück N zur Wasserstrahl-Luftpumpe.
9. Verbrennungsquarzrohr O verbunden durch p mit dem T-Stück N an der rechten Seite zugeschmolzen zur Aufnahme des Verbrennungsschiffchens.
10. U-Rohr gefüllt mit P_2O_5 zur Absorption des gebildeten Wassers verbunden durch R mit dem Verbrennungsquarzrohr.
11. Waschfläschchen V beschickt mit konzentrierter H_2SO_4 als Abschluß.
12. Elektrischer Widerstandsofen W auf einer Schiene über das Verbrennungsrohr verschiebbar.

Die Arbeitsweise ist folgende.

Der rechts von $H2$ gelegene Raum wird durch die Wasserstrahlluftpumpe bis auf 20 mm Quecksilbersäule evakuiert. Hierauf wird Hahn $H2$ geschlossen und durch Hahn $H3$ Wasserstoff eingeleitet. Sobald die Drucksäule im Wasserstoffentwickler nicht mehr sinkt, ist die Füllung vollendet. Jetzt wird Hahn $H2$ wieder geschlossen und durch Öffnen des Hahnes $H3$ abermals evakuiert usw. Nach dreimaligem Evakuieren ist die Luft praktisch vollkommen verdrängt. Man öffnet nun die Hähne des U-Röhrchens U und leitet mit mäßiger Geschwindigkeit Wasserstoff durch. Dann nimmt man das U-Rohr ab, wägt nach 20 Minuten Wartezeit, bringt die auf dem im Wasserstoffstrome ausgeglühten Schiffchen sich befindende, eingewogene Probe in das Verbrennungsrohr, verbindet dieses mit dem U-Rohr, letzteres mit dem Waschfläschchen V, das mit konzentrierter H_2SO_4 beschickt worden ist. Dann wird mit der Wasserstrahlluftpumpe dreimal evakuiert und so wie früher ein schwacher Strom Wasserstoff durch den ganzen Apparat geleitet.

Der auf 950° erhitzte Widerstandsofen wird über das Verbrennungsrohr geschoben und dort 20 Minuten gelassen. Der Ofen wird dann abgezogen und das Quarzrohr nur 1 Minute der Abkühlung überlassen[1]). In dieser Zeit sinkt die Temperatur unter 500°. Jetzt werden die Hähne des U-Röhrchens geschlossen und es wird ohne den Hahn $H2$ abzudrehen, der Schliff P abgenommen, das Schiffchen mit der reduzierten Probe rasch aus dem Quarzrohr entfernt, die neue Probe eingesetzt und nach Umtausch des Wägeröhrchens, das auch Wasserstoffatmosphäre enthalten muß, für die nächste Bestimmung der Schliff wieder angesetzt. Nun erst wird der Hahn $H2$ geschlossen und sofort durch Öffnen des Hahnes $H3$ evakuiert und der Ofen über das Quarzverbrennungsrohr geschoben.

Aus der Menge des gebildeten Wassers, welches durch die Wägungen des U-Röhrchens U am Anfang und am Ende bestimmt wird, berechnet man den Sauerstoffgehalt des Eisens.

Rechnet man für das Evakuieren und die Füllung der Apparatur mit Wasserstoff 3 Minuten, für die Erhitzung auf 950° 5 Minuten, für das Halten auf Temperatur 20 Minuten, für die Abkühlungszeit 1 Minute, für das Umwechseln der Probe und des U-Röhrchens 3 Minuten, für den Temperaturausgleich des Röhrchens in der Wage 20 Minuten, so ergibt sich eine Gesamtdauer von 52 Minuten für jeden Versuch, so daß man also bei fortlaufender Durchführung von Bestimmungen alle 32 Minuten ein Ergebnis erhält.

Nach seinem späteren Arbeiten empfiehlt Oberhoffer die Temperatur beim Glühen von 950° auf 1150° zu erhöhen.

---

[1]) Wenn das Quarzrohr noch kalt ist, muß der Ofen entsprechend länger über diesem gelassen werden.

Q. Bestimmung der Gase in Eisen und Stahl.
a) Extraktionsverfahren von Goerens und Paquet[1]).
Verbessert von P. Oberhoffer und A. Beutel.

Dieses Verfahren beruht auf dem Erhitzen der Probespäne im Vakuum und Absaugen der entwickelten Gase.

Es wird dabei der Wüstsche Gedanke angewandt, durch Mischung der Eisenspäne mit Zinn und Antimon den Schmelzpunkt so weit zu erniedrigen, daß beim Erhitzen in einem Magnesiatiegel im luftleeren Raume ein frühzeitiges Schmelzen eintritt und ein völliges Entgasen möglich ist.

Einen größeren Vorrat der für diese Bestimmungen erforderlichen gasfreien Zinnantimonlegierung stellt man sich durch Zusammenschmelzen gleicher Gewichtsmengen der beiden Metalle im Vakuum her; ein Erhitzen über $800°$ ist zu vermeiden, ebenso auch ein längeres Erhitzen, da sonst durch Verdampfen selbst geringer Antimonmengen der Schmelzpunkt der sonst bei $1050°$ flüssigen Eisenzinnantimonlegierung erhöht wird.

Der bei diesem Verfahren in Anwendung kommende Magnesiatiegel muß vorher durch Glühen bei Rotglut an der Luft und darauf folgendes Erhitzen auf $1100°$ im Vakuum entgast werden.

4 g fettfreier Probespäne von größerer Feinheit, am besten durch Fräßen erhalten, werden mit 8 g obiger Legierung gut vermischt und in den Tiegel gebracht. Nunmehr wird die Luftpumpe in der üblichen Weise in Tätigkeit gesetzt und die Apparatur luftleer gepumpt. Der vorher bereits auf $1100°$ vorgewärmte Ofen wird hochgeschoben. 30—40 Minuten langes Erhitzen auf $1100°$ reichen zur vollständigen Entgasung aus.

Das Gas wird dann in die Meßbürette übergeführt, unter Berücksichtigung von Barometerstand und Temperatur gemessen und untersucht.

Über die Einzelheiten wird auf die Originalabhandlung in Stahl und Eisen 1919, 18. Dez., Seite 1584 verwiesen.

b) Lösungsverfahren nach Vita.

Das zur Umsetzung erforderliche Lösungsmittel muß die Eigenschaft besitzen, die Proben in kurzer Zeit zu lösen, es darf sich dabei kein Körper ausscheiden, welcher die noch ungelösten Teile umhüllt und die vollständige Lösung verhindert oder verzögert und es dürfen sich keine Reaktionsgase bilden, gleichfalls die frei gewordenen Gase nicht absorbiert werden.

---

[1]) Vgl. Goerens und Paquet Ferrum 12 (1914) 57 St. & E 1919, 18. Dez., S. 1584.

Eine Lösung, welche diesen Bedingungen entspricht, besteht aus zitronen- oder weinsteinsaurem Kupferoxyd, das ganz schwach ammoniakalisch reagiert und für die in Frage kommenden Gase nämlich CO, H 2. N und CH_4 unwirksam gemacht wurde. Diese Lösung wird in folgender Weise hergestellt.

300 g Ammoniakkupferchlorid, Kaliumkupferchlorid, Kupferchlorid oder Kupfersulfat werden in 1 Liter destilliertem Wasser gelöst, dann in einem mit Sicherheitstrichter und Quecksilberabschluß versehenen Kolben längere Zeit gekocht, alsbald ammoniakalisch, nachher mit Zitronensäure oder Weinsäure sauer und zum Schlusse wieder ganz schwach ammoniakalisch gemacht. Da man hier von Indikatoren im Stiche gelassen wird gibt man zum Schlusse tropfenweise Ammoniak dazu, bis ein schwacher Geruch nach diesem erhalten bleibt. Derselbe tritt deutlich hervor, da sich die Lösung vorher selbst erwärmt hat. Nach dem Abkühlen ist der Ammoniakgeruch fast ganz verschwunden.

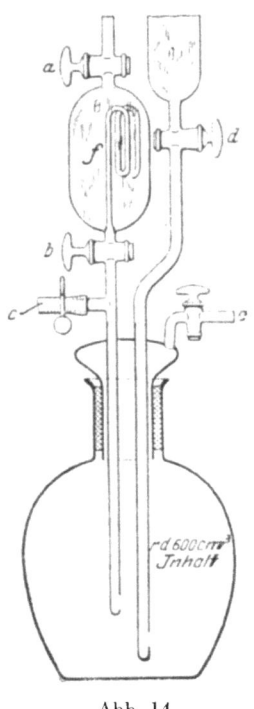

Abb. 14.

Für die meisten Fälle kann diese Lösung schon benutzt werden. Es empfiehlt sich aber sie durch Einleiten von Leucht-, Koks- oder Hochofengas damit zu sättigen und dann bei der Versuchstemperatur längere Zeit zu schütteln, um das dabei freiwerdende Gas zu entfernen.

Der Gang der Bestimmung ist folgender:

5 g der Probe werden in den Kolben (Abb. 14) gebracht, dieser mit dem Kolben, welcher die notwendige Rohrapparatur besitzt, geschlossen, dann mit gut ausgekochtem destilliertem Wasser vollständig gefüllt; nur der Raum f bleibt leer, auch darf nirgends eine Luftblase zurückbleiben. Alle Hähne, ausgenommen c, sind geschlossen. Jetzt wird der Kolben mit dem Inhalt auf 60° erhitzt und der dabei entstehende Überschuß des Wassers bei c ablaufen gelassen. Sobald die Temperatur von 60° erreicht ist, wird auch c geschlossen und der Raum f mittels einer Wasserstrahlpumpe luftverdünnt gemacht, alsbald Hahn a wieder geschlossen. Sodann wird durch den Trichter bei geöffneten

Hähnen *d* und *c* die zum Umsetzen nötigen vorgewärmte Kupferlösung in den Kolben gebracht, wobei das überschüssige Wasser wieder bei *c* abläuft. Nachdem auch die Hähne *d* und *c* geschlossen und *b* geöffnet worden sind, wird der Kolben in einen Schüttelapparat gespannt und geschüttelt. Der abgebildete Kolben[1]) kann solche Maße haben, daß er für den Metzlerschen Schüttelapparat, der bei der Bestimmung der zitratlöslichen P_2O_5 in Thomasschlacken verwendet wird, paßt. In Ermangelung einer elektrischen Heizvorrichtung kann der Schüttelapparat in einer Abteilung des Laboratoriumherdes untergebracht sein und mechanischen Antrieb haben. Reicht die Kupferlösung nicht zur vollständigen Umsetzung aus, ist in gleicher Weise noch weitere zuzusetzen.

Bei der Untersuchung von Ferrosilizium ist auch noch nach und nach etwas HF einzuführen, da sonst die Umsetzung nur ganz unvollkommen erfolgt.

Die Umsetzung ist in 30 Minuten vollendet. Das Gas wird in eine Meßbürette gedrückt, unter Berücksichtigung von Barometerstand und Temperatur der Menge nach bestimmt und untersucht. Für Betriebszwecke genügt in den meisten Fällen die Gesamtmenge des gelösten Gases zu kennen.

3. Schlacken.

Vom Standpunkt des Analytikers kann man die Schlacken, welche in den Eisenhütten als Nebenprodukte erhalten werden, in eisenreiche, eisenärmere und eisenarme einteilen. Zu den eisenreichen gehören z. B. der Hammerschlag, die Puddelofen-, Schweißofen-, Rollofen-, Wellmannofen-, Bessemer- und Frischofenschlacken, zu den eisenärmeren die Martinofen- und Thomasschlacken, zu den eisenarmen die Hochofenschlacke.

A. Eisenreiche Schlacken.
a) Allgemeines.

Sie enthalten als Hauptbestandteil Fe, und zwar kann dasselbe vorliegen als FeO allein oder als FeO und Fe_2O_3 oder als Fe neben FeO und Fe_2O_3. Weitere Bestandteile der Schlacke können sein SiO_2, Al_2O_3, P, Mn, CaO, MgO und S, seltener Ti, V, Cr, Cu, Zn, Pb.

Die vollständige Analyse sowie die Einzelbestimmungen der eisenreichen Schlacke werden so durchgeführt wie bei den Erzen.

---

[1]) Bezugsquelle Dr. K. Dawe, Oberschles. Zentrale für Laboratoriumsbedarf, Beuten O/S.

Auf Ba braucht fast ausnahmslos keine Rücksicht genommen zu werden, wohl aber ist nicht zu übersehen, daß bei einigen Schlacken ein großer Teil sich nur unvollständig in Säuren löst und deshalb aufgeschlossen werden muß.

b) Spezielles.

1. Bestimmung von metallischem Fe und FeO nebeneinander.

Die Bestimmung dieser beiden nebeneinander bietet keine Schwierigkeiten. Man bestimmt in einer Einwage das Gesamt-Fe nach der bei den Erzen beschriebenen Weise; in einer zweiten Einwage bestimmt man das metallische Fe. Man behandelt 2—5 g Schlackenprobe in einem Becherglase mit einer Lösung von $CuSO_4$. Es findet folgende Umsetzung statt:

$$Fe + CuSO_4 = FeSO_4 + Cu,$$

d. h. es scheidet sich eine dem vorhandenen metallischen Fe äquivalente Menge Cu ab. Diese wird bestimmt und daraus nach obiger Gleichung, da 63,1 Teile Cu 55,5 Teilen Fe entsprechen, das metallische Fe berechnet.

Am einfachsten führt man diese Bestimmung in folgender Weise durch. Man macht sich eine Cu-Lösung durch Auflösen von 10 g kristallisiertem Kupfervitriol in 1 Liter H_2O und bestimmt elektrolytisch ganz genau den Gehalt der Lösung an Cu. Von dieser Cu-Lösung nimmt man einen aliquoten, hinreichenden Teil, behandelt damit die Schlacke, wozu einige Stunden erforderlich sind. Dann spült man die Lösung und den Rückstand in einen Meßkolben von 500 oder 1000 ccm, wie es am passendsten ist, füllt bis zur Marke, schüttelt gut durch, filtriert durch ein trockenes Filter in ein trockenes Becherglas, nimmt einen aliquoten Teil und bestimmt (nach vorheriger Abscheidung des Cu als CuS) das Cu elektrolytisch und berechnet es aufs Ganze. Durch Differenz findet man dann die Menge Cu, welche die Cu-Lösung verloren hat und in metallisches Cu überführt worden ist.

Man kann auch das gefällte Cu selbst direkt bestimmen. Es muß dann mit dem Rückstande abfiltriert und ganz besonders gut ausgewaschen werden.

2. Bestimmung von metallischem Fe, FeO und Fe_2O_3 nebeneinander[1]).

Diese Bestimmungen bieten schon mehr Schwierigkeiten als die vorigen. Zuerst bestimmt man das Gesamt-Fe und das

---

[1]) Siehe Neumann, Stahl und Eisen 1905, S. 18.

metallische Fe. Eine dritte Einwage löst man in verdünnter H_2SO_4, fängt den entwickelten H auf, mißt ihn und titriert gleichzeitig das Fe in der erhaltenen Lösung. Bei dieser Titration bestimmt man das metallische Fe, ferner das Fe, das in Form von FeO vorhanden ist und außerdem diejenige Menge aus dem Fe_2O_3, welche durch den entwickelten H reduziert worden ist. Aus dem Gehalte des metallischem Fe errechnet man, wieviel H sich durch Behandeln mit verdünnter H_2SO_4 entwickeln würde und zieht davon die H-Menge ab, die sich wirklich entwickelt hat. Diese Differenz gibt uns jene H-Menge, welche zur Reduktion von Fe_2O_3 verwendet worden ist. Wir können also auch die entsprechende Menge Fe berechnen. Zieht man von der Fe-Menge, die man durch Titration der schwefelsauren Lösung erhalten hat, dieses Fe ab, so erhält man die Summe von Fe in Form von metallischem Fe und FeO, woraus jedes einzelne berechnet werden kann, da wir die Menge des metallischen Fe in einer besonderen Einwage bestimmt haben. Diese Summe, abgezogen von dem Gesamt-Fe, gibt uns jenes Fe, das in Form von Fe_2O_3 vorhanden ist.

Da für die Bewertung der eisenreichen Schlacken der Gesamteisengehalt in Betracht kommt, ist dem analytisch gefundenen Fe-Gehalt der Granalien hinzuzurechnen, und zwar wird bei dieser Rechnung angenommen, daß die Granalien 90% Fe enthalten.

Um Irrtümer in der Berechnung zu vermeiden, sei folgendes Beispiel angeführt.

In der Probe sind z. B. an Granalien vorhanden 1,10% mit 90% Fe, daher Fe aus den Granalien 0,99%.

Analytisch bestimmtes Fe: 44,20%. Diese 44,20% sind enthalten in $100-1,10$ Teilen, also in 98,90 Teilen, mithin beträgt der Prozentgehalt der ursprünglichen Probe an analytischem Fe 43,71%. Der Gesamt-Fe-Gehalt der Schlacke ergibt sich aus der Addition dieses analytischen Fe und des Granalien-Fe, also $43,71 + 0,99 = 44,70\%$ Gesamt-Fe.

B. Eisenärmere Schlacken.

Die eisenärmeren Schlacken, zu denen die Martin- und Thomasschlacken sowie das aus letzteren hergestellte Thomasmehl der Hauptsache nach gehören, hat man betreffs Analyse in zwei Gruppen zu scheiden.

1. Die erste faßt in sich die

Martinschlacken

(ausgenommen die den Thomasschlacken entsprechenden Höschschlacken), welche genug Fe enthalten, daß P_2O_5 vollständig

Schlacken. 107

daran gebunden werden kann. Diese werden, insoweit die vollständige Analyse in Betracht kommt, genau so behandelt wie die Fe-reichen Schlacken.

Die zweite Gruppe, die

Thomasschlacken

bzw. das Thomasmehl, enthält nicht genug Fe, als zu Bindung für die ganz P_2O_5 notwendig ist. Deshalb muß eine kleine Änderung im Analysengang gemacht werden, wie es bei der Analyse der Thomasschlacke und des Thomasmehls genauer angegeben ist.

Thomasschlacke und Thomasmehl.

Der Gang für die vollständige Analyse ist bei der Thomasschlacke und beim Thomasmehl der nämliche wie bei Erzen, nur sind einige Umstände besonders zu berücksichtigen. Der wie bei den Erzen erhaltene Rückstand kann direkt als SiO_2 angenommen werden.

In dem Filtrate vom Rückstand wird wie bei den Erzen Fe, Al, P und Mn getrennt und bestimmt. Bei der Phosphorsäure ist aber zu beachten, daß sie nicht ganz bei der Trennung mit essigsaurem Ammon herausfällt, da zu ihrer Bindung nicht genug Fe vorhanden ist. Es kann eine genau bekannte Menge Fe-Lösung hinzugefügt werden, welche zur Bindung der Phosphorsäure hinreicht und dann bei der Berechnung der Al_2O_3 natürlich zu berücksichtigen ist. Unbedingt notwendig ist das Hinzufügen der Fe-Lösung aber nicht. Man muß nur später die Fällung des CaO mit oxalsaurem Ammon in essigsaurer Lösung vornehmen, weil dann kein phosphorsaurer Kalk und kein Magnesium mitfällt.

Das MgO wird wie gewöhnlich gefällt.

Zur Beurteilung über den Wert werden bei der Thomasschlacke und beim Thomasmehl die Bestimmungen der Gesamt-P_2O_5 und der sogenannten zitronensäurelöslichen P_2O_5 verlangt.

a) Gesamtphosphorsäure.

Die Gesamt-P_2O_5-Bestimmung kann wie bei den Erzen erfolgen. Im Verkehr mit den Thomasmühlen und den landwirtschaftlichen Abnehmern ist jedoch meistens folgende Methode vorgeschrieben.

5 g Thomasmehl oder Thomasschlacke werden am besten in einem Philipskolben von 1 Liter Inhalt mit Wasser durchfeuchtet. Dann fügt man 5 ccm verdünnte H_2SO_4 (1 : 1) und nach dem Durchmischen 25 ccm konzentrierte H_2SO_4 hinzu, er-

hitzt, bis sich weiße Dämpfe entwickeln und dem Aussehen nach die Schlacke ganz zersetzt ist. Alsdann kühlt man ab, verdünnt vorsichtig mit kaltem Wasser und spült mit Wasser in einen Meßkolben von 500 ccm über, füllt bis zur Marke, schüttelt gut durch, filtriert durch ein trockenes Faltenfilter in ein trockenes Becherglas und nimmt vom Filtrate 50 ccm = 0,5 g ab. Dann setzt man 50 ccm einer Lösung von ammoniakalischem zitronensaurem Ammon (Lösung 9, S. 184) zu, kühlt ab, versetzt mit 25 ccm Magnesiamixtur (Lösung 8, S. 184) und reibt sofort mit einem Glasstab, welcher am unteren Ende mit einem Stückchen Kautschukschlauch überzogen ist. Unterläßt man das, so fällt der Niederschlag grob kristallinisch heraus und die Resultate fallen zu niedrig aus. Nach 1 Stunde wird filtriert mit 3%igem NH_3 ausgewaschen, geglüht und gewogen. Das Glühen muß anfangs bei schwacher Rotglut erfolgen, sonst bleibt der Niederschlag grau und es gelingt auch bei sehr hoher Temperatur nicht mehr, ihn weiß zu erhalten. Für die Genauigkeit hat allerdings der graue Farbenton wenig Belang.

$$Mg_2P_2O_7 \text{ enthält } 63{,}76\% \ P_2O_5.$$

b) **Zitronensäurelösliche Phosphorsäure.**

Man wägt 5 g in eine Schüttelflasche von 0,5 Liter Inhalt mit einer Marke am Halse ab, setzt dazu 5 ccm Alkohol, damit das Probepulver nicht zusammenballt, dann 500 ccm 2%ige Zitronensäurelösung (Lösung 10, S. 184), schließt mit einem Gummistopfen und schüttelt 30 Minuten in einem Rotierapparat nach P. Wagner[1] (Abb. 15), bei 40 Umdrehungen in der Minute. Man filtriert sofort durch ein trockenes Filter unter Vernachlässigung der ersten trüben Flüssigkeit und nimmt 50 ccm = 0,5 g ab. In den Fällen, wo man es mit Schlacke oder Mehl von bekannter Herkunft zu tun hat und wo früher schon festgestellt worden ist, daß der SiO_2-Gehalt nicht beeinflussend wirkt, wendet man die direkte Fällungsmethode an. Man versetzt mit 50 ccm ammoniakalischer Ammoniakzitratlösung (Lösung 9, S. 184), dann mit 25 ccm Magnesiamixtur und verfährt weiter wie bei der Gesamt-P_2O_5-Bestimmung, nur gibt man in das Filtrat etwas Filterschleim von aschenfreiem Filterpapier, da der Niederschlag sonst leicht trübe durchgeht.

Ist ein SiO_2-Gehalt vorhanden, der schädlich wirkt, so nimmt man eine Zwischenfällung mit molybdänsaurem Ammon vor.

---

[1] Der Apparat wird in den Handel gebracht von **Erhard & Metzger Nachf., Darmstadt.**

Schlacken.   109

Man nimmt gleichfalls 50 ccm der durch Schütteln erhaltenen Lösung, versetzt sie mit 140 ccm molybdänsaurem Ammon (Lösung 4. S. 183), läßt bei 40—50° absitzen, filtriert, wäscht mit 1%igem HNO_3 vollständig aus, löst den Niederschlag in

Abb. 15.

NH_3 (1 : 3) in dasselbe Glas zurück, stumpft das überschüssige NH_3 mit HCl ab und fällt kalt mit 25 ccm Magnesiamixtur, setzt dann ein Drittel der Flüssigkeit an konzentriertem NH_3 zu, filtriert nach 1 Stunde, wäscht mit 3%igem NH_3 aus, glüht und wägt.

C. Eisenarme Schlacken.

Dahin gehört vor allem die Hochofenschlacke. Diese enthält bei normalem Hochofengang wenig P, aber auch wenig Fe und viel Al_2O_3. Deshalb verläßt man die Azetatmethode, da Al_2O_3 schwer herausfällt und wegen der schleimigen Beschaffenheit des Niederschlages sich sehr schlecht filtrieren läßt. Folgende Methode führt gut und schnell zum Ziele.

1 g der feingeriebenen Schlacke wird mit H_2O gut durchfeuchtet, in HCl (1,19) gelöst, mit NHO_3 (1,4) oxydiert. Setzt sich die gelatinös ausgeschiedene SiO_2 fest an den Boden, so muß sie vor dem Abdampfen mittels eines Glasstabes gut verrieben werden. Die Lösung wird wie sonst abgedampft und einige Zeit bei 150° erhitzt. mit HCl aufgenommen, mit Wasser

verdünnt und filtriert. Der Rückstand ist SiO_2. In selteneren Fällen, wenn die SiO_2 durch TiO_2, die fast vollständig im Rückstand bleibt, verunreinigt ist, wird sie durch Abrauchen mit F und Wägen des zurückgebliebenen Rückstandes bestimmt. Das Filtrat wird mit kaltem Wasser verdünnt mit NH_3 ganz schwach ammoniakalisch gemacht, bis zum beginnenden Aufwallen erhitzt, absitzen gelassen, sofort filtriert und mit heißem Wasser ausgewaschen. Der Niederschlag wird mit dem Filter in das Becherglas zurückgebracht, mit HCl (1,19) so lange unter wiederholtem Umschütteln erhitzt, bis das Filter sich in einzelne Fasern zersetzt, sich aber nicht braun gefärbt hat. Dann wird die Fällung mit NH_3 wie früher wiederholt. Der ausgeglühte Niederschlag besteht aus $Al_2O_3 + Fe_2O_3$ mit so geringen Mengen P_2O_5, daß sie vernachlässigt werden können. Das Fe ist in besonderer Einwage zu bestimmen und als Fe_2O_3 in Abzug zu bringen.

Die beiden Filtrate werden vereinigt und der gewöhnliche Gang der Fällung von Mn, Ca und Mg findet wieder Anwendung.

4. Feuerfeste Steinmaterialien.

A. Vollständige Analysen.

Bestimmung der SiO_2 und der Basen ausschließlich Alkalien.

1 g der aufs feinste geriebenen und getrockneten Probe werden mit 20 g $NaKCO_3$ sehr gut gemischt und in einem Platintiegel mit aufgelegtem Deckel so lange bei heller Rotglut geschmolzen, bis die Schmelze ganz ruhig fließt, was für gewöhnlich 2 Stunden dauert. Der heiße Tiegel wird mit dem Boden in kaltes Wasser eingetaucht, da sich dann der Schmelzkuchen durch sanftes Drücken an den Wandungen des Tiegels leicht daraus entfernen läßt. Man gibt nun den Kuchen in eine Porzellanschale, am besten mit ganz ebenem Boden von 145 mm Durchmesser und 100 mm Höhe, bringt auch den Rest der Schmelze aus dem Tiegel durch verdünnte heiße HCl in die Schale[1]), die mit einem Uhrglas bedeckt worden ist. Sodann fügt man HCl (1,19) bis zur vollständigen Lösung hinzu.

Es dürfen nur Flöckchen von ausgeschiedener gelatinöser SiO_2 in der Flüssigkeit sein, aber kein sandiges Pulver, sonst war der Aufschluß ein unvollständiger. In diesem Falle ist es am besten, die Probe noch feiner zu reiben und auch noch längere

---

[1]) Es eignen sich dafür besonders im Handel erhältliche grünglasierte Schalen, bei denen man auf dem dunklen Untergrund die ausgeschiedene SiO_2 leicht erkennen kann.

Zeit unter wiederholtem Umschwenken des Tiegels bei höherer Temperatur zu schmelzen.

Die Flüssigkeit wird in der Porzellanschale vorsichtig zur Trockne eingedampft und während 3 Stunden auf 150^0 C erhitzt. Dann durchfeuchtet man mit HCl (1,19), verdünnt mit heißem Wasser, filtriert auf ein aschenfreies Filter, wäscht mit verdünnter HCl und mit heißem Wasser aus. Da nach einmaligem Abdampfen und Erhitzen die SiO_2 nicht vollständig abgeschieden ist, muß das Filtrat nochmals abgedampft und erhitzt werden. Es wird dann wieder mit HCl durchfeuchtet, mit H_2O verdünnt und der ausgeschiedene Rest von SiO_2 auf das erste Filter gebracht. Die mit verdünnter HCl und nachher mit heißem Wasser gut ausgewaschene SiO_2 wird in einem Platintiegel bei heller Rotglut ausgeglüht und gewogen.

Die SiO_2 wird dann nach dem Durchfeuchten mit H_2O, mit HF und H_2SO_4 verflüchtigt und der nach dem Glühen verbliebene Rest, der fast nur aus Al_2O_3 mit Spuren von Fe_2O_3 besteht und als solche angenommen werden kann, von dem Gewichte in Abzug gebracht.

Das Filtrat von der SiO_2 fällt man in der Kälte mit einem ganz schwachen Überschuß von NH_3, kocht auf, läßt absitzen, filtriert und wäscht einige Male mit heißem Wasser aus. Um den Niederschlag leicht alkalienfrei zu bekommen, wird er mit dem Filter in das frühere Becherglas zurückgebracht, mit HCl (1,19) übergossen und nur so lange unter oftmaligem Umschwenken erhitzt, bis das Filter sich in einzelne Fasern zerteilt hat, aber nicht braun geworden ist. Sodann verdünnt man mit kaltem Wasser, wiederholt die NH_3-Fällung wie oben, erhitzt bis zum Kochen, läßt wieder absitzen und filtriert zu dem früheren Filtrate dazu. Nachdem man den Niederschlag vollständig aufs Filter gebracht und einige Male ausgewaschen hat, stellt man ein anderes Becherglas darunter und wäscht bis zum Verschwinden der Cl-Reaktion. Der Niederschlag wird getrocknet und dann in dem Tiegel von der SiO_2 mit dem kleinen Rückstand bis zu konstantem Gewicht stark geglüht. Er besteht aus Al_2O_3 und Fe_2O_3. In einer separaten Probe wird, wie später beschrieben ist, das Fe bestimmt und auf Fe_2O_3 umgerechnet. Aus der Differenz erhält man die Al_2O_3.

Das Filtrat von Al_2O_3 und Fe_2O_3 wird sofort mit Essigsäure schwach angesäuert, konzentriert[1]), und dann in Kochhitze darin

---

[1]) Ammoniakalische Flüssigkeiten dürfen in Glasgefäßen nicht konzentriert werden, da sie das Glas stark angreifen.

durch oxalsaures Ammon der Kalk als oxalsaurer Kalk gefällt, filtriert, mit heißem Wasser gewaschen, ausgeglüht und gewogen als CaO.

Das Filtrat vom Kalk läßt man gut abkühlen, macht es stark ammoniakalisch und fällt die MgO mit Magnesiamixtur als phosphorsaure Ammonmagnesia. Nach Filtration und Auswaschen mit 3%iger NH_3-Lösung wird sie geglüht und als $Mg_2P_2O_7$ gewogen. $Mg_2P_2O_7$ enthält 36,24 % MgO.

B. Eisen.

3—5 g werden in einer Platinschale mit HF bei Gegenwart von H_2SO_4 aufgeschlossen, in ein Becherglas übergespült, mit HCl vollständig in Lösung gebracht. Dann setzt man genügend Weinsäure zu, macht ammoniakalisch, wobei keine Fällung entstehen darf, fällt mit Schwefelammon das Fe als FeS, filtriert, wäscht mit schwefelammonhaltigem Wasser aus, glüht den Niederschlag schwach, löst ihn in HCl und titriert nach der Reinhardtschen Methode.

Bestimmt man auch die Alkalien, so kann man den Niederschlag, welcher Al_2O_3 und Fe_2O_3 enthält, für die Fe-Bestimmung nehmen, indem man ihn in HCl löst und weiter nach Zusatz von Weinsäure wie oben behandelt.

Der ausgeglühte Niederschlag von Al_2O_3 und Fe_2O_3 kann auch für die Fe-Bestimmung genommen werden. Da er sich in HCl sehr schwer löst, ist er durch Behandeln mit $NaKCO_3$ vorher aufzuschließen.

C. Alkalien.

3 g werden in einer Platinschale mit HF und H_2SO_4 aufgeschlossen und bis zum vollständigen Abrauchen der H_2SO_4 abgedampft, dann in HCl gelöst (es muß dabei klare Lösung erfolgen), in ein Becherglas übergespült und möglichst weit konzentriert, so daß nur wenig freie Säure zurückbleibt. Dann wird mit Wasser verdünnt, mit einem geringen Überschuß von NH_3 und einigen Körnchen oxalsaurem Ammon gefällt. Der mit H_2O ausgewaschene Niederschlag von Fe, Al und Ca wird nochmals in HCl gelöst, die Fällung wiederholt. Die vereinigten Filtrate werden in einer Porzellanschale zur Trockne abgedampft und die Schale so lange an der heißesten Stelle des Herdes erhitzt, bis sämtliche Ammonsalze sich verflüchtigt haben. Der verbliebene Rückstand wird in H_2O gelöst, kalt mit überschüssiger $Ba(OH)_2$-Lösung versetzt, um Magnesium zu fällen. Die vom

Niederschlag abfiltrierte Flüssigkeit wird schwach salzsauer gemacht, zum Kochen erhitzt und das überschüssige $Ba(OH)_2$ mit H_2SO_4 in geringem Überschusse gefällt. Das Filtrat von $BaSO_4$ dampft man zur Trockne, löst in wenig heißem Wasser, filtriert, wenn nötig, in eine gewogene Platinschale, dampft ab, überdeckt die schwefelsauren Salze, die noch saure schwefelsaure Salze enthalten, mit gepulvertem kohlensaurem Ammon, erhitzt zur Verflüchtigung desselben, glüht und wiederholt das dreimal. Dann wägt man die schwefelsauren Alkalien, löst in etwas heißem Wasser und filtriert. Das noch Ungelöste glüht man in derselben Platinschale aus, wägt und bringt es in Abzug. In der Lösung der schwefelsauren Alkalien bestimmt man die H_2SO_4 durch Fällen mit $BaCl_2$. Man rechnet das ausgeglühte und gewogene $BaSO_4$ auf SO_3 um. Die SO_3 wird von den schwefelsauren Alkalien in Abzug gebracht und gibt uns als Differenz $Na_2O + K_2O$, deren Summe für die Beurteilung des feuerfesten Materials ausreicht.

5. Dolomit.

Vollständige Analyse. 5 g werden in 50 ccm HCl (1,19) aufgelöst, mit mehreren Tropfen HNO_3 (1,4) oxydiert, zur Trockne abgedampft und 1—2 Stunden schwach geröstet, mit HCl (1,19) durchfeuchtet, mit H_2O verdünnt, filtriert und mit verdünnter HCl und zum Schlusse mit heißem H_2O gut ausgewaschen. Der Rückstand wird dann geglüht, gewogen, mit H_2O und HF abgeraucht, geglüht und wieder gewogen. Die Differenz beider Wägungen ergibt SiO_2.

Der nach dem Abrauchen mit HF verbliebene geringe Rückstand wird in HCl (1,19) gelöst und mit dem ersten Filtrate vereinigt. In dieser Lösung, die stark NH_4Cl-haltig sein muß, fällt man Fe und Al mit NH_3, bringt den Niederschlag in Lösung und wiederholt die Fällung. $Fe_2O_3 + Al_2O_3$ wird gewöhnlich zusammen angegeben. Wenn sie einzeln verlangt werden, ist der ausgeglühte Niederschlag durch Schmelzen mit $KHSO_4$ aufzuschließen, mit HCl in Lösung zu bringen und das Fe durch Titration zu bestimmen. Fe umgerechnet auf Fe_2O_3 und dieses von $Fe_2O_3 + Al_2O_3$ abgezogen, ergibt Al_2O_3.

Die vereinigten Filtrate von Fe und Al werden auf 1 Liter gebracht und davon 100 ccm = 0,5 g abgenommen. Dieser aliquote Teil wird kochend heiß mit oxalsaurem Ammon gefällt, der filtrierte oxalsaure Kalk in HCl gelöst, die Lösung ammoniakalisch gemacht, wobei der Niederschlag wieder herausfällt. Man kocht auf und filtriert. Der oxalsaure Kalk, welcher vollständig mit heißem Wasser ausgewaschen sein muß, wird in verdünnter H_2SO_4 gelöst und heiß mit $KMnO_4$-Lösung titriert[1]).

Die Filtrate vom CaO werden stark ammoniakalisch gemacht und darin wie bei den Erzen das Magnesium gefällt und bestimmt.

6. Flußspat.

Gewöhnlich wird nur die Bestimmung des F und des CaO verlangt.

A. Fluor.

1 g der fein geriebenen und bei 100° C getrockneten Probe wird mit der doppelten Menge Seesand und der 6—8 fachen $NaKCO_3$ fein verrieben in einen hohen Platintiegel gebracht und über einem Bunsenbrenner aufgeschlossen. Das Erhitzen muß anfangs der heftigen CO_2-Entwicklung wegen sehr vorsichtig erfolgen, da sonst ein Überschäumen der Schmelze eintreten kann. Ferner darf die Temperatur nicht zu hoch gesteigert werden, damit sich keine Alkalifluorsilikate verflüchtigen. Die Schmelze wird anfangs dünn- und später dickflüssig. Sobald sie dickflüssig erscheint, erhitzt man bei schwacher Rotglut 15—20 Minuten und läßt erkalten. Man laugt mit kaltem Wasser aus und spült in einen 500 ccm fassenden Meßkolben über. Alsdann versetzt man die Lösung mit 4—8 g festem Ammoniumkarbonat zwecks Abscheidung der SiO_2 und läßt über Nacht stehen. Man füllt bis zur Marke auf, schüttelt um, filtriert durch ein trockenes Filter und nimmt einen aliquoten Teil in eine größere Platinschale ab. Den abgenommenen Teil verdampft man auf dem Wasserbade bis fast zur Trockne. Anfangs findet eine heftige CO_2-Entwicklung statt, die man durch vorsichtiges Erwärmen mildern kann. Den abgedampften Rückstand nimmt man mit kaltem Wasser auf und neutralisiert die Lösung unter Zugabe von Phenolphtalein mit ungefähr 2/1 normaler HCl, kocht auf und führt die Neutralisation mit der größten Vorsicht in der Siedehitze zu Ende, das heißt, bis zum Verschwinden der roten Färbung. Der geringste Überschuß von HCl ist aufs peinlichste zu vermeiden, weil sonst HF frei gemacht wird und sich verflüchtigt.

Ist die Neutralisierung erfolgt, so setzt man 2—3 ccm Zinkoxydammoniaklösung (Lösung 13, S. 185) zwecks Abscheidung der letzten Spuren SiO_2 als Zinksilikat zu und kocht bis zum Verschwinden des Ammoniakgeruches, was von größter Wichtigkeit ist. Der aus $ZnSiO_3$ und $Zn(OH)_2$ bestehende Niederschlag

---

[1]) Siehe Gesamtanalyse in Erzen.

wird mit heißem H_2O ausgewaschen, das Filtrat bis zum Sieden erhitzt und mit konzentrierter $CaCl_2$-Lösung versetzt, wobei die F-Verbindungen als CaF_2 ausfallen. Der Niederschlag, der nur geringe Mengen von $CaCO_3$ enthält, wird abfiltriert, mit heißem H_2O ausgewaschen, getrocknet und in einer Platinschale verascht, mit einem Glasstabe fein verrieben, mit ganz verdünnter Essigsäure befeuchtet und auf dem Wasserbade bis zur Trockne eingedampft. Man nimmt hierauf mit heißem Wasser auf, wobei alles CaO als Azetat in Lösung geht. Der Rückstand, der nur aus CaF_2 besteht, wird abfiltriert, mit heißem Wasser ausgewaschen, getrocknet, geglüht und gewogen.

CaF_2 enthält 48,72% F.

B. Kalziumoxyd.

Der Aufschluß hierbei erfolgt genau so wie bei der F-Bestimmung. Nach dem Auslaugen der Schmelze mit kaltem H_2O wird filtriert und mit H_2O ausgewaschen. Den Niederschlag löst man in HCl auf, scheidet die SiO_2 durch Rösten ab und bestimmt das CaO in bekannter Weise nach vorheriger Abscheidung von Fe und Al_2O_3.

7. Hochofennebenprodukte.

Bei der Verhüttung von Erzen, die bemerkenswerte Mengen Zink und Blei enthalten, wird ein kleiner Teil beider wieder gewonnen und zwar das Zink in Form eines ZnO-haltigen feinen Staubes, der von den Hochofengasen mitgenommen wird und sich in den Gasreinigungsapparaten absetzt. Der feine Staub enthält bis 50% Zink und bildet dann ein wertvolles Zinkerz. Weitere durch ihren Zinkgehalt wertvolle Nebenprodukte bilden der Ofenbruch und der Mauerschutt von solchen Hochöfen, in denen längere Zeit hindurch Zn-haltige Erze verhüttet worden sind.

Das Blei, soweit es zu Metall reduziert worden ist, sammelt sich im Hochofen wegen seines hohen spezifischen Gewichtes unter dem geschmolzenen Roheisen und sickert durch kleine, eigens für diesen Zweck am Bodenstein angebrachte Kanäle hindurch, wird aufgefangen und in Formen gegossen. Es enthält fast ausnahmslos einen höheren Gehalt an Silber.

A. Zinkhaltiger Gichtstaub.

Darin wird bestimmt:
1. **Feuchtigkeit.** 300—500 g werden bei annähernd 100° C getrocknet, der Gewichtsverlust bestimmt und auf Prozente umgerechnet.

2. Zink. Je nach dem zu erwartenden Zn-Gehalt werden 0,5—1 g der getrockneten, fein geriebenen Probe nach dem Durchfeuchten mit H_2O in HCl (1,19) gelöst, mit einigen Tropfen HNO_3 (1,4) oxydiert, mit 20—25 ccm verdünnter H_2SO_4 (1:1) versetzt und bis zum starken Abrauchen abgedampft. Man gibt dann vorsichtig kaltes H_2O dazu, kocht, filtriert und wäscht das Ungelöste mit heißem Wasser gut aus. Das Filtrat läßt man erkalten und fällt mit NH_3 und Bromwasser Fe, Al und Mn. Nach mehrstündigem Absitzen kocht man auf, filtriert die noch immer stark ammoniakalische Flüssigkeit und wäscht mit heißem Wasser aus. Dann löst man in HCl und wiederholt die Fällung nochmals. Die beiden vereinigten und nötigenfalls konzentrierten Filtrate werden essigsauer gemacht und heiß durch H_2S das Zn herausgefällt. Nach dem Absitzen filtriert man auf ein Filter über aufgeschlämmten Filterschleim, der von aschenfreien Filtern herrührt und wäscht mit heißem NH_4NO_3-haltigem H_2O gut aus. Der Niederschlag wird in einem Porzellantiegel bei mäßiger Rotglut bis zum konstanten Gewicht zu ZnO geglüht. Dieses muß reinweiß sein. Ist das nicht der Fall, so löst man es nach dem letzten Auswägen in verdünnter HCl auf, fällt mit NH_3, filtriert und wäscht den kleinen Niederschlag gut aus. Ist das Filtrat schwach blau gefärbt, wird es stark salzsauer gemacht und das Cu gefällt. Der abfiltrierte gut ausgewaschene Niederschlag wird mit dem vorigen zusammengeglüht und gewogen. Dieses Gewicht wird von dem früher gewogenen ZnO in Abzug gebracht. ZnO enthält 80,3% Zn.

3. Sulfidschwefel. Eine Bestimmung wie beim Roheisen und Stahl, indem man nämlich die Probe in HCl löst und den gebildeten und entweichenden H_2S ermittelt, liefert unrichtige Resultate. Der zinkhaltige Gichtstaub enthält nämlich immer Fe_2O_3. Beim Auflösen in HCl wird der größte Teil des gebildeten H_2S zur Reduktion des auch in Lösung gegangenen Fe_2O_3 verwendet. Deshalb fallen die Resultate viel zu niedrig aus. Dieser Fehler wird vermieden, wenn man zum Auflösen der Probe HCl (1,12) nimmt, welche eine genügende Menge Zinnchlorür enthält. Dieses reduziert das gelöste Fe_2O_3, und der ganze gebildete H_2S entweicht. Er wird durch ammoniakalisches H_2O_2 oxydiert und als $BaSO_4$ genau so bestimmt, wie bei der S-Bestimmung in Roheisen und Stahl angeführt ist.

Vielfach angewandt wird auch folgende Methode: 1 g Substanz wird mit essigsaurem Ammon extrahiert, filtriert und der Rückstand mit heißem H_2O ausgewaschen. Der ausgelaugte

Rückstand wird mit konzentrierter Bromsalzsäure oxydiert, abgedampft, mit verdünntem HCl aufgenommen, filtriert und mit heißem H_2O ausgewaschen. Im Filtrate wird in der Siedehitze mit $BaCl_2$ die H_2SO_4 gefällt.

4. **Chloride.** Da ein größerer Gehalt an Chloriden schädlich auf die Haltbarkeit der Zinkmuffeln wirkt, wird die Bestimmung des Cl häufig verlangt. 3—5 g werden in heißem Wasser nach Zusatz von einigen Tropfen HNO_3 gelöst. Die vom Ungelösten abfiltrierte Flüssigkeit wird kochend heiß mit $AgNO_3$ gefällt und so lange gekocht, bis der Niederschlag von AgCl sich zusammengeballt hat. Der Niederschlag wird zuerst durch Dekantation, dann auf dem Filter vollständig mit heißem Wasser ausgewaschen, getrocknet und möglichst vollständig vom Filter abgetrennt.

Das Filter wird bei niedriger Temperatur in einem Porzellantiegel eingeäschert, dann behandelt man mit einigen Tropfen HNO_3 (1,4), fügt 1—2 Tropfen HCl zu, dampft vollständig zur Trockne ab, bringt den ganzen Niederschlag dazu und erhitzt vorsichtig bis zum beginnenden Schmelzen.

AgCl enthält 24,72 % Cl.

B. Zinkhaltiger Ofenbruch und Mauerschutt.

Beide werden meistens nur auf Zn untersucht. Die Bestimmung des Zn geschieht in gleicher Weise wie beim Zinkstaub, nur wird im Mauerschutt gewöhnlich allein das in verdünnter HCl lösliche Zn bestimmt, weil nur dieses für den Zinkhüttenmann Wert hat; soweit nämlich das Zn in Form von Silikaten vorliegt, entzieht es sich der Reduktion in der Muffel.

C. Hochofen-Blei.

Dasselbe enthält stets bemerkenswerte Mengen von Ag, die bei der Bewertung berücksichtigt werden und deren genaue Mengen man deshalb kennen muß. Wie im Kapitel „Probenahme" beschrieben ist, wird in den Bleihütten das Hochofenblei in großen eisernen Kesseln eingeschmolzen, um dann nach dem Verfahren von Pattinson mit metallischem Zink entsilbert zu werden. Hier bietet sich die beste Gelegenheit, eine gute Durchschnittsprobe entnehmen zu können. Sobald das Blei gut eingeschmolzen ist, wird es durchgemischt. Es werden dann mit einem eisernen Löffel aus jedem Kessel wenigstens zwei Schöpfproben genommen. Von jeder Probe werden 50 g direkt auf einer Kapelle aus Knochenasche abgetrieben. Der ermittelte Ag-Gehalt wird auf eine Tonne Hochofenblei berechnet.

8. Kohle und Koks.
A. Asche.

In einen geräumigen gewogenen Porzellantiegel oder Porzellanschälchen wägt man 1 g Substanz ein und verascht in der Muffel. Die Veraschung ist beendet, wenn der Tiegelinhalt gelb bis rötlich (je nach dem Eisengehalt der Kohle) gefärbt erscheint und keine schwarze Substanz mehr zu sehen ist. Die Dauer der Operation beträgt ungefähr 2 Stunden. Bei Kohle empfiehlt es sich, anfangs eine ganz mäßige Temperatur anzuwenden, um ein Verkoken möglichst zu vermeiden; tritt ein solches ein, so dauert das vollständige Veraschen viel länger.

B. Schwefel.
1. Gesamtschwefel nach Eschka.

1 g fein gepulverte Kohle wird mit 5 g eines Gemisches von 2 Teilen gut gebrannter reiner Magnesia und 1 Teil kalziniertem reinem Na_2CO_3 im Platintiegel innig gemischt. Über das Gemisch gibt man noch eine dünne Schicht der Aufschlußmasse. Man hat sich vorher durch einen blinden Versuch davon zu überzeugen, daß die Aufschlußmasse schwefelfrei ist.

Den Tiegel hängt man am besten in eine durchlochte, schräg gestellte Asbestplatte und erhitzt ihn anfangs schwach, später bis zur dunklen Rotglut. Die Erhitzung dauert 1—2 Stunden. Da die Aufschlußmasse imstande ist, aus dem Heizgase Schwefel zu absorbieren, so ist die Erhitzung mit Benzin-, Spiritusbrennen, oder in einer elektrisch geheizten Muffel vorzunehmen.

Am Anfang der Erhitzung findet eine lebhafte Gasenwicklung statt. Manchmal ist damit eine, wenn auch geringe Zerstäubung des Tiegelinhaltes verbunden. Bei der großen Verdünnung der ursprünglichen Substanz durch die Aufschlußmasse sind diese Verluste aber belanglos. Das Ende der Reaktion ist eingetreten, wenn kein Aufleuchten und Aufglühen des Tiegelinhaltes mehr stattfindet.

Die Farbe des Tiegelinhaltes ist von hellgrau in gelblich bis rötlich übergegangen. Man schüttet jetzt die Masse in ein großes Becherglas, spült den Tiegel selbst verschiedene Male mit heißem Wasser aus und gibt dieses ebenfalls in ein Becherglas. Zur Oxydation eventuell gebildeter Sulfide gibt man Bromwasser bis zur schwachen Gelbfärbung hinzu, erwärmt, filtriert, säuert das Filtrat mit HCl an und kocht das überschüssige Brom weg. Mit einem geringen Überschuß von Ammoniak fällt man alsdann Eisen und Aluminium aus. Das Filtrat vom Eisen, und

Aluminium säuert man wieder schwach an und fällt in bekannter Weise in der Siedehitze die Schwefelsäure mit $BaCl_2$ aus. Um sicher zu gehen, daß das $BaSO_4$ keine Kieselsäure mitgerissen hat, raucht man am besten mit Flußsäure ab.

2. Flüchtiger Schwefel.

Während es für den Hochofenbetrieb notwendig ist, den Gesamtschwefel, das heißt sowohl den flüchtigen wie den nicht flüchtigen Schwefel, von Kohle und Koks zu kennen, ist es für die Verwendung der Kohle unter Kessel allein von Bedeutung, den flüchtigen Schwefel zu wissen.

Zur Bestimmung des flüchtigen Schwefels wird man zunächst eine Gesamtschwefelbestimmung durchzuführen haben. Der Sulfatschwefel, das ist der nicht flüchtige Schwefel, wird dann in folgender Weise bestimmt.

Man verascht ungefähr 50 g Kohle oder Koks in einer Platinschale bis zur Gewichtskonstanz und bestimmt in einer genau abgewogenen Menge — etwa 1 g — dieser Asche den Schwefel, wie oben bei der Gesamtschwefelbestimmung nach Eschka ausgeführt ist. Durch Differenzrechnung ergibt sich dann aus dem Gesamt- und dem nicht flüchtigen Schwefel der flüchtige Schwefel.

C. Stickstoff.

Methode von Kjeldahl. Man wägt 1 g Kohle in einen Jenenser Rundkolben mit langem Halse, einem sogenannten Kjeldahl-Kolben von 300 ccm, ein. Zur Überführung des Stickstoffs in Ammoniak gibt man in den Kolben ein Säuregemisch, bestehend aus Phosphorsäure und Schwefelsäure (Lösung 11, S. 184) und einen großen Tropfen Quecksilber.

Auch kann man als Aufschlußmittel 25 ccm konzentrierte Schwefelsäure, 1—2 g Quecksilberoxyd und 3 g Kaliumpermanganat nehmen.

Man erhitzt unter dem Abzuge 1 Stunde auf der Asbestplatte und 1—2 Stunden auf dem Drahtnetz. Bei Anthrazitkohle dauert der Aufschluß häufig noch länger.

Bei Beendigung der Aufschließung muß die Flüssigkeit wasserklar geworden sein, und nur noch gelblichweiße feste Bestandteile (bestehend aus Silikaten) dürfen sich in der Lösung befinden. Man läßt dann den Kolben erkalten, spült in einen $^3/_4$ Liter fassenden Erlenmeyer um und gibt 35 ccm Na_2S (siehe Lösung 12 S. 185) und 120—140 ccm 15%ige NaOH hinzu. Der Zusatz von Na_2S dient zur Bindung des überschüssigen Quecksilbers, das sonst mit Stickstoff unlösliche und unzersetzbare Verbindungen eingehen würde.

Es empfiehlt sich ferner, ein Stückchen granuliertes Zink hinein zu geben, da auf diese Weise das sonst heftige Stoßen beim Kochen vermieden wird. Man destilliert auf $^1/_3$ des Volums ab. Als Vorlage[1]) dient ein Erlenmeyer mit 15 ccm $^1/_{10}$ Normal-H_2SO_4 (siehe Titerlösung 9, S. 190). Das übergehende Ammoniak wird von der Schwefelsäure absorbiert und die überschüssige Schwefelsäure mit $^1/_{10}$ Normal-NaOH (Titerlösung 10, S. 191) und Methylorange als Indikator zurücktitriert.

D. Untersuchung der Kohle auf Ausbringen an Koks Ammoniak und Benzol.

Häufig wird an das Laboratorium eines Eisenhüttenwerkes, welches Koksöfen mit Nebenproduktengewinnung besitzt, die Aufgabe gestellt, zu ermitteln, inwieweit sich eine Kohle für Verkokungszwecke eignet.

Dabei handelt es sich um die Bestimmung der Ausbeute an Koks, Gas, Ammoniak und Benzol. Das im Laboratorium ermittelte Ausbringen an Benzol, worunter wir nicht nur das Benzol, sondern auch seine Homologen, nämlich Toluol und Xylol, verstehen, differiert meistens etwas mit den in der Praxis erhaltenen Resultaten, da die Verkokung in kleinen unter anderen Umständen erfolgt wie im großen.

Wird nur die Menge der flüchtigen Bestandteile der Kohle verlangt, so genügt eine Verkokung im Porzellantiegel. 10 g der gepulverten und bei einer 100° nicht übersteigenden Temperatur getrockneten Probe werden in einen geräumigen Porzellantiegel eingewogen. Derselbe wird mit einem Porzellandeckel bedeckt. Der Raum zwischen dem umgebogenen Teil des Deckels und dem Tiegel wird mit Lehm verschmiert, nur an einer Stelle läßt man eine Öffnung, damit die sich entwickelnden Gase entweichen können. Der Tiegel wird in eine rotglühende Muffel gestellt und so lange darin stehen gelassen, bis keine Flämmchen mehr herausbrennen. Dann läßt man den Tiegel erkalten, nimmt den Kokskuchen heraus und wägt ihn ab. Der Gewichtsverlust entspricht den flüchtigen Bestandteilen. Aus dem Aussehen des Kokses kann man auch hier schon auf die zu erwartende Koksqualität schließen.

Gut miteinander vergleichbare Resultate werden erhalten, wenn man nach Muck genau in folgender Weise die Verkokung

---

[1]) Vgl. NH_3-Bestimmung in schwefelsaurem Ammon.

durchführt: Man erhitzt 1 g der feingepulverten Kohle in einem nicht zu kleinen vorher gewogenen Platintiegel von folgenden Maßen: Höhe 4 cm, oberer ⌀ 4 cm, Wandstärke 0,5 mm, Bodenstärke 1 mm. Die Erhitzung geschieht bei fest aufgelegtem Deckel über einer 18 cm hohen Flamme, deren Reduktionskegel 3 cm hoch ist. Die Entfernung vom Boden des Tiegels bis zur Brennermündung beträgt 6—9 cm. Das Erhitzen wird nur so lange durchgeführt, bis keine brennbaren Gase zwischen Tiegelrand und Deckel mehr entweichen.

Wenn man verschiedene Kohlen genau in angegebener Art untersucht, erhält man Kokskuchen von maximaler Blähung, die man gut miteinander vergleichen kann.

Will man sich über die Qualität und Quantität des zu erwartenden Kokses ein genaues Bild verschaffen, so nimmt man die Verkokung am besten im Koksofen selbst vor. Einige Kilogramm Kohle, welche nur so weit zerkleinert worden sind, wie es im Großbetrieb geschieht, werden in einen Blechkasten gefüllt. Derselbe wird mit einem Deckel geschlossen, so daß keine Kohle herausfallen kann. Nötigenfalls wird der Raum zwischen Deckelrand und Kasten mit Lehm gedichtet, man läßt dann eine oder mehrere Öffnungen zum Entweichen der Gase frei. Der Deckel wird mit Draht an den Kasten befestigt. Dieser so mit der Kohle gefüllte und vorbereitete Kasten wird in die Mitte der Beschickung eines Koksofens eingesetzt. Die Verkokung geschieht hier genau unter den Bedingungen des Großbetriebes. Der Blechkasten kommt mit dem anderen Koks aus dem Ofen, wird erkalten gelassen, geöffnet und gewogen. Man erhält so das Ausbringen an Koks.

Wesentlich schwieriger ist die Durchführung der Bestimmung des Ausbringens an Ammoniak und Benzol, sowie die Feststellung der Menge des bei der trockenen Destillation sich entwickelnden Gases und haben wir im wesentlichen zwei Arten der Bestimmung dieser Nebenprodukte.

a) Die Verkokung geschieht hier in einer eisernen Destillierblase von annähernd 400 ccm Inhalt, welche durch mehrere große Bunsenbrenner stark erhitzt wird. Die Blase ist durch einen ungefähr 40 cm langen abnehmbaren Helm gasdicht geschlossen. Blase und Helm besitzen je eine glatte Dichtungsfläche, zwischen welchen ein vorher feuchtgemachter Asbestring eingelegt wird. Der Verschluß selbst wird durch 6 Schrauben bewirkt. Der untere Teil des Helmes wird gekühlt, indem man ihn mit nassem Asbest umhüllt und kaltes Wasser auftropfen läßt. An die Destillierblase schließt sich folgende Apparatur an:

1. ein leerer Kolben;
2. zwei Waschflaschen beschickt mit verdünnter H_2SO_4;
3. ein Wasserkühler;
4. ein großes U-Rohr, gefüllt mit $CaCl_2$;
5. zwei leere Absorptionsschlangen nach Kill. Diese befinden sich in einer Kältemischung, bestehend aus Äther und fester CO_2. Temperatur etwa — 80°. Diese Absorptionsschlangen befinden sich in einem Becherstutzen, welcher, um die Wärme abzuhalten, mit einem schlechten Wärmeleiter umhüllt ist. Am besten eignet sich dazu Watte[1]);
6. eine Gasuhr, an der Ein- und Austrittstelle der Gase mit einem Thermometer versehen;
7. zwei große miteinander verbundene Aspiratorflaschen zum Absaugen der entwickelten Gase.

Nachdem die Destillierblase mit 100 g gepulverter Kohle beschickt worden ist, werden die einzelnen Teile miteinander verbunden und durch den Aspirator auf Dichtigkeit geprüft. Dann beginnt man mit dem Erhitzen. Die Geschwindigkeit der Destillation ist so zu leiten, daß in der ersten mit verdünnter H_2SO_4 beschickten Waschflasche keine gelben Teerdämpfe sichtbar werden, höchstens vorübergehend in dem leeren Kolben. Die Temperatur in der Retorte muß so gesteigert werden, daß dieselbe zum Schlusse in ihrem unteren Teile rotglühend wird. Der Helm ist dabei besonders gegen Schluß der Reaktion gut zu kühlen.

Man mißt an der Gasuhr die Gasmenge ab, notiert die Temperatur am Ein- und Austritt der Gasuhr und berechnet auf $0°$ und 760 mm Barometerstand nach der Formel $V_0 = \dfrac{V \cdot B \cdot 273}{760 \cdot (273 + t)}$

V = abgelesenes Volumen. B = abgelesener Barometerstand. t = Durchschnittstemperatur ermittelt aus den Ablesungen der beiden Thermometer.

Nach Beendigung der Destillation nimmt man den Apparat auseinander und wägt den zurückgebliebenen Koks.

Dann filtriert man den Inhalt des Kolbens und der beiden Waschflaschen auf ein vorher getrocknetes und gewogenes Filter und spült die drei Gefäße einigemal mit heißem Wasser aus. Das Filter mit dem teerigen Rückstand gibt man in eine vorher getrocknete und gewogene, kleine, kupferne Fraktionierblase

---

[1]) Natürlich sind für diesen Zweck Dewar-Gefäße, die sonst zur Aufbewahrung der flüssigen Luft dienen, ideal, aber auch teuer.

oder ein gläsernes Fraktionierkölbchen, destilliert bis 130° das Wasser ab, wobei eine kleine Menge öligen Produktes mitgeht. Das destillierte Wasser wird in einem Meßzylinder aufgefangen und gemessen. Man hat nun erstens das Gewicht des Destilliergefäßes + Filters, zweitens das Gewicht des Gefäßes + Filters + wasserhaltigen Teeres und drittens das Gewicht des Wassers. Aus diesen drei Daten läßt sich die Teermenge berechnen.

Die vom Teer abfiltrierte saure Flüssigkeit, die sämtliches gebildete Ammoniak enthält, wird auf 200—250 ccm eingedampft, in einen Rundkolben übergespült und wie bei der Untersuchung des schwefelsauren Ammoniaks nach Zusatz einer überschüssigen Menge von 30%igem NaOH destilliert. Um ein Stoßen zu vermeiden, empfiehlt sich ein Zusatz von etwas metallischem Zink. Vorgelegt wird $^1/_2$ Normal-H_2SO_4.

Die beiden vor dem Versuche gewogenen Killschen Absorptionsschlangen enthalten sämtliches Benzol bzw. seine Homologen, welche ausgefroren wurden. Sie werden aufgetaut, die Schlangen auf Zimmertemperatur gebracht und wieder gewogen. Es können auch kleine Wassermengen dabei sein, welche berücksichtigt werden müssen, was in zweierlei Weise geschehen kann. Man leitet bei gewöhnlicher Temperatur so lange Leuchtgas durch, bis das Benzol fortgenommen worden ist, das H_2O aber zurückbleibt. Dann wägt man nochmals und nimmt dieses Gewicht als Tara an.

Man kann aber auch aus den Schlangen die Flüssigkeit auf ein Stück weißes, geleimtes Papier gießen. Die ölige Flüssigkeit saugt sich in das Papier ein, die Wassertröpfchen bleiben zurück, werden wieder in die Schlange gebracht und diese zurückgewogen.

Es ist zu berücksichtigen, daß die Schlangen bei der Tara und Bruttowägung eine Leuchtgas- bzw. Koksgasatmosphäre enthalten müssen.

Alle gefundenen Werte werden auf 1 Tonne Kohle bezogen, wobei auch der Wassergehalt der Kohle berücksichtigt werden muß.

b) Die Bestimmung der bei der trockenen Destillation der Kohlen sich bildenden Mengen von Nebenprodukten darunter auch Schwefelwasserstoff, Cyanwasserstoff und gereinigtes Endgas kann gleichfalls in folgender Weise geschehen[1]).

In einem durch 10 Bunsenbrenner geheizten Verbrennungsofen von 35 cm Länge mit 10 Tonplatten auf jeder Seite be-

---

[1]) Entnommen aus Schilling, Journ. f. Gasbel. u. Wasserversorgung. Die gesamte Apparatur mit Beschreibung wird von der Firma C. Heinz, Aachen, geliefert.

findet sich ein Verbrennungsrohr von 50 cm Länge, das an einem Ende zugeschmolzen ist. Der Teil des Rohres mit dem offenen Ende steckt in einem, durch einen Bunsenbrenner geheizten, kontinuierlichen Wasserbad, 15 cm lang aus Aluminium. Das offene Ende des Verbrennungsrohres ist der Reihe nach verbunden mit:

1. Waschflasche, beschickt mit verdünnter H_2SO_4 (1 : 3) zur Absorption des Ammoniaks, um Verwechslungen zu vermeiden ist die H_2SO_4 mit Methylorange gefärbt. Diese Waschflasche befindet sich in einem dickwandigen Becherglas und wird mit kaltem Wasser am besten aber mit Eis gekühlt.

2. U-Rohr gefüllt mit $CaCl_2$ zur Aufnahme der aus der Waschflasche etwa mitgegangenen Feuchtigkeit.

3. und 4. Zwei Kaliapparate zur Absorption von CO_2, H_2S und CyH.

5. U-Rohr gefüllt mit $CaCl_2$ zur Aufnahme der aus den Kaliapparaten mitgegangenen Feuchtigkeit.

6. Gassammelflasche von etwa 10 Liter. Der Gummistopfen derselben hat vier Bohrungen zur Aufnahme des Thermometers, Manometers, sowie des Gaseintritts- und des Wasseraustrittsrohres. Das Manometer ist mit Quecksilber gefüllt; das Wasseraustrittsrohr führt in eine zweite Flasche von gleichfalls 10 Liter zur Aufnahme des verdrängten Wassers. Die Schlauchverbindungen des Gasaustritts- und Wassereintrittsrohres sind mit Quetschschrauben versehen.

Die Wärmestrahlung zwischen dem Verbrennungsofen und dem Wasserkasten, sowie zwischen diesem und der Waschflasche wird durch Einfügung von Asbestplatten verhindert.

Das Verbrennungsrohr erhält folgende Beschickung:

Zuerst genau gewogen 15 g der gut getrockneten und pulverisierten Durchschnittsprobe. Auf die Kohle kommt etwas ausgeglühte Asbestwatte, die man an die Kohle sanft andrückt, dann 12 cm lang vorher ausgeglühte Chamottesteinchen (Korngröße annähernd 3—5 mm). Die Steinchen sollen die Wände der Ofenkammer ersetzen und wie im Ofen die teilweise Zersetzung des gebildeten Ammoniaks bezwecken.

Ein weiterer Asbestpfropfen verhindert, daß die Steinchen sich auf einen weiteren Raum ausbreiten.

Jetzt kommt ein leerer Zwischenraum von 5 cm und dann, soweit noch Platz vorhanden ist, lose eingefüllte Watte, die vorher getrocknet und gewogen worden ist.

Den Schluß des Rohres bildet ein durchbohrter Gummistopfen mit einem Röhrchen von annähernd 5 cm Länge.

Kohle und Koks.

In folgender Weise wird der Versuch durchgeführt:

Nachdem alle Teile der Apparatur miteinander verbunden und die Gassammelflasche bis dicht unter den Gummistopfen mit Wasser gefüllt worden ist, wird die Apparatur durch Öffnen des Quetschhahnes nach der zweiten Flasche auf Dichtigkeit geprüft, es muß nach einigen Minuten das Wasser ganz aufhören zu laufen. Etwaige Undichtigkeiten müssen beseitigt werden, bevor man mit der Destillation beginnt.

Zuerst zündet man den Brenner unter dem Wasserkasten an, dann bringt man die Chamottesteinchen zum Glühen und beginnt alsbald mit dem Erhitzen der Kohle, welche den Chamottesteinchen zunächst sich befinden, und schreitet langsam gegen das zugeschmolzene Ende des Rohres vor. Die Brenner werden der Reihe nach in Zwischenräumen von je 15 Minuten angezündet.

Die ganze Destillation dauert 2—3 Stunden und ist dann beendet, sobald die Gasblasen nur mehr langsam durchstreichen. Man notiert dann die Temperatur des Gases in der Gassammelflasche, liest die Saugung am Quecksilbermanometer ab, schließt der Reihe nach die beiden Quetschhähne, den Hahn unter dem Wasserkasten und den Haupthahn vom Verbrennungsofen. Nun werden die Tonplatten umgelegt, damit das Verbrennungsrohr schneller erkaltet, und die einzelnen Teile der Apparatur auseinandergenommen, die einzelnen Absorptionsgefäße zurückgenommen und ebenso die verdrängte Wassermenge gewogen.

Die Zunahme der Waschflasche und des ersten $CaCl_2$-Rohres ergibt die Menge Gaswasser.

Die Zunahme der beiden Kaliapparate und des zweiten $CaCl_2$-Rohres ist die Menge an $CO_2 + H_2S + CyH$.

Beide Zunahmen werden auf Prozente umgerechnet.

Sodann ritzt man mit einer Feile das Verbrennungsrohr zwischen dem gebildeten Teerring und den Chamottesteinchen und bricht diesen Teil des Rohres, welcher den Teer enthält und mit Watte angefüllt ist, ab und wägt ihn.

Den Inhalt dieser Waschflasche spült man in einen Destillationskolben, und da die Watte mit dem Teer noch immer etwas fixes NH_3 enthält, wird auch diese mit Wasser ausgespült und mit der Flüssigkeit im Destillationskolben vereinigt. Nach Zusatz von NaOH oder KOH wird das NH_3 in bekannter Weise in $1/10$ normaler HCl oder H_2SO_4 abdestilliert und der Überschuß mit $1/10$ normaler NaOH zurücktitriert und das NH_3 bzw. $(NH_4)_2SO_4$ in Prozenten berechnet.

Um die Menge des gebildeten Teers zu bestimmen, wird die Watte aus dem abgebrochenen Rohrteil entfernt, dieses gereinigt, getrocknet und gewogen. Das Gewicht der Watte wurde vor Beginn des Versuches bestimmt, somit ist das Gewicht des Teers und des Ausbringens daran festzustellen.

Der Koks wird aus dem Rohre herausgenommen, wenn nötig, nach vorsichtiger Zertrümmerung des Rohres, es kann auch dieses erhitzt und mit Wasser bespritzt werden, das Rohr springt dabei in viele Stücke und ist es leicht, den Koks davon abzutrennen, er muß dann aber auch getrocknet werden.

Das Gewicht des Kokses wird auf Prozente umgerechnet.

Die Differenz zwischen dem Gewichte der Kohle und des Kokses ergibt die Menge der flüchtigen Bestandteile.

Die Gewichtszunahme der beiden Kaliapparate und des zweiten Chlorkalziumrohres ergibt den Gesamtgehalt an CO_2, H_2S und CyH.

Zur Bestimmung der einzelnen Gase bringt man den Inhalt der beiden Kaliapparate unter Nachspülung mit Wasser in einen Meßkolben von 100 ccm und füllt bis zur Marke auf. 10 ccm dieser Lösung werden in einem besonderen Kolben mit H_2O verdünnt, einige Kubikzentimeter $1/10$ Norm. Jodlösung zugesetzt, mit Essigsäure angesäuert und nach Zugabe von etwas Stärkelösung mit $1/10$ Norm. Natriumthiosulfatlösung zurücktitriert. Die dabei verbrauchten Kubikzentimeter $1/10$ Norm. Jodlösung ergeben nach Multiplikation mit $\dfrac{10 \cdot 100}{15}$ den Gesamtprozentgehalt von H_2S und CyH.

Der Rest der Lösung (90 ccm) wird nach Feld mit 40%iger Bleinitratlösung titriert und das entweichende CyH-Gas unter den bekannten Vorschriften (siehe Bertelsmann, Die Technologie der Cyanverbindungen, S. 49) in etwa 20 ccm $1/2$ Norm. Kalilauge, welche zur Vergrößerung des Vorlagevolumens noch weiter mit etwas H_2O verdünnt ist, aufgefangen und nach Zugabe von etwa 5 ccm 4%iger JK-Lösung mit $1/10$ Norm. $AgNO_3$-Lösung titriert.

Das Resultat ergibt den Prozentgehalt an CyH wie folgt:

$$\dfrac{\mathrm{ccm}\ 10 \dfrac{\text{Norm.}}{AgNO_3}}{90} \cdot \dfrac{0{,}0054 \cdot 100 \cdot 100}{15} = \%\ \text{CyH}.$$

Durch Subtraktion dieses letzten Wertes von dem Gesamtprozentgehalt von CyH erhält man den besonderen Prozentgehalt von H_2S.

Durch weitere Subtraktion von H_2S und CyH von CO_2 + H_2S + CyH erhält man den Prozentgehalt der gebildeten CO_2.

Das am Ende der Destillation erhaltene Gas ist ein gereinigtes Gas, dem aus den einzelnen Absorptionsgefäßen noch etwas Luft beigemengt ist. Dieses Gas kann der Menge und Zusammensetzung nach bestimmt werden. Die Menge ist auf 760 mm Barometerstand und 0^0 C umzurechnen, um richtige Vergleichszahlen zu erhalten.

E. Elementaranalyse der Kohle.

Die Elementaranalyse beruht auf der Eigenschaft der organischen Körper, zu denen auch die Kohle zählt, im O-Strom in der Weise vollständig zu verbrennen, daß der H in H_2O und der C in CO_2 übergeführt wird. H_2O und CO_2 können analytisch sehr leicht bestimmt werden. Eine direkte Bestimmung des vorhandenen O ist aber nicht möglich. Diesen kann man nur aus der Differenz erhalten, wenn man die Summe aller anderen Bestandteile von 100% abzieht.

Die beim Verbrennen im O-Strom zurückbleibende Asche enthält die unorganischen Bestandteile der Kohle, vom S jedoch nur einen Teil, der andere, der sogenannte schädliche S, verflüchtet sich.

Wir haben zwei Methoden der Verbrennung im O-Strom:
1. über CuO, 2. über Pt-Blech als Kontaktsubstanz.

1. Kupferoxydmethode.

Die Apparatur besteht aus folgenden Teilen:
a) Eine Sauerstoffbombe, versehen mit einem Finimeter, welches es uns möglich macht, den Gasstrom ganz genau zu regulieren. Ein in der Gummischlauchverbindung angebrachter Schraubenquetschhahn kann die Regulierung noch vervollkommnen.
b) Eine Pt-Kapillare, die durch einen Brenner auf Rotglut erhitzt wird, zur Verbrennung von vielleicht im O enthaltenen kleinen Mengen H.
c) Ein de Konnincksches Kugelrohr, beschickt mit konzentrierter H_2SO_4.
d) Ein U-Rohr mit P_2O_5.
e) Ein Verbrennungsrohr von annähernd 100 cm Länge und 15 mm lichtem Durchmesser. Dasselbe enthält, beginnend von dem der O-Flasche entgegengesetzten Ende, zuerst eine Cu-Spirale, dann eine 10 cm lange Schicht von $PbCrO_4$ oder nach Muck von erbsengroßen Bimssteinstückchen, welche mit gepulvertem $PbCrO_4$ gut durchgeschüttelt worden sind. Jetzt kommt eine annähernd 40 cm lange

Schicht von grobkörnigem CuO, das am Ende durch eine Cu-Spirale festgehalten wird. Ein weiterer Raum bleibt leer zur Aufnahme des Pt-Schiffchens mit der zu verbrennenden Kohle. Zuletzt kommt eine Cu-Spirale von annähernd 7 cm Länge. Dieses Verbrennungsrohr befindet sich derart in einem Verbrennungsofen, daß beide Enden herausragen. Das Rohr kann durch eine größere Zahl Brenner nach Belieben teilweise oder ganz erhitzt werden.

f) Ein U-Rohr, zur Hälfte mit $CaCl_2$ und zur anderen Hälfte mit P_2O_5 gefüllt, zur Aufnahme des gebildeten H_2O.

g) Ein U-Rohr mit Natronkalk.

h) Ein U-Rohr, zur Hälfte mit Natronkalk, zur Hälfte mit P_2O_5 gefüllt. g und h dienen zur Aufnahme der CO_2, das P_2O_5 in h für etwa vom Gasstrom aus dem Natronkalk mitgenommene Feuchtigkeit.

i) Eine Waschflasche mit konzentrierter H_2SO_4.

k) Ein Waschfläschchen mit Palladiumchlorür, um festzustellen, ob die Verbrennung auch vollständig ist, da etwa auftretendes CO eine Schwärzung hervorrufen würde.

l) Eine Wasserstrahlpumpe oder eine Aspiratorflasche.

Vor Beginn des Versuches werden die Apparatteile c, d, e, i und l durch dickwandige Gummischläuche oder einfach durchbohrte Gummistopfen miteinander verbunden. Das Verbrennungsrohr wird zur vollständigen Trocknung erhitzt und ein schwacher Luftstrom auch während des darauf folgenden Erkaltens durchgesaugt.

Während dieser Zeit wägt man die Teile f, g und h.

Man setzt das Schiffchen mit der Kohlenprobe von 0,2 g in das Verbrennungsrohr ein. Das Einsetzen muß zur Vermeidung von Feuchtigkeitsaufnahme möglichst schnell erfolgen. Gleichfalls muß das Schiffchen vor dem Einwägen ausgeglüht und erkaltet sein. Dann verbindet man alle Teile des Apparates miteinander und prüft durch Saugen den Apparat auf Dichte.

Jetzt beginnt man mit dem Durchleiten eines schwachen Stromes von O, erhitzt zuerst das CuO und dann das $PbCrO_4$. Sobald das CuO Rotglut erreicht hat, beginnt man vorsichtig mit dem Erhitzen der Kohle von der CuO-Seite an, schreitet langsam weiter und erhitzt, bis die Kohle vollständig verbrannt und die zurückbleibende Asche gleichmäßig braun gefärbt ist. Sodann unterbricht man den O-Strom und saugt bis zum Erkalten Luft hindurch.

Die vorher gewogenen Teile werden abgenommen, zur Wage gebracht und nach 1 Stunde wieder gewogen.

Sind eine größere Reihe von Verbrennungen durchzuführen, so wägt man, um Zeit zu ersparen, in Sauerstoffatmosphäre. Es empfiehlt sich, dann mit zwei Garnituren von $CaCl_2$- und Natronkalkröhrchen zu arbeiten. Wenn eine Bestimmung beendet ist, nimmt man das Schiffchen mit der Asche heraus und beginnt mit der nächsten Verbrennung.

Aus den erhaltenen Gewichtszahlen für H_2O und CO_2 läßt sich leicht der H und C berechnen.

Den O bekommt man aus der Differenz von $100 - (H + C + Asche + flüchtiges S + N)$.

2. Methode nach M. Dennstedt[1]).

Dieses Verfahren gründet sich auf das Prinzip, die Verbrennung im O-Strom durch Pt als Kontaktsubstanz zu bewirken. Zu diesem Verfahren kann dieselbe Apparatur dienen, wie bei dem früheren, nur nimmt man statt CuO Pt-Blech von etwa $1/10$ mm Stärke und 10 cm Länge, das zu einem sechsseitigen Stern zusammengeschweißt ist und den Namen „Kontaktstern" führt (Abb. 16). Die Verbrennung geschieht nach Dennstedt hauptsächlich an den vorderen, der Substanz zugewendeten, scharf geschnittenen Kanten.

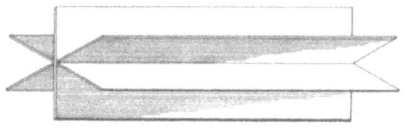

Abb. 16.

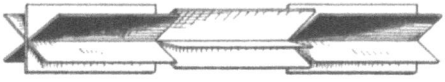

Abb. 17.

Um nun auf der ganzen Länge mehrere solche Kanten zu haben, die dem O-Strom entgegenstehen, werden die Blechstreifen senkrecht zur Längsrichtung an mehreren Stellen eingeschnitten und beiseite gebogen (Abb. 17).

Dieser Kontaktstern liegt fast in der Mitte des Verbrennungsrohres, eher etwas näher gegen das hintere Ende, wo sich das Schiffchen zur Aufnahme der Probe befindet. Vor dem Kontaktstern sind zwei 14 cm lange Porzellanschiffchen mit Henkel,

---

[1]) Siehe Anleitung zur vereinfachten Elementaranalyse von Prof. Dr. M. Dennstedt, 3. Aufl., 1910. Hamburg, Otto Meißners Verlag. Wegen des gegenwärtigen hohen Platinpreises findet diese Methode jetzt wohl keine Anwendung.

deren Rundung sich möglichst an die des Verbrennungsrohres anschmiegt. In diesen Schiffchen befindet sich zur Aufnahme des S und N mennigehaltiges Bleisuperoxyd, das ganz frei von organischen Bestandteilen sein muß. Die Schiffchen müssen mindestens 5 cm vom Kontaktstern entfernt sein, der nicht mit dem Bleisuperoxyd in Berührung kommen darf, sonst wird der Kontaktstern verdorben und ist für weitere Verbrennungen unbrauchbar.

Der Anfang des Verbrennungsrohres ist wie bei der ersten Methode mit den Absorptionsapparaten und der Wasserstrahlpumpe oder einem Doppelaspirator verbunden.

Zur Durchführung der Verbrennung reichen folgende Brenner aus: für die Erhitzung des Bleisuperoxyds ein Bunsenbrenner, welcher in ein horizontales Rohr mit zehn kleinen Öffnungen endet, ferner ein Teclubrenner mit einem Spaltaufsatz für die Erhitzung der Substanz.

Die Durchführung der Verbrennung geschieht in nachstehender Weise. Nachdem wie bei der ersten Methode jede Spur von Feuchtigkeit aus dem Verbrennungsrohre entfernt worden ist, wird die Probe eingesetzt und der Apparat auf Dichte geprüft. Alsdann beginnt man mit dem Einleiten des O. Man erhitzt zuerst das Bleisuperoxyd auf eine Temperatur von etwa 320°. Damit man diese Temperatur einhält, wird durch einen Versuch, den man mit einem in das Rohr eingelegten Thermometer macht, die Höhe der Flämmchen bestimmt und für alle Versuche der Brenner darauf eingestellt. Dann bringt man den Kontaktstern zu heftigem Glühen. Sobald das eingetreten, beginnt man mit der Verbrennung der Kohle.

Ist die Asche der Kohle vollständig durchgebrannt, was man aus der gleichmäßigen helleren oder dunkleren braunen Farbe erkennen kann, werden die Flammen kleiner gemacht und zum Schlusse abgedreht, Luft durchgeleitet, die Absorptionsgefäße abgenommen und gewogen.

Die Berechnung ist dieselbe wie bei der ersten Methode.

Bei den beiden Methoden, wie dieselben beschrieben worden sind, ist ein Übelstand vorhanden. Will man die Verbrennung durch eine größere O-Zufuhr beschleunigen, so findet auch eine stürmischere Verbrennung der Kohle statt, so daß eine unvollkommene Verbrennung zu befürchten ist. Um dies zu vermeiden und doch schneller zu verbrennen, führte Dennstedt eine doppelte O-Zufuhr ein. In dem Verbrennungsrohre liegt ein engeres, an einem Ende verjüngtes, ein sogenanntes Lanzettrohr. In dieses wird das Schiffchen mit der Probe eingeführt. Aus der Zeichnung ist das genau zu ersehen (Abb. 18).

Man hat somit eine doppelte Zuführung von O, erstens durch das dünne Rohr direkt zu der verbrennenden Substanz und zweitens auch noch zu den Verbrennungsprodukten. Man kann auf diese Weise einen großen Überschuß von O anwenden, ohne daß die Verbrennung selbst zu stürmisch verläuft.

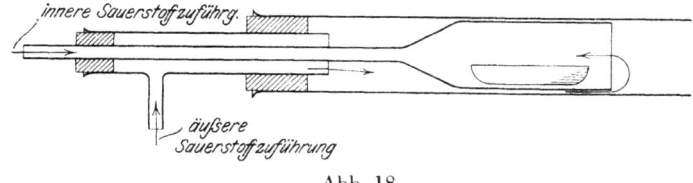

Abb. 18.

Auch bei dem Dennstedtschen Verfahren können zur Beschleunigung der Analysen die $CaCl_2$- und Natronkalkröhrchen in einer Sauerstoffatmosphäre gewogen werden.

F. Heizwert.

Für die Beurteilung einer Kohlenqualrtat ist un erster Linie die Kenntnis ihres Heizwertes notwendig. Wie groß die Bedeutung des Heizwertes ist, erhellt daraus, daß vielfach Kohlenabschlüsse auf der Basis des Heizwertes getätigt werden.

Der Heizwert einer Kohle läßt sich zwar aus den Resultaten der Elementaranalyse errechnen, doch sind die erhaltenen Werte nicht immer einwandfrei und decken sich vielfach nicht mit den Betriebsergebnissen in der Praxis. Genauere und zuverlässigere Resultate werden durch Bestimmung des Heizwertes mittels der sogenannten Verbrennungsbomben erhalten.

1. Berthelot-Mahlersche Bombe.
(System von Dr. K. Kroecker[1]).

Der Apparat (Abb. 12) besteht aus folgenden Teilen:
1. Die eigentliche Verbrennungsbombe. Sie besteht aus vernickeltem Stahl, ist innen emailliert und trägt einen isolierten Platinpol und im Innern ein bis zum Boden der Bombe reichendes Platinrohr, an dem ein Platinschälchen befestigt ist.
2. Ein eiserner Schuh, in den die Bombe während der Deckelverschraubung eingesetzt wird. Dieser Schuh ist auf einer Tischplatte zu befestigen.

---

[1] In den Handel gebracht von der Firma Julius Peters, Berlin NW 21.

132 Chemische Untersuchung.

3. Eine Sauerstoffbombe mit Manometer, Leitungsrohr und den passenden Anschlüssen.
4. Zwei enge Nickelröhrchen, die an dem Deckel der Verbrennungsbombe angeschraubt werden können.
5. Eine Pastillenpresse.
6. Ein Wassergefäß aus vernickeltem Blech.
7. Ein eiserner Holzbottich, der als Isoliermantel dient.
8. Ein Rührwerk.
9. Ein in $^1/_{100}{}^0$ C geteiltes Thermometer.

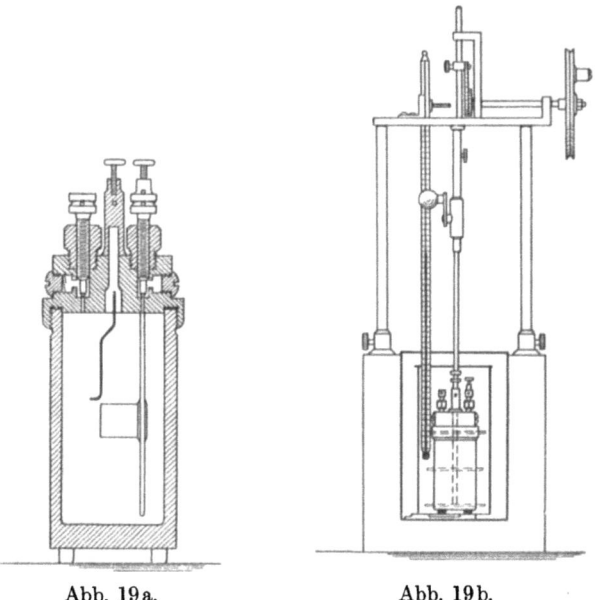

Abb. 19a.   Abb. 19b.

Abb. 19a zeigt die eigentliche Verbrennungsbombe, Abb 19b die Bombe fertig zur Heizwertbestimmung in das isolierte Blechgefäß eingesetzt, nebst Rührwerk usw.

Die Heizwertbestimmung wird folgendermaßen durchgeführt. Man formt sich zunächst mit Hilfe der kleinen Presse, in die man vorher einen dünnen 5—6 cm langen und 0,1 mm starken Platindraht eingelegt hat, aus der fein zerkleinerten Kohle eine Pastille von ungefähr 1 g Gewicht. Die so dargestellte Pastille legt man in das Platinschälchen der Bombe und befestigt die Enden des Platindrahtes mit den beiden Stromzuführungen. Dann setzt man den Deckel mit Schälchen und Substanz auf die eigentliche Bombe, verschraubt sorgfältig und läßt 20 bis 25 Atm. Sauerstoff eintreten. Die Bombe wird dann ins Kalorimeter eingeführt und die Rührvorrichtung in Tätigkeit gesetzt; nach 5 Minuten kann der eigentliche Versuch mit der ersten Thermometerablesung beginnen.

Der ganze Versuch zerfällt in drei Perioden: die Vor-, Haupt- und Nachperiode. Die Vorperiode umfaßt die Zeit von der ersten Thermometerablesung bis zur Zündung. Die Hauptperiode dauert vom Beginn der Zündung bis zum erfolgten Temperaturausgleich, d. h. bis das Thermometer seinen höchsten Stand erreicht hat. Unter der Nachperiode endlich versteht man die nach Temperaturausgleich folgenden nächsten 5 Minuten.

Während der drei Perioden erfolgen die Thermometerablesungen minutenweise.

Nach beendigtem Versuch nimmt man die Bombe aus dem Kalorimeter heraus und verbindet mit Hilfe der beiden seitlichen Kanäle die Bombe einerseits mit einem genau gewogenen Chlorkalzium- und Phosphorpentoxydröhrchen und andererseits mit einer Chlorkalzium- und Phosphorpentoxydvorlage. Man öffnet die Ventilschrauben und saugt, während die Bombe in dieser Zeit in einem Öl- oder Heißluftbade steht, Luft hindurch. So gelingt es, die bei der Verbrennung gebildete Feuchtigkeit in dem gewogenen Chlorkalzium- bzw. Phosphorpentoxydrohr aufzufangen und zu bestimmen.

Die Berechnung des Kalorimeterversuches geschieht in nachstehender Weise. Zunächst muß die Endtemperatur der Hauptperiode korrigiert werden, da diesem Wert infolge der Wärmeleitung und -strahlung kleine Fehler anhaften. Für diese notwendige Korrektor ist von Langbein eine einfache Formel aufgestellt worden, die für technische Zwecke vollständig genügt, nämlich

$$K = n \cdot v' \cdot \frac{v - v'}{2},$$

wobei
K = Korrektur,
n = Anzahl der Thermometerablesungen der Hauptperiode,
v = Temperaturverlust[1]) pro Ablesung, d. h. pro Minute der Vorperiode,
v' = Temperaturverlust pro Ablesung, d. h. pro Minute der Nachperiode.

---

[1]) Findet eine Zunahme der Temperatur statt, so ist der Wert für v als negative Größe in die Gleichung einzusetzen; dasselbe gilt natürlich auch für v'.

Aus diesem so korrigierten Wert ergibt sich die Temperatursteigerung. Multipliziert man diese Temperatursteigerung mit dem Wasserwert[1]), so erhält man die Anzahl der freigewordenen Kalorien.

Der so gefundene Wert ist der sogenannte obere Heizwert. Da aber in der Praxis, wenn absolute Größen verlangt werden, nur der untere Heizwert Interesse hat, so muß dieser Heizwert noch eine Korrektur für die Verdampfungswärme des Wassers, das sich gebildet und in der Bombe niedergeschlagen hat, erfahren, und zwar sind pro Gramm gebildeten Wassers von dem gefundenen Heizwert 600 Kalorien in Abzug zu bringen. Der so errechnete Wert ist der untere oder nutzbare Heizwert des Brennstoffes.

2. Kalorimeter nach Parr[2]).

Das Kalorimeter nach Parr ist in seinen Grundzügen der Mahlerschen Bombe nachgebildet. Es unterscheidet sich davon hauptsächlich durch zwei Umstände:

1. Statt des verdichteten Sauerstoffes wendet man Na_2O_2 an.
2. Die elektrische Zündung wird ersetzt durch einen kleinen glühenden Eisenstift.

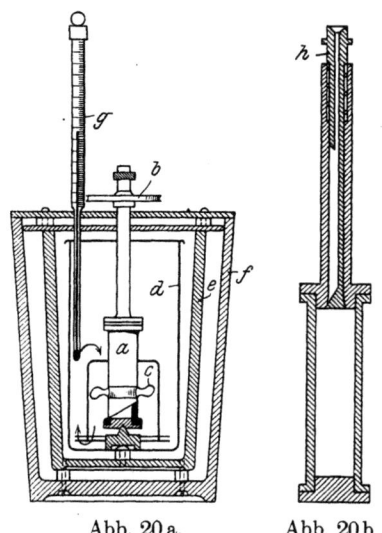

Abb. 20 a. Abb. 20 b.

Die Einzelheiten der Apparatur sind aus der Zeichnung (Abb. 20) zu ersehen. Abb. 20 a zeigt das Kalorimeter in seiner Gesamtheit, Abb. 20 b die eigentliche Bombe mit Deckel und Ventil.

---

[1]) Unter dem sogenannten Wasserwert der Bombe versteht man die Anzahl Kalorien, die notwendig sind, um ein Steigen des Thermometers um 1° zu bewirken. Dieser Wasserwert wird bestimmt, indem man eine wohl definierte organische Substanz, z. B. Rohrzucker, Salyzilsäure, Benzoesäure usw., in genau der gleichen Weise verbrennt, wie vorher beschrieben ist. Da der Verbrennungswert der genannten organischen Verbindungen genau bekannt ist, so läßt sich mit Leichtigkeit daraus rückwärts der Wasserwert der Bombe errechnen.

[2]) In den Handel gebracht von der Firma Max Kohl, Chemnitz in Sachsen.

a Bombe mit Riemenscheibe *b* und Rührflügel *c*,
d Kalorimetergefäß,
e u. *f* zwei Gefäße aus Hartpapier,
g Thermometer, geteilt in $^1/_{100}{}^0$,
h Ventil.

Die Durchführung des Versuches beginnt damit, daß man 1 g der zu prüfenden Kohle in die Bombe einwägt, 10 g Na_2O_2 hinzugibt und ungesäumt den Deckel aufschraubt. Die Mischung wird nun 1—2 Minuten tüchtig durcheinander geschüttelt. Während des Mischens hat man darauf zu achten, daß das Ventil im Deckel der Bombe geschlossen bleibt.

Jetzt fügt man die Bombe in das Kalorimetergefäß ein, setzt die Rührvorrichtung in Gang und beginnt, nachdem die Temperatur konstant geworden ist, mit den minutlichen Ablesungen.

Nach fünf Ablesungen zündet man die Mischung durch Hineinwerfen eines glühenden Eisenstiftes von 0,4 g Gewicht.

Das Thermometer steigt jetzt plötzlich an und erreicht nach einigen Minuten seinen Höchststand, um dann weiterhin für einige Minuten konstant zu bleiben.

Von der abgelesenen Temperatursteigerung müssen als Korrektor für das eingeworfene Eisenstückchen $0,015°$ abgezogen werden.

Von der so korrigierten Temperaturerhöhung sind dann 73% auf Kosten der Verbrennung zu setzen, die restlichen 27% haben ihre Ursache in der Reaktionswärme der Verbrennungsprodukte mit Na_2O_2 bzw. Na_2O.

Der Wasserwert des Parrschen Kalorimeters beträgt bei einer Füllung mit 2 Liter Wasser 2123,5 Kalorien. Hat man also 1 g Kohle eingewogen, so ist der gesuchte Heizwert:

Korrigierte Temperatursteigerung $\times$ 2123,5 $\times$ 0,73 cal.
„   „ $\times$ 1550 cal.

Bei Anthrazit und überhaupt allen Kohlensorten, welche sich mit Na_2O_2 nicht verbrennen lassen, muß zu der Mischung von Kohle und Na_2O_2 ein Zusatz von 0,5 g Weinsäure oder 0,5 g Weinsäure und 1,0 g Kaliumpersulfat gemacht werden. Im ersteren Falle sind für Weinsäure und Eisenstift von der abgelesenen Temperatursteigerung $0,85°$, im letzteren Falle für Weinsäure, Kaliumpersulfat und Eisenstift $0,99°$ in Abzug zu bringen.

Der so gefundene Wert ist der obere Heizwert, der untere Heizwert kann nur errechnet werden, wenn man durch gesonderte Analysen den Gehalt der Kohle an Wasser und Wasserstoff bestimmt hat. Von dem gefundenen oberen Heizwert sind dann $\dfrac{9H + W}{100}$, 600 cal. in Abzug zu bringen, wenn H den Prozentgehalt der Kohle an Wasserstoff und W an Wasser bezeichnet.

Der Vorteil der Parrschen Bombe gegenüber der Mahlerschen liegt in ihrer Einfachheit, Billigkeit und Betriebssicherheit und genügen die erhaltenen Resultate wohl immer für Vergleichsbestimmungen. Werden absolute Werte verlangt, so ist der Mahlerschen Bombe der Vorzug zu geben[1]).

9. Ammoniakwasser. Verdichtetes Ammoniakwasser. Schwefelsaures Ammoniak.

1. Ammoniakwasser[2]).

Im Ammoniakwasser sind gewöhnlich zu bestimmen:
A. Gesamtammoniak bestehend aus
  a) flüchtigem Ammoniak,
  b) fixem Ammoniak.
B. Kohlensäure.
C. Chlorid.
D. Schwefel,
  a) in Form von Sulfat,
  b) in Form von Rhodamür (Thiocyanat),
  c) in Form von Sulfid, Sulfit und Thiosulfat,
  d) Gesamtschwefel.

A. Gesamtammoniak.

Man kocht 25 ccm des Gaswassers mit Magnesia oder Kalkmilch[3]), fängt das HN_3 in 100 ccm $^1/_2$ Norm. H_2SO_4 auf und titriert mit $^1/_2$ Norm. NaOH zurück.

Der Apparat für die Durchführung der Destillation besteht im wesentlichen aus einem Destillierkolben von etwa $^1/_2$ Liter Inhalt mit gut schließendem Gummistopfen, der ein mit Tropffänger im aufsteigenden Teil versehenes zweimal rechtwinklig gebogenes Gasentbindungsrohr trägt, das an seinem unteren Ende zur Erleichterung des Abfallens der Tropfen schräg abgeschnitten ist. Der aus dem Tropfenfänger weiterführende Teil des Entbindungsrohres ist in die Kugel eingeführt und nach aufwärts gebogen, um ein Mitreißen von Tropfen nach der Vorlage zu vermeiden. Der absteigende Teil des Entbindungsrohres trägt

---
[1]) Vgl. Lunge.
[2]) Entnommen aus Lunge-Köhler, Steinkohlenteer und Ammoniak 1912.
[3]) Natronlauge wird nicht genommen, um eine Spaltung der Amide zu vermeiden.

ein mit Gummischlauch verbundenes Kugelrohr, welches in einem Erlenmeyerkolben in die vorgelegte $1/2$ Norm. H_2SO_4 eintaucht. (Abb. 21.)

Man gibt zuerst die abgemessene Menge Ammoniakwasser in den Destillierkolben, füllt ihn zur Hälfte mit destilliertem Wasser, schüttet die Magnesia oder Kalkmilch hinein, stellt schnell die Verbindung mit dem Erlenmeyerkolben her, in welchen man vorher die notwendige Menge Norm. H_2SO_4, die mit Methylorange angerötet worden ist, gebracht hat. Man kocht soweit ein, bis der Rest der Flüssigkeit im Kolben zu stoßen beginnt und entfernt noch während des Kochens den Erlenmeyerkolben.

Der Überschuß der $1/2$ Norm. H_2SO_4 wird mit $1/2$ Norm. NaOH zurücktitriert und aus der verbrauchten Menge der $1/2$ Norm. H_2SO_4 das Gesamtammoniak berechnet. Bei Berechnung auf Gewichtsprozente ist auch das spezifische Gewicht des Ammoniakwassers zu bestimmen und bei der Berechnung zu berücksichtigen.

a) **Flüchtiges Ammoniak.**

Die Destillation und Titration wird wie bei der Bestimmung des Gesamtammoniaks durchgeführt aber ohne Zusatz von MgO oder CaO_2H_2.

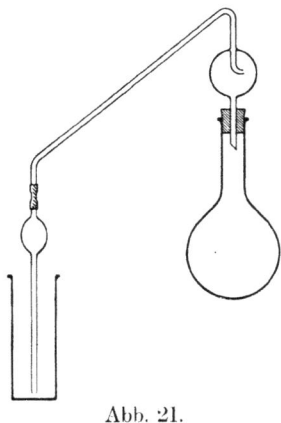

Abb. 21.

b) **Fixes Ammoniak.**

Man gibt zu dem bei der Bestimmung des flüchtigen Ammoniaks im Destillationskolben verbliebenen Rest Natronlauge, destilliert und titriert dann wie bei der Bestimmung des Gesamtammoniaks.

B. Kohlensäure.

Die Kohlensäure kann auch volumetrisch nach der bei der Untersuchung des verdichteten Ammoniakwassers beschriebenen Methode (S. 139) bestimmt werden.

C. Chlorid.

Man verdünnt 10 ccm gekochtes Ammoniakwasser auf 150 ccm, fügt 20 ccm chlorfreies H_2O_2 hinzu, kocht bis fast zum Verschwinden der braunen Farbe, setzt 10—15 Tropfen K_2CrO_4-Lösung zu, kocht 5 Minuten, läßt abkühlen, neutralisiert mit $NaHCO_3$ und titriert mit $1/10$ Norm. $AgNO_3$.

D. Schwefel.

a) **In Form von Sulfat.** Man konzentriert 250 ccm Ammoniakwasser auf dem Wasserbade bis auf etwa 10 ccm, fügt 2 ccm starke HCl zu, verdampft zur Zersetzung des Thiosulfates zur Trockne, extrahiert den Rückstand mit H_2O, filtriert und fällt aus dem Filtrat in heißem Zustande das Sulfat durch $BaCl_2$.

b) **In Form von Rhodanat (Thiocyanat).** Zu 50 ccm des gekochten Ammoniakwassers fügt man $FeCl_3$ in schwachem Überschusse, um das Ferrocyanür als Berlinerblau niederzuschlagen, erwärmt die filtrierte Lösung, läßt abkühlen und läßt einen genügenden Überschuß von SO_2-Lösung und darauf $CuSO_4$ hinzu, läßt 1—2 Stunden lang in einer Glasflasche stehen. Dann filtriert man in der Kälte, wäscht das Kupferrodanür gründlich auf dem Filter aus, spült es in die Flasche zurück, kocht es mit 1 ccm starker HNO_3 bis zum Auftreten einer grünen Farbe und läßt abkühlen. Man fügt Soda in geringem Überschusse zu, säuert mit Essigsäure an, setzt JK zu, verdünnt und titriert das in Freiheit gesetzte Jod mit $^1/_{10}$ Norm. Thiosulfat und Stärke.

c) **In Form von Sulfit, Sulfid und Thiosulfat.**

α) Man titriert 10 ccm nach Verdünnung auf 500 ccm und Ansäuerung durch HCl mit J und Stärke.

β) Man setzt 10 ccm des Ammoniakwassers zu überschüssiger $ZnCl_2$-Lösung, filtriert, wäscht das ZnS auf dem Filter mit warmem Wasser, spült es vom Filter in überschüssige mit HCl angesäuerte $^1/_{10}$ Norm. J-Lösung und bestimmt das überschüssige J mit $^1/_{10}$ Norm. Thiosulfat. Man findet nun das Sulfit $+$ Thiosulfat durch Abzug des jetzt gefundenen Sulfidschwefels von der in α erhaltenen Zahl. Polysulfid kann in gewöhnlichem Gaswasser nicht enthalten sein, da es sich mit Sulfit und Cyanid zersetzt.

d) **Gesamtschwefel.** Man läßt 50 ccm des Ammoniakwassers tropfenweise in einen Kolben fließen, in dem sich überschüssiges Br befindet, das mit durch HCl ganz schwach angesäuertem H_2O bedeckt ist, verdampft zur Trockne, extrahiert den Rückstand mit siedendem H_2O und fällt mit $BaCl_2$ den in Sulfat umgewandelten Gesamtschwefel.

2. Verdichtetes Ammoniakwasser.

In dem verdichteten Ammoniakwasser wird meistens die Bestimmung des NH_3 und des CO_2 verlangt.

A. Ammoniak.

50 ccm werden mit H_2O auf 1 Liter verdünnt, davon 50 ccm mit NaOH in derselben Weise wie beim Ammoniakwasser destil-

liert und das frei gewordene NH_3 in 75 ccm $^1/_2$ Norm. H_2SO_4 eingeleitet und der Überschuß davon mit $^1/_2$ Norm. NaOH zurücktitriert.

Bei der Angabe in Gewichtsprozenten muß das spez. Gewicht des verdichteten Ammoniakwassers berücksichtigt werden.

B. Kohlensäure.

Die CO_2 kann gewichts- und maßanalytisch bestimmt werden.

a) Gewichtsanalytisch.

50 ccm des verdichteten Ammoniakwassers werden mit destilliertem H_2O auf 1 Liter verdünnt und davon 100 ccm nach Zusatz eines Überschusses von $CaCl_2$-Lösung in einer Flasche mit Glasstopfen im Wasserbade während $1^1/_2$ bis 2 Stunden lang auf 100^0 erhitzt. Der Niederschlag wird nach dem Filtrieren und Auswaschen in überschüssiger $^1/_2$ Norm. HCl gelöst und der Überschuß mit $^1/_2$ Norm. NaOH zurücktitriert.

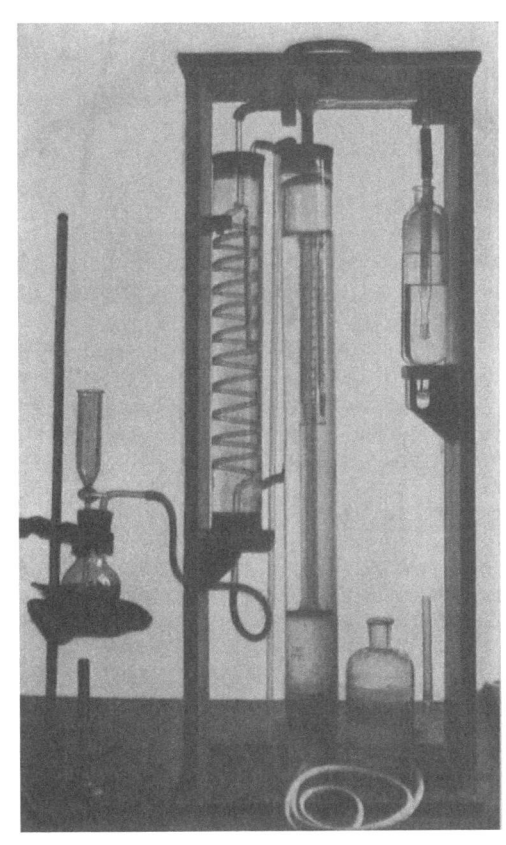

Abb. 22.

b) Maßanalytisch.

Zur Bestimmung der CO_2 in verdichtetem Ammoniakwasser dient ein ähnlicher Apparat, wie derselbe zur volumetrischen C-Bestimmung in Roheisen und Stahl angewendet wird. Der

Unterschied besteht darin, daß die Meßbürette auch unten einen Kropf besitzt, welcher annähernd 220 ccm Inhalt hat. Derselbe muß aber bis zum Nullpunkte des graduierten Teiles der Bürette genau bestimmt sein. Der Größe der Bürette entsprechend ist auch die mit NaOH-Lösung gefüllte Absorptionspipette vergrößert. Eine weitere Beschreibung des Apparates (Abb. 22) erübrigt sich wohl.

Nachdem die Bürette mit Wasser gefüllt und die Niveauflasche hochgestellt ist, wird die Verbindung mit dem kleinen Entwicklungskölbchen hergestellt und in dasselbe werden 35 ccm des verdichteten Ammoniakwassers gebracht. Nach Zusatz einiger Kubikzentimeter einer $CuSO_4$-Lösung zur Fällung des in Form von Sulfiden vorhandenen Schwefels wird die Verbindung mit der Meßbürette hergestellt und H_2SO_4 (1:1) im Überschuß zugesetzt. Sobald durch Kochen eine vollständige Zersetzung stattgefunden hat und die CO_2 ausgetrieben ist, wird die Menge der CO_2 + Luft gemessen und erstere nach Absorption in der NaOH-Pipette bestimmt.

Die Berechnung findet nach Reduktion des Gasvolumens auf 760 mm Barometerstand und $0°$ statt.

1 Liter CO_2 wiegt 1,9768 g.

Bei der Berechnung muß auch noch das spez. Gewicht des verdichteten Ammoniakwassers berücksichtigt werden.

3. Schwefelsaures Ammoniak.

In schwefelsaurem Ammoniak werden bestimmt NH_3, freie H_2SO_4, in H_2O löslicher Rückstand und Feuchtigkeit.

A. Ammoniak.

15 g werden in einem tarierten Halbliterkolben gelöst und davon 50 ccm = 1,5 g in einen Rundkolben von etwa 600 ccm abgenommen. Die Destillation mit NaOH-Lösung und Titration geschieht genau so, wie beim Ammoniakwasser.

B. Freie Schwefelsäure und Rückstand.

Beide werden in ein und derselben Einwage bestimmt.

10 g werden in ungefähr 200 ccm H_2O aufgelöst, über ein bei $100°$ getrocknetes und gewogenes Filter filtriert und mit H_2O gut ausgewaschen. Das Filter wird dann wieder bei derselben Temperatur getrocknet und gewogen. Die Differenz beider Wägungen ergibt den Rückstand, der auf Prozente umgerechnet wird.

Das Filtrat wird nach Zusatz einiger Tropfen Methylorange mit $^1/_2$ Norm. NaOH titriert. Man hat die verbrauchten Kubikzentimeter nur mit 0,245 zu multiplizieren, um direkt die freie H_2SO_4 in Prozenten zu erhalten.

C. Feuchtigkeit.

10 g werden in ein Trockengläschen eingewogen, bei 100^0 bis zu konstantem Gewicht getrocknet; der Gewichtsverlust, auf Prozente berechnet, ergibt uns die Feuchtigkeit.

10. Steinkohlenteer.

Es liegen zur Untersuchung vor: Rohteer und Stahlwerksteer.

A. Rohteer.

Im Rohteer werden verlangt die Bestimmung von Wasser, Ausbeute an Leicht-, Mittel-, Schwer- und Anthracenöl, ferner von Pech und in Form von Ruß enthaltenem amorphen Kohlenstoff.

a) Bestimmung von Wasser, Ölausbeute und Pech.

Wasser, Ölausbeute und Pech bestimmt man durch Destillation. Man destilliert 1—2 kg in einer entsprechend großen kupfernen oder eisernen Destillierblase mit einem gläsernen Siederohr, das in der Mitte eine kugelförmige Erweiterung und ein Ansatzrohr zur Verbindung mit einem Kühler besitzt. In dem Siederohr befindet sich ein bis zur Mitte der Kugel reichendes Thermometer.

Die einzelnen Fraktionen fängt man in vorher abgewogenem Glaskolben auf.

Man erhitzt allmählich um bei wasserreichen Teeren das Überschäumen zu vermeiden, findet das aber doch statt, so setzt man eine bestimmte Menge Benzol, es kann auch Rohbenzol oder Xylol sein, dazu, welches bei der Leichtölfraktion in Abzug zu bringen ist. Später verstärkt man das Erhitzen. Während man in der Leichtölperiode den Kühler mit kaltem Wasser beschickt, läßt man ihn, sobald durch Naphthalin Verstopfungen zu befürchten sind, leer laufen auch später beim Anthracenöl ist eine Kühlung nicht mehr notwendig.

Es werden meistens vier Fraktionen abgenommen.

1. Wasser und Leichtöl   bis 170^0 C
2. Mittelöl $160-230^0$ C
3. Schweröl $230-270^0$ C
4. Anthracen $270-340^0$ C

Rückstand, Pech.

b) Bestimmung des in Form von Ruß enthaltenen amorphen Kohlenstoffs.

$1/2-1$ g werden in annähernd 2 ccm Anilin aufgelöst, auf 60° erwärmt und dann mit 5 ccm Pyridin auf ein poröses Tonschälchen von 7 cm Durchmesser gebracht, durch welches das Anilin und Pyridin aufgesaugt wird. Die letzten Spuren verflüchtigt man durch scharfes Trocknen, schabt den Ruß vom Schälchen ab und wägt ihn.

Handelt es sich um genaue Bestimmungen, so empfiehlt es sich auf das Tonschälchen ein getrocknetes und gewogenes Filter zu legen und auf dieses den in Pyridin gelösten Teer zu bringen und mehrere Male mit Pyridin auszuwaschen, bis der Filterrand nicht mehr gelblich gefärbt ist. Nach dem Trocknen wird der Ruß mit dem Filter zusammen gewogen und das Gewicht desselben in Abzug gebracht. Vergleichende Untersuchungen ergaben bei Anwendung eines Filters und einem Gehalte von 9% amorphen Kohlenstoff 0,6% weniger als ohne Filter.

B. Stahlwerksteer.

Der Stahlwerksteer bildet in der Mischung mit gebranntem und zerkleinertem Dolomit die sogenannte basische Dolomitmasse, welche zur Herstellung der Thomas-Konverter-Böden, zur Ausfütterung der Konverter-Wände sowie der Böden von Martin- und anderen Öfen verwendet wird. Es werden an ihn hohe Anforderungen gestellt und hängt seine Zusammensetzung von dem Rohteer ab, welcher bei der Herstellung zur Verfügung steht.

Der Stahlwerksteer soll ein spezifisches Gewicht von nicht unter 1,18 haben, kein Wasser und keine Öle enthalten, die beim Brennen der Masse sich verflüchtigen, ferner dürfen keine Ausscheidungen von Anthracen und anderen Körpern vorhanden sein, die sich beim Erwärmen vor der Verwendung nicht mehr lösen und nach dem Mischen mit dem gebrannten Dolomit in diesem kleine Nester bilden. Die Gegenwart von saueren Ölen ist sehr vorteilhaft, weil diese ein Aufschließen des gebrannten Dolomits und somit ein gutes Eindringen des Teers bewirken. Ein hoher Gehalt an amorphem Kohlenstoff in Form von Ruß ist schädlich und soll der Gehalt an bituminösem Pech mindestens 55% betragen. Außerdem darf der Stahlwerksteer nicht zu dick sein und muß sich in heißem Zustande gut mit dem gebrannten Dolomit, welcher oft nicht angewärmt wird, gut mischen lassen. Die Viskosität bei 100° C wird von dem Gehalt an bituminösem Teer bedingt, schwankt daher. Es sind Fälle von 2,4° bis 5° bekannt, bei denen sich der Stahlwerksteer gut bewährt hat.

Die Thomasstahlwerke stellen meistens schärfere Bedingungen und empfiehlt es sich durch Versuche für die betreffende Herkunft des Teeres die günstigste Zusammensetzung zu ermitteln.

Mithin ist der Stahlwerksteer zu untersuchen auf H_2O, Öle, Pech, Kohlenstoff in Form von Ruß, spez. Gewicht und Viskosität.

Die Bestimmung des Wassers, der Öle und des Pechs geschieht wie beim Rohteer, nur ist vor der Bestimmung des Wassers der Teer stets mit einem leichten Öle, so Benzol oder Xylol zu verdünnen, um auch ganz kleine Mengen von Wasser festzustellen, da dasselbe sehr schädlich wirkt.

Die Viskosität wird nach Engler (siehe Schmiermittel, S. 176) und das spezifische Gewicht mittels des Pyknometers bestimmt.

Die praktischen Prüfungen haben noch nicht den Grad der Vollkommenheit erreicht, um allgemein angewandt zu werden [1]).

11. Pech.

A. Schmelzpunkt nach Krämer-Sarnow.

Man schmilzt etwa 25 g des zu untersuchenden Pechs in einem kleinen Blechgefäß mit ebenem Boden in einem Ölbade bei etwa 150°; die Höhe der geschmolzenen Pechschicht soll etwa 10 mm betragen. In diese taucht man ein etwa 10 cm langes, an beiden Enden offenes, Glasröhrchen von 6—7 mm lichter Weite ein, schließt beim Herausnehmen des Röhrchens die obere Öffnung mit dem Finger und läßt das mit Pech gefüllte Ende durch Drehen an der Luft in wagerechter Lage erkalten.

Nach dem Erstarren nimmt man das an der äußeren Wand des Röhrchens haftende Pech leicht mit dem Finger fort. Die Höhe der Pechschicht im Rohr wird jetzt in der Regel etwa 5 mm betragen. Auf diese Schicht gibt man 5 g Quecksilber, welches sich für diesen Zweck am bequemsten in einem unten geschlossenen, mit Teilstrich versehenen Röhrchen abmessen läßt und hängt das so beschickte Proberohr in ein mit Wasser gefülltes Becherglas, welches wieder in ein zweites mit Wasser gefülltes Becherglas hineingehängt ist. In das innere Becherglas läßt man ein Thermometer so eintauchen, daß das Quecksilbergefäß desselben in gleicher Höhe mit der Pechschicht in Röhrchen steht, und erhitzt nun mit mäßiger Flamme. Die Temperatur, bei welcher das Quecksilber die Pechschicht durchbricht, notiert man als Schmelz- bzw. Erweichungspunkt des Pechs.

---

[1]) Berichte der Chemiker-Kommission des Vereins deutscher Eisenhüttenleute Nr. 24, 2. Mai 1914.

Das Ansteigen der Temperatur des Wasserbades soll um 1° C pro Minute erfolgen. Die Anfangstemperatur soll bei 40° liegen.

B. Schmelzpunkt nach M. Wendriner.

100 g der durch ein Sieb von 2 mm Maschenweite geschlagenen guten Durchschnittsprobe werden in einem eisernen Gefäße auf einem auf 150° erhitzten Paraffinölbade, das mit einem Thermometer versehen ist, eingeschmolzen. Zugleich wird ein 20 cm hohes und 10 cm weites Becherglas mit 1 Liter destillierten Wasser gefüllt und, auf dem Drahtnetz stehend, bis

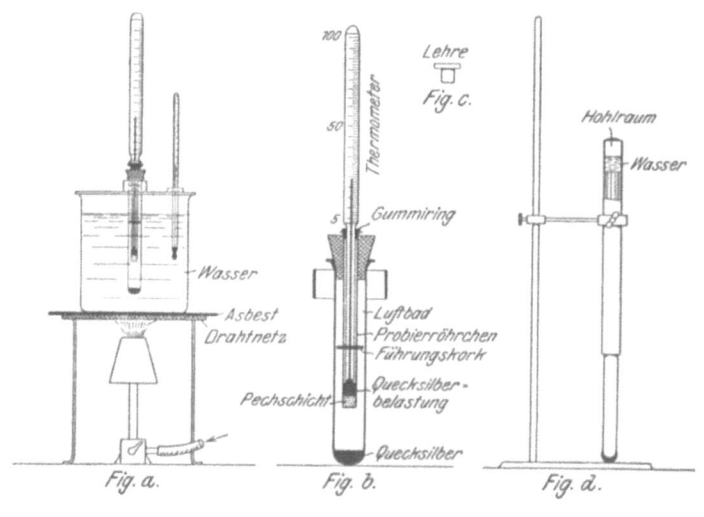

Abb. 23.

zum beginnenden Sieden erhitzt. Das Becherglas trägt einen Deckel aus Blech, welcher in der Mitte ein Loch von 26—28 mm Durchmesser und an der Seite ein kleineres Loch hat, durch welches ein gewöhnliches Thermometer in das Wasser gehängt wird (Abb. 23 a).

Für jede Pechprobe werden zwei Glasröhrchen mit planabgeschliffenen Enden, genau 16 cm lang und von 8 mm lichter Weite und 1 mm Wandstärke, in je eine Klammer eines Stativs festgespannt und in jedes dieser Röhrchen ein an seinem oberen Ende ebenfalls plangeschliffener etwa 20 cm langer und $7^{1}/_{2}$ mm dicker Glasstab so eingeschoben, daß er unten auf der Platte des Stativs aufsteht (vgl. Abb. 23 d). Man verschiebt nunmehr das Glasrohr so in der Klammer, daß das Ende des Glasstabes genau 10 mm unter dem oberen Ende des Glasrohres sich befindet. Hierzu bedient man sich eines kleinen Metallkörpers (Lehre, Abb. 23c), der einen Zapfen von 1 cm Länge trägt und mit diesem in das Glasrohr von oben eingesetzt wird. Man hat dann in dem oberen Teil eines jeden Röhrchens einen kleinen Hohlraum von 8 mm Weite und 10 mm Tiefe gebildet. Nun gibt man in jeden dieser Hohlräume einen Tropfen Wasser und hebt den Glasstab unter Drehen ein wenig an, so daß der kapillare ringförmige Raum am oberen Ende des Glasstabes sich mit Wasser füllt. Man tupft sodann das überschüssige Wasser in dem kleinen Hohlraume mit einem Filtrierpapierröhrchen ab und erhitzt mittels einer entleuchteten Bunsenflamme den oberen Rand des Röhrchens gleichmäßig etwa $1/2$ Minute, ohne daß das Wasser in dem kapillaren Raume verdampft.

Man füllt nunmehr die Hohlräume der Röhrchen mittels eines Glasstabes, den man in die unterdes eingeschmolzene Pechprobe taucht, mit dem ziemlich dünnflüssigen Pech an, bis sich eine Pechkuppe über dem gefüllten Hohlraum gebildet hat. Sodann läßt man erkalten, schneidet die Pechkuppe mit einem Messer am Glasrande glatt ab, schabt das etwa übergeflossene von der Außenseite des Röhrchens ab und zieht den Glasstab vorsichtig heraus. Das Innere des Glasrohres wird nun mit einem mit Filtrierpapier überzogenen Glasstabe trocken gewischt, genau 10 g Quecksilber hineingegossen und das so beschickte Proberöhrchen mittels eines etwas konischen Korkstopfens von 20 mm Höhe in ein genau 25 mm weites und 20 cm langes Reagenzrohr, welches als Luftbad dient, eingehängt (vgl. Abb. 23 b). Das Proberöhrchen schneidet oben mit dem Korkstopfen gerade ab; ein zweiter, in seiner Mitte befindlicher, lose in dem Luftbad beweglicher Stopfen dient als Führung, um den Pechstopfen stets in zentraler Lage zu erhalten. Über das obere Ende des Luftbadrohres schiebt man ebenfalls einen durchbohrten Korkstopfen von genau 3 cm Höhe so, daß er mit dem oberen Ende des Rohres abschneidet und das Luftbad samt Proberohr und einen in das letztere einzuführenden Thermometer an dem Korke durch das zentrale Loch des Deckels eingehängt werden kann. Dieses Thermometer geht unten in einen dünnen Stiel von 16 cm Länge über und hat die Form eines Fabrikthermometers. Es wird mittels eines kleinen um den oberen Teil des Stieles gelegten Gummiringes so in das Proberöhrchen eingehängt, daß sein Quecksilbergefäß sich größtenteils in dem auf dem Pechstopfen ruhenden Quecksilber befindet, ohne jedoch diesen Pechstopfen zu berühren. Um ein Anbacken des abschmelzenden Pechs an der inneren Wand des Luftbadrohres zu verhindern, ist es zweckmäßig, in dasselbe etwas Quecksilber hineinzugießen.

Vorprobe. Sobald das Wasser im Becherglas die volle Siedetemperatur erreicht hat, wird die Flamme entfernt und das auf obige Weise vollständig montierte Luftbad, dessen Thermometer Zimmertemperatur zeigen muß, in das zentrale Loch des Deckels eingehängt. Nun beobachtet man den Temperaturgrad, bei welchem das Quecksilber durch die Pechschicht fließt, zieht das gesamte Luftbad heraus, läßt es erkalten und montiert es mit dem anderen Proberöhrchen, wie oben angegeben. Das Wasserbad läßt man auf eine Temperatur erkalten, welche genau $10°$ über dem vorläufig gefundenen Schmelzpunkt liegt. Um früher zum Ziele zu gelangen, gießt man einen Teil des heißen Wassers ab, ersetzt ihn durch kaltes, rührt mit einem Glasstabe tüchtig um, bis das Wasser erforderliche Temperatur besitzt. Man schiebt dann eine Asbestplatte zwischen Becherglas und Drahtnetz und hält das Bad mittels einer kleinen Flamme auf dieser Temperatur konstant.

Fertigprobe. Das auf Zimmertemperatur (möglichst stets $20°$) befindliche mit dem zweiten Probierröhrchen beschickte Luftbadrohr wird an einem Stopfen in das zentrale Loch des Deckels eingehängt und die Temperatur notiert, bei welcher das Quecksilber durch den Pechstopfen bricht. Dies ist der „Schmelzpunkt".

Bei gewöhnlichen Pechsorten dauert diese Bestimmung 8—10 Minuten, die gesamte Bestimmung etwa 1 Stunde.

Diese Methode der Schmelzpunktbestimmung kann auch für Asphalt und ähnliche Stoffe gut angewandt werden[1].

12. Benzol.

Das in den Kokereien als Nebenprodukt gewonnene Benzol, worunter man nicht nur das Benzol selbst, sondern auch seine Homologen Toluol und Xylol versteht, liegt entweder als Rohbenzol oder als gewaschenes Handelsbenzol der Untersuchung vor.

1. Rohbenzol.

Für die Bewertung des Rohbenzols gelten durch Verträge festgesetzte Bedingungen. Es wird für gewöhnlich verlangt, im Rohbenzol festzustellen:

---

[1] Siehe „Zeitschrift f. angew. Chemie", XVIII. Jahrg., Heft 13.

Benzol. 147

1. Gehalt an Waschöl.
2. Gehalt an 90er Handelsbenzol.
3. Gehalt an Solventnaphtha.
4. Waschverlust.

Die Untersuchung kann in folgender Weise geschehen.

2 kg Rohbenzol werden in einer tarierten Kupferblase von $2^{1}/_{2}-3$ Liter Inhalt, die mit einer 20 cm langen Perlkolonne versehen ist, der Destillation unterworfen, bis das Thermometer, dessen Quecksilbergefäß sich in der oberen Kolonnenkugel befindet, 175^{0} zeigt. Nach dem Erkalten wird die Blase zurückgewogen und der so ermittelte Rest als Waschöl angenommen.

Das Destillat wird in zwei Fraktionen zerlegt, die erste, das 90er Benzol, geht bis 150^{0} über, die zweite, die Solventnaphtha, bis 175^{0}. Bei dieser Destillation nimmt man ein Thermometer mit verstellbarer Skala, die auf den Dampf siedenden Wassers eingestellt worden ist. Man ist dadurch jeder Korrektur für den Barometerstand enthoben. Von dem 90er Benzol muß noch der Waschverlust bestimmt und abgezogen werden, bei der Solventnaphtha wird kurzerhand ein Drittel als Waschverlust in Abrechnung gebracht.

Die Bestimmung des Waschverlustes im 90er Benzol geschieht in folgender Weise.

5 ccm der Fraktion, die bis 150° übergeht, werden mittels einer Pipette in ein Stöpselglas von annähernd 150 ccm Inhalt gebracht, in dem sich schon 10 ccm verdünnte H_2SO_4 (20%) befinden. Aus einer Bürette läßt man soviel $^{1}/_{2}$-Normalkaliumbromat und Kaliumbromidlösung (Titerlösung 11a, S. 192) schnell zufließen, bis das freiwerdende Br nicht mehr von Benzol entfärbt wird und nach 5 Minuten langem Schütteln und 10 Minuten langem Stehen das Benzol eine rotbraune Farbe behält. Ein nach dieser Zeit herausgenommener Tropfen des Benzols, das frei von wäßriger Flüssigkeit sein muß, soll auf einem mit Jodzinkstärkelösung frisch befeuchteten Papier augenblicklich einen dunkelblauen Fleck erzeugen.

1 ccm der für 5 ccm Benzol verbrauchten Bromlösung entspricht nach Erfahrungen der Praxis 1,20 Gewichtsprozenten Waschverlust.

2. Handelsbenzole.

In Handelsbenzolen werden meistens folgende Bestimmungen verlangt:
1. Der Siedepunkt.
2. Die einzelnen Fraktionen.

3. Das spezifische Gewicht.
4. Die Reaktion auf H_2SO_4.
5. Verbrauch an Br bei der Bromreaktion.

a) Siedepunkt (Abb. 24).

Normalmethode[1]). Das Siedegefäß besteht aus einer kupfernen kugelförmigen 0,6—0,7 mm dicken Blase von 150 ccm Inhalt und annähernd 66 mm Durchmesser. Der Hals ist 25 mm lang. unten 20, oben 22 mm weit. Das gläserne Siederohr von annähernd 14 mm lichter Weite und 150 mm Länge ist in der Mitte kugelförmig erweitert. Das Ansatzrohr von 8 mm lichter Weite ist 10 mm über der Kugel nahezu rechtwinklig angeschmolzen. Das aus dünnem Glase mit möglichst kleinem

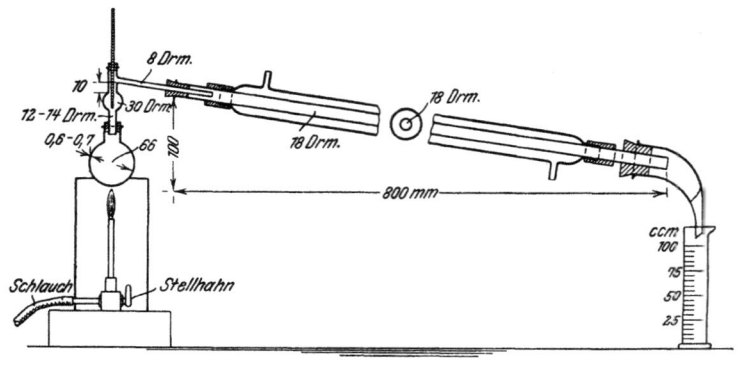

Abb. 24.

Quecksilbergefäß bestehende Thermometer hat eine verstellbare Skala, die vor jedem Versuch auf den Dampf siedenden Wassers eingestellt wird. Die Teilung ist für 90er und 50er (bzw. Handelsbenzol I und II) in $1/2°$, für Reinbenzol und Reintoluol in $1/10°$ vorgenommen.

Die Blase steht auf einer Asbestplatte mit einem kreisförmigen Ausschnitt von 50 mm Durchmesser. Der Ofen besitzt, 10 mm vom oberen Rande entfernt, Öffnungen zum Austritt der Verbrennungsgase. Zum Erhitzen dient ein Bunsenbrenner von 7 mm Öffnung. Die Flamme muß rein blau sein.

Der Liebigsche Kühler hat eine Länge von 800 mm und ist so geneigt, daß der Ausfluß 100 mm tiefer liegt als der Ein-

---

[1]) Nach Dr. Krämer und Dr. Spilker.

gang. Für die Bestimmung nimmt man 100 ccm und die Destillation ist so zu leiten, daß in der Minute 5 ccm übergehen, das sind in der Sekunde annähernd zwei Tropfen. Man notiert den Siedepunktsbeginn, wo der erste Tropfen in den Meßzylinder fällt und dann die Anzahl Kubikzentimeter, welche von 5 zu 5 Grad übergehen, z. B. von 81—85°, dann von 85—90° und so fort, bis im ganzen 95 ccm übergegangen sind.

b) **Bestimmung der einzelnen Fraktionen.**

1 kg der Probe wird in einer Kupferblase (Abb. 25), welche eine Le-Bel-Hennigersche 6-Kugelkolonne trägt, die mit einem Thermometer mit verstellbarer Skala versehen ist, unter Verwendung eines Kühlers von denselben Abmessungen wie bei der Bestimmung des Siedepunktes destilliert. Die einzelnen Fraktionen werden in tarierten Glaskolben aufgefangen, durch Wägung bestimmt und in Prozente umgerechnet. Nach Dr. Krämer und Dr. Spilker werden folgende Fraktionen abgenommen.

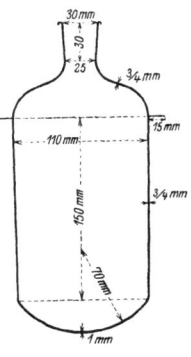

Abb. 25.

Bei Benzol I und II
bis 79° = Vorlauf,
79—85° = Benzol,
85—105° = Zwischenfraktion,
105—115° = Toluol,
Rest = Xylol.

Bei Reinbenzol (80/81er Benzol)
bis 79° = Vorlauf,
79—81° = Benzol,
Rest = Nachlauf.

Bei Toluol
bis 109° = Vorlauf,
109—110,5° = Toluol,
Rest = Nachlauf.

Bei Xylol
bis 135° = Vorlauf,
135—137° = Xylol,
137—140° = m-Xylol,
140—145° = o-Xylol,
Rest = Nachlauf.

c) **Bestimmung des spezifischen Gewichtes.**
Dieselbe geschieht mit einer genauen Aräometerspindel oder besser mit der Westphalschen Wage.

d) **Schwefelsäurereaktion.**

5 ccm der Probe werden in einem Stöpselglas von annähernd 15 ccm mit 5 ccm konzentrierter H_2SO_4 5 Minuten lang kräftig geschüttelt und nach 2 Minuten langem Stehen mit einer Kaliumbichromat-Schwefelsäurelösung verglichen. Zu diesem Zweck bereitet man sich verschiedene Lösungen, die 0,1—2,5 g Kaliumbichromat in 1 Liter 50% reiner H_2SO_4 enthalten. Von diesen Lösungen nimmt man für den einzelnen Vergleich in ein Stöpselglas von denselben Maßen je 5 ccm und überschichtet sie mit 5 ccm reinem Benzol.

Die Stärke der Reaktion wird in der Anzahl der Gramm Kaliumbichromat angegeben, welche die betreffende Vergleichslösung in 1 Liter hat.

e) **Bromreaktion für gewaschene Benzole.**

5 ccm der mit einer Pipette abgenommenen Probe werden in ein Stöpselglas von annähernd 50 ccm Inhalt gebracht; dazu fügt man 10 ccm H_2SO_4 (20%) und läßt aus einer Bürette schnell so viel $^1/_{10}$ Normalkaliumbromat-Kaliumbromidlösung (Titerlösung 11b, S. 192) zufließen, bis nach kräftigem Schütteln und 5 Minuten langem (aber nicht längerem) Stehenlassen das Benzol orange gefärbt ist und ein Tropfen desselben auf feuchtem Jodzinkstärkepapier, das frisch bereitet worden ist, einen deutlichen blauen Fleck erzeugt.

1 ccm $^1/_{10}$ Normalkaliumbromid-Kaliumbromatlösung entspricht 0,008 g Br, und diese Brommenge ist direkt bezogen auf 100 ccm Benzol anzugeben.

Nebenstehende Tabelle gibt uns für die einzelnen Benzole die Typen an, welche bei gewaschenen Benzolen eingehalten werden müssen.

3. Waschöle für die Benzolwäsche.
(Frische und im Betrieb sich befindende.)

Es werden darin bestimmt: Wasser, Siedepunkt, Naphthalin, saure Öle und Asphalt.

a) **Wasser.** Die Bestimmung geschieht genau so wie beim Teer durch Abdestillieren (vgl. S. 141).

b) **Siedepunkt.** Diese Bestimmung kann mit der des Wassers vereinigt werden, es darf aber kein Benzolzusatz erfolgen. Man notiert die Menge des Destillates, das bei 200,

Typen für die verschiedenen Benzole.

Bezeichnung	Siedegrenze in Graden C Es müssen übergehen:	Spez. Gew. 15/4° C	Zulässige Schwefelsäure-Reaktion	Farbe	Bromverbrauch	Bemerkungen
90er Rohbenzol	90 bis 93 % bis 100°	0,86 0,88	1,5	wasserhell	höchstens 0,8	
Gereinigtes 90er Benzol	90 bis 93 % bis 100°	etwa 0,88	1,5	wasserhell	0,4 für Farbenbenzol	
„ 50er „	50% bis 100°, 90% bis 120°	etwa 0,88				
Reinbenzol	90 % innerhalb 0,6° 95 % „ 0,8°	etwa 0,88	0,3	wasserhell	höchstens 0,5	keine Gewähr für den Erstarrungspunkt
Rohtoluol	90 % innerhalb 100 u. 120°					
Gereinigtes Toluol	90 % innerhalb 100 u. 120°	etwa 0,87	weingelb	wasserhell	höchstens 0,8	
Reintoluol	90 % innerhalb 0,6° 95 % „ 0,8°	etwa 0,87	0,3	wasserhell	höchstens 0,8	
Rohxylol	90 % innerhalb 120 u. 150°			wasserhell bis gelblich		
Gereinigtes Xylol	90 % innerhalb 120 u. 145°	etwa 0,86	weingelb	wasserhell		lichtbeständig
Reinxylol	90 % innerhalb 3,6° 95 % „ 4,5°	etwa 0,86	2,0	wasserhell	höchstens 2,5	
Rohe Solventnaphtha	90 % innerhalb 120 u. 180°	etwa 0,87				technisch frei von Phenolen und Basen, nicht mit konz.Schwefelsäure gewaschen
Gereinigte Solventnaphthal	Beginn der Destillation nicht unter 120°, mindestens 90 % müssen bis 160° übergehen		weingelb	wasserhell bis schwach gelblich		lichtbeständig, schwach und mild von Geruch
„	II 90 % innerhalb 135 u. 180°	0,89 und höher	Ausscheidung braungelber, harzhaltiger Massen gestattet	wasserhell bis gelb		nicht ganz lichtbeständig, milder, nicht rohteeröliger Geruch
Schwerbenzol	unter 200° siedend					Spuren von Phenolen und Basen sind zulässig, nicht mit konz. Schwefelsäure gewaschen

250 und 300° übergegangen ist, vermindert um den Wassergehalt. Sollen die einzelnen Fraktionen in Gewichtsprozenten angegeben werden, so sind dieselben ebenso wie das zur Untersuchung genommene Waschöl abzuwägen.

c) Naphthalin. 500 g werden bis 250° abdestilliert, das Destillat läßt man 24 Stunden bei 12—15° stehen. Das abgeschiedene Naphthalin wird durch Abnutschen und Pressen zwischen Filtrierpapier von dem anhaftenden Öl befreit, gewogen und auf Gewichtsprozente berechnet.

d) Saure Öle. 100 ccm Waschöl werden bis 300° abdestilliert, das Destillat in einen mit eingeriebenem Glasstopfen versehenen Meßzylinder von 200 ccm gebracht, in welchem sich schon 100 ccm Natronlauge (10%) befinden. Dann schüttelt man $1/4$ Stunde kräftig, läßt absitzen und bestimmt die Volumzunahme der Natronlauge in Kubikzentimetern, welche direkt den Prozentgehalt an sauren Ölen annähernd ergeben.

e) Asphalt[1]). 1 g Waschöl wird in einem vorher gewogenen hohen, offenen Porzellantiegel vorsichtig auf der Heizplatte so erhitzt, daß nichts verspritzt und der größte Teil des Öls sich verflüchtigt. Jetzt deckt man den Tiegel zu und erhitzt auf annähernd 400°, bis keine Dämpfe mehr entweichen, läßt erkalten und wägt. Der ermittelte Asphalt wird gleichfalls auf Prozente berechnet.

13. Gase.

1. Analyse.

Bei der Gasanalyse, soweit sie für Eisenhüttenlaboratorien in Betracht kommt, liegen Gasgemenge vor, deren Einzelbestandteile zu bestimmen sind. Diese Bestimmung geschieht entweder durch direkte Absorption oder aber durch Verbrennung mit darauffolgender Absorption.

Bei der hüttentechnischen Gasanalyse handelt es sich — von Spezialfällen abgesehen — um folgende Gase:
1. Kohlensäure,
2. Schwere Kohlenwasserstoffe,
3. Sauerstoff,
4. Kohlenoxyd,
5. Wasserstoff,
6. Methan,
7. Stickstoff.

---

[1]) Das ist eine schnelldurchführbare Betriebsmethode; eine genauere Methode ist das Abdestillieren bis auf 360° C und die Gewichtsbestimmung des Blasenrückstandes.

Liegt ein derartiges Gemenge vor, so kann man durch aufeinanderfolgende Einwirkungen verschiedener chemischer Agentien 1—4 entfernen und durch die beobachtete Volumabnahme in jedem Falle die Menge des absorbierten Bestandteiles ermitteln; 5 und 6 werden durch Verbrennung mit nachfolgender Absorption bestimmt und 7 endlich durch Differenzrechnung ermittelt.

Für die einzelnen Gase wendet man folgende Absorptionsmittel an:

a) Kohlensäure absorbiert man mit 15%iger Kalilauge.

b) Die schweren Kohlenwasserstoffe werden mit rauchender Schwefelsäure zerstört; dabei gehen SO_3-Dämpfe in den Gasrest und müssen durch Behandeln mit Kalilauge daraus entfernt werden.

c) Vom Sauerstoff wird das Gas befreit, entweder durch alkalische Pyrogallollösung oder durch Natriumhydrosulfitlösung. Die Pyrogallollösung besteht aus einem Teil 33%iger Pyrogallollösung in Wasser und drei Teilen 60%iger Kalilauge. Die Natriumhydrosulfitlösung wird gemischt aus vier Teilen 5%iger $Na_2S_2O_4$-Lösung und einem Teil 10%iger Natronlauge.

d) Für Kohlenoxyd nimmt man ammoniakalisches Kupferchlorür, und zwar eine Auflösung von 70 g CuCl in 1 Liter NH_3 (0,97).

Zur Herausnahme der Einzelbestandteile des Gasgemenges dienen zwei verschiedene Kategorien von Apparaten: 1. solche, in denen die Absorption im Meßrohr selbst geschieht; 2. solche, in denen die Absorption in besonderen Apparaten bewirkt wird, die entweder nach Bedarf mit dem Meßrohr zu vereinigen sind oder aber dauernd mit ihm in Verbindung stehen.

Zur ersten Kategorie von Apparaten gehört die Gasbürette von Bunte; zur zweiten die von Winkler bzw. der Orsatapparat.

Die Buntesche Bürette (Abb. 26) wird hauptsächlich zur Analyse von Rauchgasen benutzt. Man wendet stets 100 ccm Gas an und vermeidet durch entsprechendes Arbeiten die Reduktion der gefundenen Resultate auf Normaldruck und Temperatur.

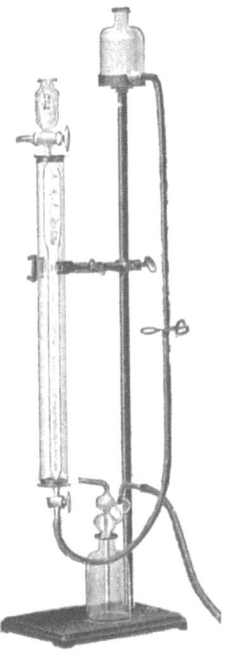

Abb. 26.

Die Meßröhre entspricht in ihrem oberen Teil vollständig einem Nitrometer. Zur Ausführung der Analyse füllt man zunächst die ganze Bürette mit Wasser und saugt durch Öffnen des unteren Hahnes etwas mehr als 100 ccm Gas an. Mit Hilfe der Druckflasche komprimiert man das Gas auf weniger als 100 ccm und läßt dann soviel Wasser ab, daß das Flüssigkeitsniveau sich genau auf die Nullmarke einstellt, und füllt gleichzeitig auch den Trichter bis zur Marke. Der Überdruck, der dadurch entstanden ist, daß man anfangs mehr als 100 ccm Gas angesaugt hatte, wird durch kurzes Öffnen des oberen Hahnes entfernt. Nach dieser Operation steht das genau 100 ccm betragende Gasvolumen in der Meßröhre unter dem Druck der Atmosphäre, vermehrt um den Druck der kleinen Wassersäule im Trichter. Dieser selbe Zustand muß nach den einzelnen Absorptionen natürlich auch wieder hergestellt werden.

Um die Absorptionsmittel in die Bürette einzuführen, saugt man durch den unteren Hahn einen Teil des Wassers ab und bringt die betreffenden Absorptionsmittel in einem kleinen Schälchen unter die Bürette. Infolge des Unterdruckes werden sie dann eingesaugt. Man beschleunigt die Absorption durch mehrmaliges Schütteln der Bürette. Die Absorptionslösung wird jedesmal durch Wasser ausgewaschen.

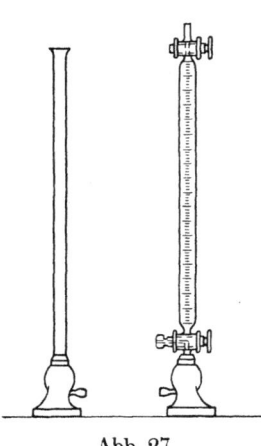

Abb. 27.

Bei der Winklerschen Bürette (Abb. 27) sind Meß- und Absorptionsraum getrennt. Will man einen Bestandteil des Gases bestimmen, so verbindet man den Meßapparat mit dem entsprechenden Absorptionsapparat. Der Meßapparat besteht aus dem Druck- und dem Meßrohr. Die Absorption findet in den Gaspipetten statt.

Durch Senken des Druckrohres saugt man etwas mehr als 100 ccm des zu untersuchenden Gases an, komprimiert, stellt genau auf den Nullpunkt ein und läßt den Überdruck ab. Alsdann stellt man die Verbindung zwischen Meßrohr und Gaspipette mittels einer Kapillare her und drückt das Gas in die Pipette über. Nach beendigter Absorption wird das Gas durch Senken des Druckrohres zurückgesaugt und nach Schließen des Quetschhahnes bei gleichem Niveaustand abgelesen.

Die Winklersche Apparatur wird vor allem bei der Analyse von Heizgasen verwandt, d. h. also bei solchen, die Wasserstoff und Methan enthalten. Diese letzteren Gase können bekanntlich nicht direkt absorbiert werden [1]) (vgl. Abschnitt 3 dieses Kapitels), sondern müssen verbrannt werden. Diese Verbrennung geschieht am einfachsten mit Hilfe der Drehschmidtschen Kapillare unter Zuhilfenahme der Winklerschen Gasbürette und Pipette. Deshalb folge an dieser Stelle ihre Beschreibung.

Die Drehschmidtsche Kapillare besteht aus einem dünnwandigen Platinrohr von 20 cm Länge, an dessen Enden kurze kupferne Kühlstücke mit Schlauchansatz angebracht sind. Die Drehschmidtsche Kapillare schaltet man zwischen Gasbürette und Gaspipette ein.

Die Bestimmung des Wasserstoffs und Methans geschieht in folgender Weise.

Nachdem die andern Gasbestandteile absorbiert sind, besteht der sogenannte Gasrest aus Wasserstoff, Methan und Stickstoff. Davon läßt man etwa 15 ccm in der Bürette, während der andere Teil für etwaige Kontrolluntersuchungen in eine mit Wasser gefüllte Gaspipette übergedrückt wird. Der in der Bürette verbliebene Teil wird genau abgemessen und mit dem fünffachen Volumen Luft verdünnt. Dieses Gasgemisch wird aus dem Meßrohr durch die erhitzte Platinkapillare hindurch in eine ebenfalls mit Wasser gefüllte Absorptionspipette hineingedrückt, dann wieder zurückgesaugt und dieses Verfahren zwei- bis dreimal wiederholt. Hierbei verbrennt der Wasserstoff zu Wasser und das Methan zu Kohlensäure und Wasser, und zwar geht diese Verbrennung in folgenden Volumverhältnissen vor sich:

2 Vol. H_2 + 1 Vol. O_2 = 0 Vol. H_2O (flüssig).
1 Vol. CH_4 + 2 Vol. O_2 = 1 Vol. CO_2 + 0 Vol. H_2O (flüssig).

Die durch die Verbrennung eingetretene Kontraktion betrage a ccm. Behandelt man dann das zurückbleibende Gas mit Kalilauge, so wird die gebildete Kohlensäure absorbiert, und die hierdurch bewirkte Kontraktion sei b ccm. In den zur Verbrennung gebrachten 15 ccm Gas waren also b ccm Methan und $^2/_3(a-2b)$ ccm Wasserstoff. Die so gefundenen Zahlen müssen natürlich, um den Prozentgehalt an Wasserstoff und Methan in dem ursprünglichen Gas zu finden, auf den Gesamtgasrest umgerechnet werden.

---

[1]) Die von Brunck zur Absorption von Wasserstoff empfohlene kolloidale Palladiumlösung, die einen Zusatz von Natriumpikrat enthält, hat sich meines Wissens bisher in der Praxis noch nicht einbürgern können.

Auch im Orsatapparat (Abb. 28) sind Meß- und Absorptionsraum getrennt. Sie stehen jedoch in dauernder Verbindung miteinander. Der Orsatapparat dient in seiner einfachen Ausführung fast ausschließlich der Untersuchung von Rauchgasen[1]). Entsprechend dem Zwecke des Apparates, zur Analyse von Rauchgasen zu dienen, trägt er nur drei Absorptionsgefäße, wie aus der Abbildung ersichtlich. Das erste Absorptionsgefäß ist mit Kalilauge, das zweite mit Natriumhydrosulfitlösung, das dritte mit ammoniakalischer Kupferchlorürlösung gefüllt.

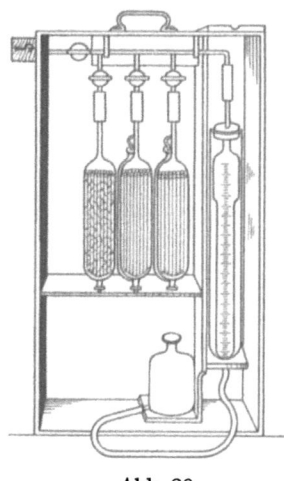

Abb. 28.

Die Rauchgasanalyse wird mit dem Orsatapparat in folgender Weise vorgenommen:

Man füllt zunächst das Meßrohr bei offenem Dreiwegehahn, schließt dann diesen und saugt durch Senken der Niveauflasche die einzelnen Absorptionsflüssigkeiten bis zu den Marken. Dann füllt man das Meßrohr bis zur Nullmarke und entfernt bei geschlossenem Dreiwegehahn durch Saugen mit dem Saugball die Luft aus der Gasleitung, öffnet den Dreiwegehahn und saugt durch Senken der Niveauflasche etwas mehr als 100 ccm Gas an, dann wird komprimiert, genau auf 100 eingestellt und der Überdruck durch kurzes Öffnen des Dreiwegehahnes entfernt. Das Gas drückt man alsdann mittels der Niveauflasche in die einzelnen Absorptionsgefäße nacheinander über und mißt die jedesmal stattgefundene Volumverminderung.

2. Heizwert.

Die Heizwertbestimmung von Gasen geschieht am genauesten mit dem Kalorimeter von Junkers[2]).

---

[1]) Zur Bestimmung von Generator- und Heizgasen, d. h. von solchen Gasen, die Wasserstoff und Methan enthalten, ist der Orsatapparat in verschiedener Ausführung abgeändert und erweitert worden. Alle diese Einrichtungen aber haben den Apparat kompliziert und unhandlich gemacht und damit verliert er seinen größten Vorteil, nämlich den der Einfachheit und Bequemlichkeit.

[2]) Das Junkersche Gaskalorimeter wird in den Handel gebracht von der Firma Junkers & Co. in Dessau.

Die Aufstellung des Kalorimeters mit seinen verschiedenen Hilfsapparaten ergibt sich aus Abb. 29.

Zur Bestimmung des Heizwertes läßt man eine bestimmte Menge Gas (G Liter) innerhalb eines wasserdurchspülten Blechmantels verbrennen, mißt die Menge (W Liter) und die Temperaturerhöhung des Kühlwassers ($T_1 - T_2$) und ferner die Menge des bei der Verbrennung selbst gebildeten Wassers (w ccm). Aus diesen verschiedenen Daten läßt sich dann der obere und untere Heizwert des Gases leicht berechnen. Der obere Heizwert von 1 cbm Gas $= 1000 \cdot \dfrac{W}{G} \cdot (T_1 - T_2)$.

In diesem oberen Heizwert ist diejenige Wärme mitgemessen, die bei der Kondensation des in den Verbrennungsgasen enthaltenen Wasserdampfes entsteht. Um nun auch den unteren Heizwert[1]) feststellen zu können, braucht man nur das Kondensationswasser, welches durch das am Boden des Kalorimeters befindliche Röhrchen f abfließt, in einer kleinen Mensur aufzufangen; man multipliziert die Anzahl Kubikzentimeter des bei der Verbrennung von 1 Liter Gas gebildeten Kondensations-

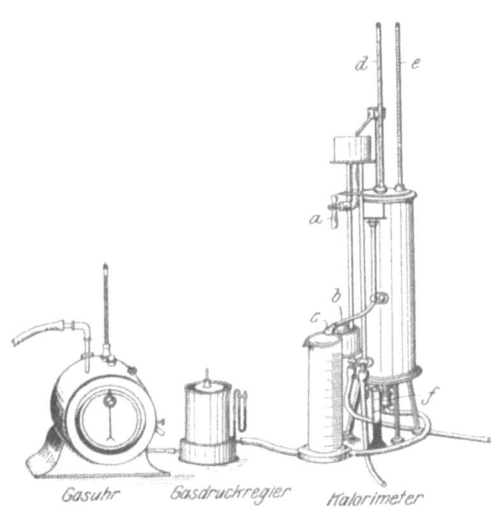

Abb. 29.

wasser mit 600 und zieht die so erhaltene Zahl von dem mit dem Kalorimeter gefundenen Heizwert eines Kubikmeters Gas ab. Der untere Heizwert von 1 cbm Gas ist also

$$= 1000 \cdot \dfrac{W}{G} \cdot (T_1 - T_2) - \dfrac{W}{G} \cdot 600.$$

---

[1]) Der untere Heizwert, auch der praktische Heizwert genannt, kommt überall da in Frage, wo die Heizgase mit Temperaturen von über 65° abgehen, was in der Praxis fast immer der Fall ist.

Nachdem die einzelnen Teile miteinander durch Schlauchleitungen verbunden sind, leitet man durch Öffnen des oberen Einstellhahnes a Wasser in das Kalorimeter ein. Durch die in der oberen Tasse angebrachte Überlaufsvorrichtung wird erreicht, daß stets eine unveränderliche Wasserdruckhöhe vorhanden ist. Das Kalorimeter ist gefüllt, wenn das Wasser durch den Schwenkarm b in die untere seitliche Tasse c austritt. Nachdem man sich überzeugt hat, daß die Gasleitung dicht ist, nimmt man den Brenner heraus, zündet ihn außerhalb des Kalorimeters an und stellt ihn dann wieder in dasselbe hinein. Die Größe der Flamme ist je nach dem Heizwert der Gase zu regulieren. Bei Kokereigas läßt man 100—250 Liter pro Stunde, bei Generatorgas 600—900 Liter pro Stunde verbrennen. Die Schnelligkeit des Wasserdurchflusses ist so zu regeln, daß die an den Thermometern d und e abgelesene Temperaturdifferenz des ein- und austretenden Wassers 10—20° beträgt.

Bei Einführung des Brenners in das Kalorimeter steigt zunächst die Temperatur des Abflußwassers, bis sie nach einigen Minuten ihren Stillstand erreicht hat.

Damit sind alle Vorbereitungen zur eigentlichen Bestimmung getroffen.

In dem Augenblicke, in dem der Zeiger der Gasuhr durch eine ganze Zahl geht, leitet man durch schnelles Umschwenken des Schwenkarmes b das ausfließende Wasser von der Tasse c in das davorstehende große Meßgefäß. In regelmäßigen Zwischenräumen liest man die Temperatur an beiden Thermometern ab um ein genaues Mittel zu erhalten, wenn kleine Temperaturschwankungen auftreten sollten. Sobald die Gasuhr anzeigt, daß eine bestimmte Gasmenge, etwa 3—5 Liter, verbrannt ist, dreht man den Schwenkarm wieder über die Tasse c zurück. An dem Meßgefäß läßt sich direkt die Menge des durchgeflossenen Wassers ablesen und damit sind alle notwendigen Unterlagen zur Berechnung des Heizwertes gegeben.

3. Staubbestimmung im Gichtgas[1]).

a) Gereinigtes Gas.

Seitdem die Gichtgase allgemein Verwendung für den Gasmotorenbetrieb finden und für diesen Zweck möglichst staubfrei sein müssen, ist eine regelmäßige Bestimmung des in den Gichtgasen enthaltenen Staubes unerläßlich.

---

[1]) Siehe Berichte der Chemiker-Kommission vom Verein deutscher Eisenhüttenleute 1911, Dr. O. Johannsen, Bericht Nr. 6.

Bekannt sind folgende Methoden: 1. Filtration durch eine zusammenhängende dünne Filterschicht (Filtrierpapier), 2. Filtration durch Schüttstoffe und 3. Abscheiden des Staubes durch Waschen mit Wasser. Nur die erste Methode liefert richtige und einwandsfreie Resultate. Daher soll auch nur diese Methode näher beschrieben werden.

Die Entnahme der Gasprobe soll möglichst nahe an der Verbrauchsstelle erfolgen, demnach nahe an dem Gasmotor, da sich unterwegs in den Gasleitungen noch kleinere oder größere Mengen von Staub absetzen.

Die Filtration durch Filtrierpapier geschieht entweder durch solches in Scheibenform, also gewöhnliche Filter oder nach Simon durch Extraktionshülsen, die von Schleicher & Schüll in den Handel gebracht sind.

Vom Filtrierpapier reicht die Qualität aus, welche der Marke Nr. 589 Weißband der Firma Schleicher & Schüll entspricht.

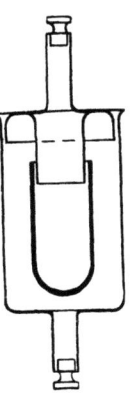

Abb. 30.

Dieselbe Firma bringt auch die Extraktionshülsen in den Handel und zwar drei Gattungen, mit einfacher, doppelter und dreifacher dichter Einlage, wovon die erste Sorte schon vollständig hinreicht.

1. Verwendung von Filtrierpapier. Das Gichtgas wird, wenn es nicht genügend Druck besitzt, mittels einer Gasuhr durch ein zweiteiliges Gehäuse, das mit Ein- und Ausgangsrohr versehen ist, hindurch gesaugt. Die beiden Teile haben einen Flansch mit glatter Dichtungsfläche und wird zwischen denselben das Filter eingespannt. Dasselbe ist an beiden Seiten am Flanschen durch Gummiringe gedichtet. Um ein Durchreißen des Filters zu verhindern, empfiehlt es sich, unter diesem ein feinmaschiges Messingdrahtnetz anzubringen.

2. Anwendung von Extraktionshülsen. Diese Hülsen werden in einem aus der Zeichnung ohne weiteres verständlichem Glasgehäuse befestigt.

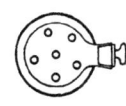

Abb. 31.

Außer dem Simonschen Apparat (Abb. 30) bewährt sich gut die Abänderung nach Dr. Dawe (Abb. 31), welche noch handlicher ist.

Bei nassen Gasen empfiehlt es sich, die Apparate, welche das Filtrierpapier oder die Extraktionshülsen enthalten, in einem heizbaren Blechkasten unterzubringen. Die Heizung erfolgt durch eine elektrische Glühlampe. Die Temperatur darf nicht über 100° gehalten werden, besonders wenn wie aus nachfolgendem zu entnehmen ist, die Bestimmung der Staubmenge nachher nur durch Trocknen und Wägen und nicht durch Veraschung des Filters erfolgt.

Zu jedem Versuche soll eine Gasmenge von mindestens 500 Liter, möglichst aber sogar über 1 cbm angewandt werden.

Die Bestimmung der Staubmenge kann auf zweierlei Arten erfolgen.

1. Durch Trocknen. Die Filter bzw. die Hülsen werden vor und nach dem Versuche bei einer 100° C nicht übersteigenden Temperatur getrocknet und gewogen. Wenn zwar die Wägung an sich völlig einwandsfrei ist, ist es doch schwer möglich, Papier auf gleichbleibendes Gewicht zu bringen. Es stellt sich beim Trocknen ein Gleichgewicht zwischen der relativen Feuchtigkeit der Außenluft und der Dampfspannung des in der Zellulose enthaltenen Wassers ein. Auch tritt beim andauernden Erhitzen auf wenig über 100° C ein langsamer Zerfall der Zellulose unter Verkohlung ein. Die Temperatur darf deshalb 100° C nicht überschreiten und muß konstant bleiben. (Siehe Fußnote S. 158.)

2. Durch Veraschen nach Martius. Das Filtrierpapier bzw. die Extraktionshülsen werden bei möglichst niedriger Temperatur verascht. Von dem Gewicht des Glührückstandes kommt das Aschengewicht des Filters oder der Hülse in Abzug.

Diese Bestimmung hat den Vorteil der Sicherheit, sie fällt aber um die Menge des Glühverlustes zu niedrig aus. Einerseits aber ist dieser in dem Staube, der kurz vor den Gasmotoren genommen ist, nicht bedeutend, anderseits kann man sich auch von dem Staube an der Stelle der Probeentnahme eine größere Menge besorgen und den Glühverlust in der bei 100° C getrockneten Probe bestimmen. Er muß dann bei der Berechnung Berücksichtigung finden. Da der Staub, was den Glühverlust angeht, an der gleichen Stelle der Probeentnahme sich nur wenig ändern wird, kann der gefundene Glühverlust für längere Zeit in Rechnung gesetzt werden.

Die von Dr. O. Johannsen veröffentlichten Kontrollanalysen beweisen, daß beide Bestimmungsmethoden bei genauer Durchführung richtige Resultate geben.

b) Rohgas.

Unmittelbar an der Gicht kann man keine Staubbestimmungen ausführen, da der Gichtstaub beim ruckweisen Fällen der Gichten unregelmäßig herausgeschleudert wird und in gar keinem Zusammenhange mit der während derselben Zeit aus dem Ofen entströmenden Gichtgasmenge steht.

In dem von der Gicht abwärts führenden Vertikalrohr kann die auf eine Zeiteinheit bezogene Menge von schwerem Gichtstaub festgestellt werden, indem man in dieses Rohr eine kleine Flasche einführt, den darin aufgefangenen Staub in einer bestimmten Zeit ermittelt und unter Berücksichtigung der Weite des Flaschenhalses auf den Querschnitt des ganzen Rohres berechnet. Diese erhaltenen Resultate stimmen mit den Betriebsergebnissen überein.

Staubbestimmungen in Rohgasen durch Filtration liefern erst dann verläßliche Resultate, wenn der grobe Staub sich bereits abgesetzt hat, d. h. wenn das Gas eine längere Rohrleitung passiert hat und so dem groben Staub Gelegenheit und Zeit gegeben wird, sich niederzuschlagen.

Hier empfiehlt es sich, Scheiben aus Filtertuch zu verwenden und sie nicht horizontal, sondern vertikal einzuspannen. Der Staub setzt sich auf dem Filtertuch ab und wird von dort durch einen Schüttelapparat von Zeit zu Zeit abgeklopft. Staub und Filtertuch werden nach Beendigung des Versuches verascht und das Gewicht der Tuchasche abgezogen.

14. Wasseruntersuchung.

A. Ungereinigtes Wasser.

Um festzustellen, ob ein Wasser ohne vorherige Reinigung direkt als Kesselspeisewasser Verwendung finden kann, ist eine Bestimmung seiner Härte erforderlich. Unter der Härte eines Wassers versteht man die in ihm gelösten CaO- und MgO-Verbindungen, letztere auf äquivalente Mengen CaO umgerechnet. 40 Teile MgO entsprechen 56 Teilen CaO, mithin sind die Prozente an MgO mit 1,4 zu multiplizieren.

Man unterscheidet deutsche und französische Härtegrade:

1 deutscher Härtegrad = 10 mg CaO oder der äquivalenten Menge MgO = 7,13 mg MgO in 1 Liter Wasser.

1 französischer Härtegrad = 10 mg $CaCO_3$ oder äquivalenten Menge $MgCO_3$ = 8,4 mg $MgCO_3$ in 1 Liter Wasser.

Man unterscheidet die permanente und die temporäre Härte. Unter der permanenten Härte oder Mineralsäurehärte versteht man die Härte, die hervorgerufen wird durch Anwesenheit von Erdalkalisalzen der starken Säuren, wobei hauptsächlich $CaSO_4$ in Betracht kommt. Die temporäre Härte oder Karbonathärte ist bedingt durch Erdalkalibikarbonate. Man nennt diese letztere Härte temporär, weil die Erdalkalikarbonate im Wasser in Form von Bikarbonaten gelöst sind und beim Kochen des Wassers sich abscheiden im Gegensatz zu den Erdalkalisalzen der starken Säuren, die beim Kochen in Lösung bleiben. Die Gesamthärte umfaßt die Mineralsäure- und Karbonathärte.

1. Bestimmung der Karbonathärte.

Diese Bestimmung erfolgt durch Titration nach Hehner[1]).

Man titriert 100 ccm des zu untersuchenden Wassers unter Zugabe von einigen Tropfen Methylorange, am besten in einer weißen Porzellanschale oder in einem Becherglas mit weißer Unterlage mit $^1/_{10}$ Normalschwefelsäure (Titerlösung 9, S. 190) bis zum Farbenumschlag. Aus der verbrauchten Anzahl Kubikzentimeter ergibt sich der Gehalt des Wassers an Karbonat. Da 1 ccm $^1/_{10}$ Normal-H_2SO_4 0,0050 mg $CaCO_3$ oder 0,0028 mg CaO entspricht, so ergibt sich bei einer Bestimmung von 100 ccm Wasser die Anzahl der deutschen bzw. französischen Härtegrade durch Multiplikation der verbrauchten Anzahl Kubikzentimeter $^1/_{10}$ Normal-H_2SO_4 mit 2,8 bzw. 5.

2. Bestimmung der Mineralsäurehärte.

Man versetzt 100 ccm des zu untersuchenden Wassers mit überschüssiger $^1/_{10}$ Normalnatriumkarbonatlösung (Titerlösung 8, S. 190), dampft auf dem Wasserbade zur Trockne, löst in ausgekochtem, d. h. kohlensäurefreiem Wasser, filtriert, wäscht aus, läßt erkalten und titriert im Filtrat den Überschuß an Natriumkarbonat mit $^1/_{10}$ Normalschwefelsäure (Titerlösung 9, S. 190) zurück. Die Differenz zwischen der verbrauchten Anzahl Kubikzentimeter Natriumkarbonatlösung und Schwefelsäurelösung gibt uns die Menge Natriumkarbonat, die zur Fällung der Erdalkalisalze verbraucht wurde, an.

Daraus errechnet sich in gleicher Weise wie oben der Gehalt an CaO bzw. $CaCO_3$.

Meistens berechnet man die Mineralsäurehärte als Differenz aus der Gesamthärte, welche nach einer der beim „Gereinigten Wasser" beschriebenen Methode bestimmt wird und der Karbonathärte.

---

[1]) Ein Gehalt an Alkalikarbonat verursacht bei Anwendung dieser Methode unrichtige Resultate, doch ist bei gewöhnlichen Gebrauchswässern ein derartiger Gehalt nicht zu befürchten.

B. Gereinigtes- und Kesselwasser.

Zur Reinigung des Wassers d. h. zur Verminderung der Härte behandelt man es mit Soda und Kalk. Der Zusatz dieser Reinigungsmittel muß so bemessen werden, daß seine Menge gerade hinreicht, die Kalk- und Magnesiasalze zur Ausfällung zu bringen. Ein Überschuß ist schädlich und deshalb sorgfältig zu vermeiden. Deshalb ist eine ständige Untersuchung zu empfehlen, aber nicht nur des enthärteten, sondern auch des Kesselwassers, da sich in diesem die Überschüsse anreichern und schädlich wirken können. So geht überschüssige Soda im Kessel unter Abgabe von Kohlensäure in Natronhydrat über, das den Kessel angreifen kann.

Das gereinigte Wasser kann enthalten:

1. Unausgeschiedene Bikarbonate.
2. Unausgeschiedene Mineralsalze von CaO und MgO.
3. Gelöstes Kalk- und Magnesiumkarbonat.
4. Überschüssige Soda.
5. Überschüssigen Kalk.

Im Kesselwasser kann außer diesen Stoffen durch Abspaltung der Kohlensäure aus der Soda entstandene Natronlauge enthalten sein.

Die Bestimmung aller dieser Stoffe geschieht nach Blacher[1]) und seinen Schülern am besten in nachstehender Weise.

Das Wasser wird zunächst mit Phenolphtalein und $^1/_{10}$ Norm. HCl bis auf farblos titriert, dann die Methylorangealkalität bestimmt, darauf die Kohlensäure entfernt und mit Kaliumpalmitat die Härte bestimmt. Die im Wasser vorhandenen Hydrate werden mit Phenolphtalein und Salzsäure glatt bis auf Neutralsalz titriert, können also nicht mehr auf Methylorange einwirken. Die Soda hingegen wird bis zum Bikarbonat titriert, mit Methylorange dagegen vollständig zersetzt. Der Methylorangewert ist also bei Soda der doppelte vom Phenolphtaleinwert.

Durch Vergleich des Phenolphtaleinwertes, des Methylorangewertes und der Härtegrade, welche man alle in Härteäquivalenten ausdrückt, ergeben sich dann die Gehalte an den einzelnen Körpern, wie unten gezeigt werden wird.

Das Verfahren führt man in folgender Weise aus:

---

[1]) Rigaische Industriezeitung, oben entnommen aus: Die chemische Untersuchung von Wasser und Abwasser von Dr. J. Tillmanns 1905, S. 143 u. f. Verl. Wilh. Knapp, Halle (Saale).

200 ccm Wasser werden mit 1 ccm einer Phenolphtaleinlösung, welche 350 mg Phenolphtaleinlösung im Liter Alkohol[1]) enthält (Lösung 15, S. 185) versetzt. Dann wird bis zur Entfärbung titriert. Die verbrauchten Kubikzentimeter Salzsäure mit 1,4 multipliziert ergeben den Wert P, das heißt Phenolphtaleinwert in deutschen Graden.

Darauf setzt man zwei Tropfen Methylorange (Lösung 16, S. 135) zu und titriert bis zum Umschlag des Indikators auf rotbraun. Der Gesamtsäureverbrauch (also einschließlich der bei der Phenolphtaleintitration verbrauchten Säure) multipliziert mit 1,4 ergibt den Wert M, das heißt Methylorangewert in deutschen Graden.

Man jagt nun durch Aufkochen oder durch ein Gummigebläse die Kohlensäure aus der Lösung fort, gibt so lange $^1/_{10}$ Norm. Alkali zu, bis die Flüssigkeit eben phenolphtaleinrot ist, und titriert dann mit Kaliumpalmitat (Titerlösung 12, S. 192), bis zum Bestehenbleiben der roten Farbe[2]).

Die dabei verbrauchten Kubikzentimeter $^1/_{10}$ Normalkaliumpalmitat ergeben mit 1,4 multipliziert den Wert H, das heißt die Gesamthärte in deutschen Graden.

Tillmanns hat für die Deutung dieser Zahlen P, H und M folgendes Schema aufgestellt:

I. M = H.
  Keine Alkalien und keine bleibende Härte vorhanden.
  M besteht ausschließlich aus überschüssigem Kalkhydrat oder gelöstem Kalkmagnesiakarbonat oder Bikarbonaten.
  1. M = P.
    M besteht nur aus überschüssigem Kalkhydrat.
                                            Zuviel Kalk.
  2. M = 2 P.
    M besteht nur aus gelöstem Kalkmagnesiakarbonat.
                                            Zusatz richtig.
  3. P = 0.
    M besteht nur aus Bikarbonaten.
                                            Zuwenig Kalk.
  4. 2 P größer als M.
    M besteht aus Mischung von überschüssigem Kalkhydrat und gelöstem Kalkmagnesiakarbonat.
    Kalkmagnesiakarbonat = (M — P) · 2.
    Überschüssiges Kalkhydrat = M — (M — P) · 2.
                                            Zuviel Kalk.

---

[1]) Nach Tillmanns und Heublein muß diese Phenolphtaleinstärke gewählt werden.

[2]) Vor dieser Titration fügt man zweckmäßig stärkeres Phenolphtalein zu.

Wasseruntersuchung.

5. 2 P kleiner als M.
M besteht aus Mischung von Kalkmagnesiakarbonat und Bikarbonaten.
Kalkmagnesiakarbonat = 2 P.
Bikarbonat = M — 2 P.
  Zuwenig Kalk.

II. M kleiner als H.
Bleibende Härte vorhanden.
H — M = bleibende Härte.
Die sonstigen Deutungen wie unter I.
  Zuwenig Soda.

III. M größer als H.
Dann ist M außer durch alkalisch reagierende Kalkmagnesiaverbindungen durch Alkalien (Natronlauge oder Soda) veranlaßt. Keine bleibende Härte.
1. M = P.
M besteht aus Natronlauge und Kalkhydrat.
Kalkhydrat = H.
Natronlauge = M — H.
  Zuviel Kalk und zuviel Soda.
  (Natronlauge entstanden aus Soda.)
2. M = 2 P.
M besteht aus Soda und Kalkmagnesiakarbonat.
Kalkmagnesiakarbonat = H.
Soda = M — H.
  Zuviel Soda.
3. 2 P größer als M.
M besteht aus Natriumhydroxyd und Kalkmagnesiakarbonat.
Kalkmagnesiakarbonat = (M — P) · 2.
Natronlauge = M — (M — P) · 2.
Natronlauge auch = M — H.
  Zuviel Soda.
4. 2 P kleiner als M.
Dann ist Natriumbikarbonat vorhanden neben gelöstem Kalkmagnesiakarbonat.
Natriumbikarbonat = M — 2 P.
Kalkmagnesiakarbonat = H.
  Zuwenig Kalk.

IV. H = 0.
Dann ist M nur durch Alkalisalze veranlaßt. Keine Härte.
1. M = P.
M besteht nur aus Natronlauge.
  Zuviel Soda.

2. $M = 2P$.
M besteht nur aus Soda.
Zuviel Soda.
3. $2P$ größer als M.
M besteht aus Mischung von Natronlauge und Soda.
Soda $= (M - P) \cdot 2$.
Natronlauge $= M - (M - P) \cdot 2$.
Zuviel Soda.
4. $2P$ kleiner als M.
M besteht aus Mischung von Natriumbikarbonat und Soda.
Natriumbikarbonat $= M - 2P$.
Soda $= 2P$.
Zuwenig Kalk und zuviel Soda.

Für Kesselwasser hält Blacher eine bleibende Härte bis zu 3°, einen Sodaüberschuß bis zu 3° und einen Laugeüberschuß bis 4° zulässig. Um die Grade auf die betreffenden Substanzen auszudrücken, braucht man natürlich nur mit dem betreffenden Äquivalentgewicht zu multiplizieren und durch das Äquivalentgewicht des Kalkes zu dividieren und mit 10 zu multiplizieren. 1° Soda ist also $= 18,9$, 1° Kristallsoda $= 51,1$, 1° Natronlauge $= 14,3$ mg im Liter oder Gramm im Kubikmeter.

Blacher hat auch einen Apparat angegeben, der von den Vereinigten chemischen Fabriken, Berlin bezogen werden kann, der alle nötigen Reagenzien und Apparate enthält, um diese Untersuchungen am Kessel selbst durch einen intelligenten Arbeiter vornehmen zu lassen. Die $1/10$ Norm. Säure und das Kaliumpalmitat befinden sich in Tropfflaschen, die so eingestellt sind, daß jedesmal ein Tropfen bei der Säure bzw. zwei Tropfen bei der alkoholischen Palmitatlösung 1° entsprechen. Dieser Apparat wurde von Prof. Dr. Tillmanns eingehend geprüft und wird von ihm wärmstens empfohlen.

Schnellmethode zur Bestimmung der Gesamthärte nach Clark mit Seifenlösung[1]).

Das Verfahren ist schon sehr alt; es ist zunächst viel angewendet worden, dann als unwissenschaftlich in Mißkredit gekommen, wird aber neuerdings viel wieder angewendet, nach-

---

[1]) Entnommen aus: Die chemische Untersuchung von Wasser und Abwasser von Dr. Tillmanns, 1905, S. 130/131. Verlag Wilh. Knapp, Halle (Saale).

dem Klut[1]) und andere gezeigt haben, daß das Verfahren, unter gleichen Versuchsbedingungen angewendet, recht günstige Werte liefert.

100 ccm des zu untersuchenden Wassers, unter Umständen weniger, mit destilliertem Wasser auf 100 verdünnt, bringt man in eine mit einem Glasstöpsel verschlossene Flasche von etwa 200 ccm Inhalt. Man tropft dann aus einer Bürette Clarksche Seifenlösung zu Titerlösung 13, S. 193 und schüttelt nach jedesmaligem Zusatz kräftig durch. Die Kalk- und Magnesiasalze des Wassers werden als unlösliche Kalk- und Magnesiaseifen ausgefällt. Ein Überschuß von Seife zeigt sich beim Schütteln durch einen sich bildenden dichten Schaum an. Der Schaum muß mindestens 5 Minuten lang wesentlich unverändert auf der Oberfläche der Flüssigkeit sich halten. Im allgemeinen soll man soviel Wasser anwenden, daß etwa 45 ccm Seifenlösung verbraucht werden. Man multipliziert dann mit dem Verdünnungsfaktor und entnimmt die Härtegrade aus der nachstehenden Tabelle.

Seifenlösung ccm	Härtegrade	Differenz	Seifenlösung ccm	Härtegrade	Differenz
1,4	0,00	—	24	5,87	0,27
2	0,15	0,15	25	6,15	0,28
3	0,40	0,25	26	6,43	0,28
4	0,65	0,25	27	6,71	0,28
5	0,90	0,25	28	6,99	0,28
6	1,15	0,25	29	7,27	0,28
7	1,40	0,25	30	7,55	0,28
8	1,65	0,25	31	7,83	0,28
9	1,90	0,25	32	8,12	0,29
10	2,16	0,26	33	8,41	0,29
11	2,42	0,26	34	8,70	0,29
12	2,68	0,26	35	8,99	0,29
13	2,94	0,26	36	9,28	0,29
14	3,20	0,26	37	9,57	0,29
15	3,46	0,26	38	9,87	0,30
16	3,72	0,26	39	10,17	0,30
17	3,98	0,26	40	10,47	0,30
18	4,25	0,27	41	10,77	0,30
19	4,52	0,27	42	11,07	0,30
20	4,79	0,27	43	11,38	0,31
21	5,06	0,27	44	11,69	0,31
22	5,33	0,27	45	12,00	0,31
23	5,60	0,27			

---

[1]) Mitteilungen aus der Königl. Prüfungsanstalt für Wasserversorgung und Abwässerbeseitigung, 1908, Heft 10, S. 75.

15. Weißmetalle, Bronzen.
A. Weißmetalle.

Hauptbestandteile Sn, Sb neben Pb, Cu, Fe und selten Bi und Zn.

a) Gewichtsanalytische Untersuchung.

1 g löst man in mit Br gesättigter HCl (1,19) unter Zusatz von 2 g in fester Form zugesetzter Weinsäure bis zur vollständigen Lösung, dampft vorsichtig ab unter Vermeidung von Siedehitze, nimmt dann mit heißem Wasser auf. Hierauf macht man mit KOH ganz schwach alkalisch und versetzt die kochend heiße Lösung mit einer gleichfalls kochenden Lösung von Na_2S (10%ig) im deutlichen aber nicht zu hohem Überschuß, läßt absitzen, mischt noch zweimal nach vorherigem Absetzen gut durch und filtriert unter dreimaligem Dekantieren mit heißer, annähernd 5%iger Na_2S-Lösung und nachherigem Auswaschen mit dieser Lösung. Bei Einhaltung dieser Vorschrift setzt sich der Niederschlag von PbS, CuS, FeS und ZnS gut ab, geht nicht durchs Filter und filtriert sich leicht. Man konzentriert die Lösung durch Abdampfen, spült sie in einen Meßkolben von 500 ccm, füllt bis zur Marke, schüttelt gut durch, nimmt einen aliquoten Teil, welcher nicht mehr als 0,3 g Sb + Sn enthalten darf und trennt beide voneinander nach der Methode von Clarke. Die Trennung des Sn vom Sb bereitete früher große Schwierigkeiten, gelingt nach dieser Methode bei genauer Durchführung immer sehr gut und ist nur eine einmalige Trennung nötig.

Nun fügt man 6 g reinstes KOH und 3 g Weinsäure hinzu. Nachdem beide gelöst sind, läßt man aus einer Bürette solange reinstes 30%iges H_2O_2 (Perhydrol) unter Umschwenken des Becherglases langsam zufließen, bis die gelbe Lösung vollständig entfärbt ist und gibt dann noch 1 ccm als Überschuß zu. Nachher kocht man, um etwa vorhandenes Thiosulfat in Sulfat überzuführen und den größten Teil des überschüssigen H_2O_2 zu zerstören. Es darf keine starke O-Entwicklung mehr stattfinden. Man kühlt etwas ab und fügt für je 0,1 g des Metallgemisches bei aufgelegtem Uhrglase vorsichtig eine heiße Lösung von 5 g reinster umkristallisierter Oxalsäure hinzu, wobei eine reichliche Gasentwicklung (CO_2 und O_2) stattfindet. Um die letzten Anteile H_2O_2 völlig zu zerstören, erhitzt man die Flüssigkeit 10 Minuten zum kräftigen Sieden, auch kocht man soweit ein, daß das Volumen nur 80—100 ccm beträgt. In die siedende Flüssigkeit, was eine Hauptbedingung für eine gute

Trennung ist, leitet man einen kräftigen Strom von H_2S ein. Es entsteht zunächst eine weiße Trübung, aber nach 5—10 Minuten färbt sich die Lösung orange und das Sb_2S_3 fällt rasch aus. Man setzt das Einleiten von H_2S fort und nach weiteren 15 Minuten verdünnt man mit siedend heißem Wasser auf 250 ccm. Ohne das Einleiten zu unterbrechen, nimmt man nach 15 Minuten die Flamme fort und beendigt das Einleiten nach weiteren 10 Minuten. Man filtriert rasch und wäscht mit 1%iger heißer, mit H_2S gesättigter Oxalsäure. Nun löst man den Niederschlag in NH_3 und die letzten Spuren in ganz verdünnten Schwefelammon, konzentriert die Lösung, spült sie in einen gewogenen Porzellantiegel, dampft zur Trockne, oxydiert den Niederschlag, anfangs mit verdünnter HNO_3 (1,2), damit die Reaktion nicht zu stürmisch ist, dann mit rauchender HNO_3, dampft zur Trockne ab und glüht bei 700—800°, indem man den Tiegel in einen größeren, mit einer durchlochten Asbestscheibe versehenen, so hineinsteckt, daß zwischen den Böden der beiden Tiegel ein Zwischenraum bleibt. Zur Wägung kommt hier das Sb als Sb_2O_4 mit 78,97% Sb.

Zur Bestimmung des Sn macht man das Filtrat von Sb ammoniakalisch, versetzt mit etwas Schwefelammon, bis die Lösung deutlich danach riecht und fällt das Sn als SnS_2 mit Essigsäure, leitet einige Zeit CO_2 hindurch, läßt absitzen, wäscht erst mehrere Male mit heißem Wasser durch Dekantation, später noch vollständig auf dem Filter, trocknet, glüht in einem Porzellantiegel und wägt das Sn als SnO_2 mit 78,80% Sn.

Das Sn kann auch sehr gut elektrolytisch als Metall bestimmt werden[1]). Das Filtrat von Sb_2S_3 wird auf annähernd 150 ccm eingedampft, die überschüssige Oxalsäure fast ganz mit NH_3 neutralisiert und in der Hitze elektrolysiert.

Die in Na_2S unlöslichen Sulfide von Sb, Cu, Bi, Zn und Fe werden vom Filter mit heißer verdünnter HNO_3 abgespült, das Filter nach dem Durchtränken mit NH_4NO_3 getrocknet, bei niedriger Temperatur verascht und der Glührückstand zur Lösung hinzugefügt, mit HNO_3 (1,4) versetzt und abgedampft. Dann versetzt man mit H_2SO_4, dampft weiter ab bis zum deutlichen Abrauchen, kühlt ab, verdünnt vorsichtig mit H_2O, um das Ausfällen von basischem $Bi(OH)_3$ zu vermeiden, läßt nach weiterem Zusatz von Alkohol, um die vollständige Fällung des Pb zu erlangen, einige Stunden stehen, filtriert und wäscht zuerst mit H_2SO_4-haltigem kalten Wasser zum Schlusse mit Alkohol aus.

---

[1]) Treadwell, Quantitative Analyse, 5. Aufl., 1911, S. 207.

Man filtriert entweder den Niederschlag auf ein bei 100° C getrocknetes und dann gewogenes Filter, trocknet wieder bei dieser Temperatur und wägt, oder man entfernt den getrockneten Niederschlag möglichst gut vom Filter, verascht dieses in einem gewogenen Porzellantiegel. Um etwa dabei reduziertes Pb in $PbSO_4$ umzuwandeln, tropft man etwas HNO_3 (1,4) darauf und erhitzt den mit einem Uhrglas zugedeckten Tiegel. Sobald sich nichts mehr löst, fügt man einige Tropfen H_2SO_4 (1,1) hinzu und dampft zur Trockne ab. Dann gibt man den Niederschlag in den Tiegel hinzu und glüht bei schwacher Rotglut aus.

$PbSO_4$ enthält 68,32 % Pb.

Das Filtrat von $PbSO_4$ befreit man durch Kochen vom Alkohol, macht deutlich salzsauer und fällt bei annähernd 70° C das Cu und Bi mit H_2S als Sulfide. Bei Gegenwart von Zn in der Legierung setzt man dem H_2S-Wasser, mit welchem der Niederschlag ausgewaschen wird, etwas HCl dazu, um geringe Mengen von vielleicht mit gefallenem Zink herauszulösen. Die Sulfide von Cu und Bi werden in HNO_3 (1,2) gelöst, dann mit NH_3 und $(NH_4)_2CO_3$ das Bi gefällt, das nach dem Filtrieren und Auswaschen durch schwaches Glühen in einem Porzellantiegel in Bi_2O_3 übergeführt wird. Bi_2O_3 enthält 89,66 % Bi.

Das Filtrat von Bi wird schwach salzsauer gemacht und Cu mit H_2S gefällt. Der filtrierte und mit H_2S-Wasser gewaschene Niederschlag wird, wenn seine Menge sehr klein ist, direkt geglüht und als CuO gewogen. Sind aber größere Mengen von Cu vorhanden, so wird das elektrolytisch als metallisches Cu bestimmt. Man glüht den Niederschlag, dem, um ihn dann porös zu erhalten, beim Filtrieren etwas Filterschleim zugesetzt worden ist, in einem Porzellantiegel schwach aus, löst ihn in möglichst wenig NHO_3 (1,2) und elektrolysiert bei einer Stromstärke von 0,2—0,4 Ampère und 2 Volt je nach der Menge des vorhandenen Cu durch 6—12 Stunden.

Das Filtrat von Bi und Cu kocht man längere Zeit bis zur vollständigen Vertreibung des H_2S, oxydiert mit HNO_3 (1,4), fällt das Fe mit NH_3 und filtriert den Niederschlag. Bei beträchtlichen Mengen von Fe wird der Niederschlag nochmals in HCl gelöst und die Fällung wiederholt. Der gut ausgewaschene, geglühte und gewogene Niederschlag ist Fe_2O_3 und enthält 70,00 % Fe.

Das Filtrat von Fe wird essigsauer gemacht und das Zn in der heißen Lösung durch H_2S gefällt. Der gut abgesetzte Niederschlag wird auf ein Filter, auf das man vorher etwas

Filterschleim von aschenfreien Filtern gegeben hat, filtriert, mit heißer verdünnter $(NH_4)NO_3$-Lösung ausgewaschen, im Porzellantiegel bei schwacher Rotglut geglüht und gewogen. Ist der Niederschlag unrein, was man leicht an seiner Farbe erkennt, wird er in HCl gelöst und die Lösung nach dem Verdünnen durch NH_3 deutlich ammoniakalisch gemacht, das ausgeschiedene Fe abfiltriert, ausgeglüht und gewogen.

Das Filtrat davon macht man, wenn es blau gefärbt ist, salzsauer, fällt mit H_2S, filtriert das ausgeschiedene CuS, glüht und bringt es zur Auswage. Dieses Fe_2O_3 und CuO wird einerseits von dem ausgewogenen ZnO in Abrechnung gebracht, andererseits, auf Metall berechnet, den Hauptmengen von Fe und Cu hinzuaddiert.

ZnO enthält 80,345% Zn.

b) **Maßanalytische Bestimmung von Zinn und Antimon**[1]).

1. **Bestimmung von Zinn.** In einem Rundkölbchen von etwa 200 ccm Inhalt wird 1 g der Legierung in einem Gemisch von etwa 10 ccm konzentrierte Eisenchloridlösung und 50 ccm verdünnter Salzsäure (D. 1,12) unter Erwärmen gelöst. Nach erfolgter Auflösung verdünnt man die Probe mit 50 ccm salzsäurehaltigem Wasser, setzt etwa 1—2 g Eisenpulver hinzu, bedeckt das Kölbchen mit einem Uhrglas und läßt an einem mäßig warmen Orte (50—60° C) etwa 20 Minuten lang stehen. Das Zinn wird während dieser Zeit völlig reduziert unter gleichzeitiger quantitativer Abscheidung von Antimon und Kupfer als schwarzes, flockiges Pulver. Man läßt abkühlen (ein Überschuß von Eisenpulver muß immer vorhanden sein), filtriert durch ein sorgfältig hergestelltes Charpiefilter, auf das man etwas Eisenpulver streut und wäscht mit salzsäurehaltigem Wasser aus. Die Lösung wird nach Zusatz von 75 ccm Salzsäure (D. 1,12) kalt mit Eisenchloridlösung titriert. Zuerst ist keine Veränderung zu bemerken; wenn die gelbgrüne Farbe der Eisenlösung längere Zeit bis zum Verschwinden braucht, ein Zeichen, daß die Titration sich ihrem Ende nähert, setzt man 10 ccm Stärkelösung sowie 8—10 Tropfen Jodindikator hinzu und titriert unter jedesmaligem Hinzufügen eines Tropfens Indikatorlösung, bis ein neu hinzugefügter Tropfen Indikator sich blau färbt. Bei einer Legierung von unbekanntem Zinngehalt ist es ratsam, durch eine Vorprobe zuerst den ungefähren Verbrauch an Titerlösung zu ermitteln. Bei einiger Übung ist das Herannahen des Endpunktes

---

[1]) Nach F. Kurek und A. Flath. Chem. Ztg. 1918, S. 133.

der Titration auch leicht daran zu erkennen, daß beim Hinzufügen neuer Eisenchloridlösung und Versetzen mit einigen Tropfen Indikator sich an der Eintropfstelle ein braunschwarzer Schleier bildet, der beim Umschütteln sofort wieder verschwindet. Der Endpunkt der Titration zeigt sich aber, wie gesagt, an der Blaufärbung des einfallenden Indikatortropfens.

Titerstellung der Eisenchloridlösung. Als Titermaterial dient reinstes metallisches Zinn. Die Eisenchloridlösung stellt man zweckmäßig in der Stärke her, daß 1 ccm 0,01 g Zinn entspricht. Für die Einstellung der Lösung ist es notwendig, die Titereinwage möglichst dem ungefähren Zinngehalt der Probe anzupassen und mit dem Zusatz der Reagenzien genau so zu verfahren, wie bei der auszuführenden Bestimmung. Denn, wie aus folgenden Versuchszahlen hervorgeht, die Titerwerte weichen je nach der Menge des eingewogenen Titerzinns voneinander ab und fallen sie bei höheren Einwagen niedriger aus.

Eingewogene Menge Zinn in g	Verbrauch an $FeCl_3$-Lösung	1 ccm $FeCl_3$-Lösung entspricht Sn in g
0,2	19,5	0,010256
0,3	29,7	0,010100
0,4	39,7	0,010075
0,6	60,0	0,010000
0,8	80,7	0,009925

Würde man z. B. bei einer Legierung mit etwa 80 % Zinn den Titerwert nehmen, der bei einer Einwage von 0,3 g Titerzinn ermittelt wurde, so würde sich ein Zinngehalt von 80,3 %, hingegen beim richtigen Einsetzen des mit 0,8 g Titerzinn erhaltenen Titerwertes 79,8 % Zinn ergeben.

Herstellung der Lösungen. 1. Eisenchlorid zum Lösen der Probe: 1000 g $FeCl_3$ kryst. + 500 ccm HCl (1,12). 2. Eisenchlorid als Titerlösung: 175 g $FeCl_3$ kryst. + 100 ccm HCl (1,12) + 3900 ccm H_2O. 1 ccm $FeCl_3$ entspricht etwa 0,01 g Sn. 3. Salzsäurehaltiges Wasser zum Auswaschen: 100 ccm HCl (D. 1,12) auf 1 Liter H_2O. 4. Stärkelösung: 1 g Stärke in 200 ccm H_2O lösen. 5. Jodindikator: Man löst 30 g Jodkalium in 30 ccm H_2O und fügt zu der Lösung 30 g Jodwasserstoffsäure (D. = 1,5) und 10 g Kupferjodür. Der Indikator soll wasserklar sein und darf nicht gleich nach seiner Herstellung benutzt werden, sondern muß erst einige Tage stehen. Zur besseren Haltbarkeit stellt man in das Aufbewahrungsfläschchen, das möglichst immer im Dunkeln steht, einige Kupferstäbchen.

2. **Bestimmung von Antimon.** Zur Antimonbestimmung wird das Charpiefilter, auf dem sich neben dem überschüssigen Eisenpulver Kupfer und das gesamte Antimon befindet, in das Lösungskölbchen zurückgegeben und die Metalle durch Kochen mit Salzsäure unter Zusatz einiger Körnchen Kaliumchlorat in Lösung gebracht. Wenn durch hinreichend langes Kochen das freie Chlor verjagt ist, filtriert man die Filterreste ab und leitet in die Lösung Schwefelwasserstoff ein, wodurch neben Kupfer das Antimon quantitativ ausgefällt wird, während Eisen in Lösung bleibt. Die abfiltrierten Schwefelmetalle werden mit erwärmtem Schwefelnatrium behandelt, nach dem Abfiltrieren des zurückgebliebenen Schwefelkupfers zum Schwefelnatriumauszug 20 g Oxalsäure hinzugefügt und unter Erwärmen der Probe noch kurze Zeit Schwefelwasserstoff eingeleitet. Das abfiltrierte Schwefelantimon wird in heißer Salzsäure gelöst und zwecks vollständiger Reduktion das Kochen mit Salzsäure bis zur starken Konzentration der Lösung fortgesetzt. Dann gibt man etwa 50 ccm Salzsäure (D. 1,12) hinzu und titriert in heißer Lösung mit Kaliumbromat unter Zusatz von 3—4 Tropfen Methylorange (1:1000) als Indikator bis zum Verschwinden der Rotfärbung.

Zur Herstellung der Kaliumbromatlösung werden 2,785 g vorher umkristallisiertes Salz in 1000 ccm H_2O gelöst. 1 ccm $KBrO_3$-Lösung = 0,006 g Sb. Durch Versuche mit Antimonlösungen, deren Antimongehalt durch Gewichtsanalyse genau ermittelt worden war, wurde festgestellt, daß die Kaliumbromatlösung genau den obigen Wirkungswert besitzt.

c) **Schnelle Betriebsmethode zur Bestimmung von Zinn und Antimon**[1]**.**

Zinn wird bestimmt durch Oxydation von 0,5 g Legierung mit 5—10 ccm HNO_3 (1:1), Eindampfen zur Sirupdicke, Hinzufügen von 15 ccm verdünnter HNO_3, einige Minuten langes Kochen, Verdünnen auf etwa 200 ccm und nochmaliges Kochen. Dann wird durch einen gewogenen Goochtiegel abfiltriert, zuerst mit heißer Salpetersäure und dann mit heißem Wasser ausgewaschen. Den Tiegel trocknet man und glüht ihn hierauf 10 Minuten bei Rotglut. Der geglühte Niederschlag enthält neben SnO_2 das Antimon als Sb_2O_4 und etwa vorhandenen Phosphor, ebenso Spuren von Kupfer, und Blei, deren Mengen aber bei dieser Arbeitsweise keine großen Fehler verursachen. Das Filtrat vom Zinnhydroxyd kann zu einer Kupferkontrollbestimmung verwandt werden.

[1] Entnommen aus Fresenius Zeitschr. f. anal. Chemie 1919, S. 172.

Antimon wird bestimmt, indem 0,5 g feiner Späne in einem 300 ccm Kjeldahlkolben mit 25 ccm konz. Schwefelsäure gekocht werden, bis klare Lösung erfolgt oder der Rückstand weiß ist. Nach dem Abkühlen fügt man 100 ccm Wasser zu, kocht einige Minuten, gibt den Kolbeninhalt in ein 400 ccm Becherglas, verdünnt auf 200 ccm und titriert bei $70°$ C mit einer Permanganatlösung von bekanntem Gehalt. Hiervon setzt man einige Kubikzentimeter im Überschuß zu und titriert mit einer eingestellten Ferroammoniumsulfatlösung zurück.

B. Rotguß und Bronzen.

Der Hauptbestandteil in Rotguß und Bronzen ist Cu. Weiter ist im Rotguß Zn und in den Bronzen Sn in größerer Menge enthalten. Nebenbestandteile können in beiden Fällen sein Pb, Bi, As, Sb, Al, Fe, P, ebenso kann der Rotguß auch Sn und die Bronze Zn enthalten.

Der Analysengang ist in beiden Fällen nachfolgender:

1 g löst man in HNO_3 (1,4), dampft auf dem Wasserbad bis zur Sirupdicke ein, fügt Wasser hinzu, dampft wieder ein und wiederholt das dreimal. Hierbei scheidet sich das Bi neben dem Sb und Sn ab. Dann versetzt man mit einer kalten Lösung von NH_4NO_3 (1:500) filtriert auf ein gehärtetes oder Glanzfilter und wäscht damit aus.

Der Niederschlag wird mit verdünnter HNO_3 in ein Becherglas abgespritzt, das Filter verascht, der Glührückstand dazu gegeben und die Lösung abgedampft und dann mit Bromsalzsäure und Weinsäure in Lösung gebracht. Dann macht man mit KOH ganz schwach alkalisch und versetzt in der Siedehitze mit heißer Na_2S-Lösung. Gelöst verblieben Sn und Sb, für deren Trennung und Bestimmung der bei den Weißmetallen angegebene Analysengang einzuschlagen ist.

Die von Sn und Sb abgetrennte kleine Menge Bi_2S_3 und anderen Sulfiden wird in HNO_3 gelöst und mit H_2SO_4 das Blei in bekannter Weise abgetrennt und nach dem Lösen in HNO_3 mit der ursprünglichen Lösung vereinigt.

Das Filtrat von $PbSO_4$ wird mit NH_3 und $(NH_4)_2CO_3$ versetzt, gekocht und das ausgefallene Bi als B_2O_3 durch Ausglühen bestimmt.

Sollte das Filtrat von $Bi(OH)_3$ noch Spuren von Cu, Zn und Fe enthalten, so werden dieselben mit Na_2S gefällt, abfiltriert, gelöst und mit der ganz ersten Lösung vereinigt.

Es sind noch zu bestimmen große Mengen Cu neben Pb und Zn eventuell auch Fe und Al.

Man schlägt jetzt den bei der Analyse der Weißmetalle angegebenen Gang ein, das Al wird mit dem Fe zusammen gewogen, beide Oxyde durch Schmelzen mit $NaCO_3$ und nachherigem Behandeln mit HCl in Lösung gebracht. Zu der Lösung setzt man Weinsäure und NH_3, fällt das Fe aus der ammoniakalischen Lösung mit H_2S, bestimmt es als Fe_2O_3 und bringt es von der Auswage von $Fe_2O_3 + Al_2O_3$ in Abzug.

Al_2O_3 enthält 53,03 % Al
Fe_2O_3 „ 70,00 % Fe.

16. Entzinnte Weißblechabfälle[1]).

Bei der Untersuchung von entzinnten Weißblechabfällen handelt es sich vornehmlich um die Bestimmung des Sn- und Pb-Gehaltes.

Da der restliche Metallüberzug auf der Oberfläche sehr ungleichmäßig verteilt sein kann, ist für die Analyse eine außergewöhnlich große Einwage notwendig.

500 g der in kleine Stückchen zerschnittenen guten Durchschnittsprobe werden in einem größeren Becherglase so lange mit HCl (1,19) in der Hitze behandelt, bis dem Aussehen nach sämtlicher Metallüberzug abgelöst ist. Dann verdünnt man mit heißem Wasser, gießt die Lösung in ein großes Becherglas und wäscht die Späne mit heißem Wasser nach. Jetzt filtriert man heiß, wäscht mit heißem H_2O aus und läßt abkühlen. Hat sich beim Abkühlen $PbCl_2$ abgeschieden, so wird dies abfiltriert, mit kaltem H_2O ausgewaschen, bei 100° getrocknet und gewogen. Es enthält 74,48 % Pb. Kleine Mengen von $PbCl_2$ bleiben in Lösung und müssen deshalb auch noch bestimmt werden.

Die etwa von $PbCl_2$ abgetrennte Lösung wird in einen Meßkolben von 2 Liter gespült, bis zur Marke aufgefüllt und gut durchgeschüttelt. Davon nimmt man 20 ccm = 5 g, macht mit NaOH schwach alkalisch, versetzt mit heißer Na_2S-Lösung und filtriert. Das Filtrat wird mit Essigsäure angesäuert, dann in die Lösung CO_2 eingeleitet, der Niederschlag abfiltriert, erst durch Dekantation, dann auf dem Filter mit heißem Wasser gewaschen, in einem Porzellantiegel geglüht und als SnO_2 gewogen.

---

[1]) Nicht entzinnte Weißblechabfälle können nach derselben Methode untersucht werden. Soll nur die Menge des Überzuges bestimmt werden, so werden 30—50 g mit heißem Wasser und Natriumsuperoxyd behandelt und der Gewichtsverlust bestimmt. (Vgl. Zeitschr. f. angew. Chemie 1909, S. 68.)

Der Niederschlag von der Na_2S-Fällung wird in HNO_3 gelöst, mit H_2SO_4 bis zum starken Abrauchen abgedampft und das Pb als $PbSO_4$ bestimmt. Die hier und früher ermittelten Gehalte an Pb müssen auf Prozente berechnet und addiert werden.

17. Schmiermittel[1].

Gute und preiswerte Schmiermittel sind für ein Hüttenwerk von großer Wichtigkeit und zwar nicht nur deshalb, weil davon sehr beträchtliche Mengen in Frage kommen, sondern weil auch von der Qualität der Schmiermittel ein ungestörter Gang der Maschinen abhängt. Deshalb ist eine laufende Untersuchung notwendig.

A. Ölige Schmiermittel.

Die hauptsächlichsten Prüfungen sind:

1. Zähflüssigkeit.

Die Bestimmung der Zähflüssigkeit erfolgt mit dem Englerschen Viskosimeter (Abb. 32). Die Angabe geschieht nach Englergraden. Darunter versteht man den Quotienten aus der Auslaufzeit des zu untersuchenden Öles bei einer bestimmten Temperatur, die jedesmal an zugeben ist, und der des Wassers bei $20°$.

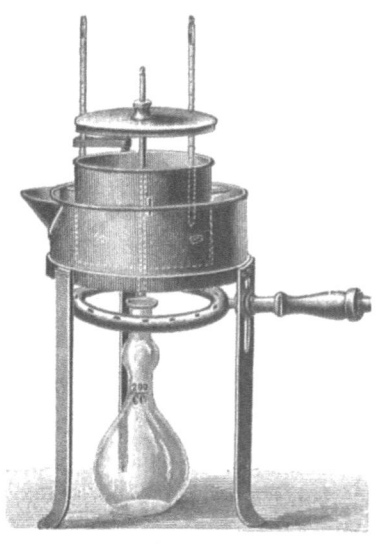

Abb. 32.

Bei den gebräuchlichsten öligen Schmiermitteln soll die Viskosität in Englergraden nur innerhalb nachstehend bezeichneter Grenzen schwanken.

	Untersuchungstemperatur		
	20°	50°	100°
Leichte Maschinen-, Dynamo- u. Motoröle	13—17	3,3—3,5	—
Mittlere Maschinenöle	18—25	4—4,5	—
Schwere Maschinenöle	40—50	6,5—7	—
Zylinderöle für gesättigten Dampf . .	—	27—35	3,5—4,5
Zylinderöle für überhitzten Dampf . .	—	40—59	5,0—3,8

[1] Siehe Holde, Untersuchung der Mineralöle und Fette, 3. Aufl., 1909 und Moldenhauer, Chemisch-technisches Praktikum, 1911.

Schmiermittel. 177

Vor der Untersuchung des Öles muß der sogenannte Wasserwert des Apparates festgestellt werden.

Der Apparat wird mit Alkohol und Äther aufs sorgfältigste gereinigt und dann in die Ausflußöffung der Verschlußstift eingesetzt. Bei genau wagerecht gestelltem Apparat müssen alle drei Spitzen genau mit dem Wasserniveau abschneiden. Der innere Behälter wird bis etwas über die Spitzen und der äußere ganz mit Wasser gefüllt und genau auf 20^0 erhitzt. Jetzt saugt man im inneren Behälter das überschüssige Wasser mit einer kleinen Pipette bis zu den Markenspitzen ab, stellt den Meßkolben unter den Apparat, zieht den Verschlußstift ganz heraus und bestimmt mit Hilfe einer Sekundenuhr, welche noch Sekunden anzeigt, die Auslaufzeit von 200 ccm Wasser. Der Versuch wird so oft wiederholt, bis die Zeitunterschiede höchstens 0,4 bis 0,5 Sekunden betragen. Ein richtig dimensionierter Apparat soll einen Wasserwert von 50—52 Sekunden haben.

Die Bestimmung der Auslaufzeit des zu untersuchenden Öles geschieht genau so wie beim Wasser, nur muß vorher das innere Gefäß gut ausgetrocknet sein, was mit Alkohol und Äther geschehen kann.

Bei den Bestimmungen bis 100^0 nimmt man für den äußeren Behälter Wasser. Man füllt dieses zuerst ein, erhitzt durch den Kranzbrenner auf die vorgeschriebene Temperatur, dann bringt man das zu untersuchende Öl in den inneren Behälter, erwärmt auf die bestimmte Temperatur und füllt jetzt erst bis zu den Marken auf. Die Ermittlung der Auslaufzeit geschieht genau so wie beim Wasser.

Bei sehr zähflüssigen Ölen läßt man nur 50 oder 100 ccm statt 200 auslaufen.

Enthalten die Öle mechanische Verunreinigungen, so muß die Probe vor dem Versuch durch ein Sieb von 0,3 mm Maschenweite filtriert werden.

2. Entflammbarkeit.

Dieselbe läßt sich bei Maschinen- und Zylinderölen gut mit dem nachstehend beschriebenen einfachen Apparat[1]) durchführen (Abb. 33).

Derselbe besteht aus einem Sandbade auf einem Dreifuß. In Sand bis zur Höhe der Ölschicht eingebettet, befindet sich ein kleiner zylindrischer Porzellanbecher mit zwei Marken. Die untere ist für schwere, die obere für leichtere Öle. Die rück-

---

[1]) Geliefert von den vereinigten Fabriken für Laboratoriumsbedarf.

wärtige Hälfte des Sandbades trägt einen Blechschirm zum Schutze gegen Luftzug. Auf dem Schirme selbst ist eine Blechklemme für das in das Öl eintauchende Thermometer befestigt.

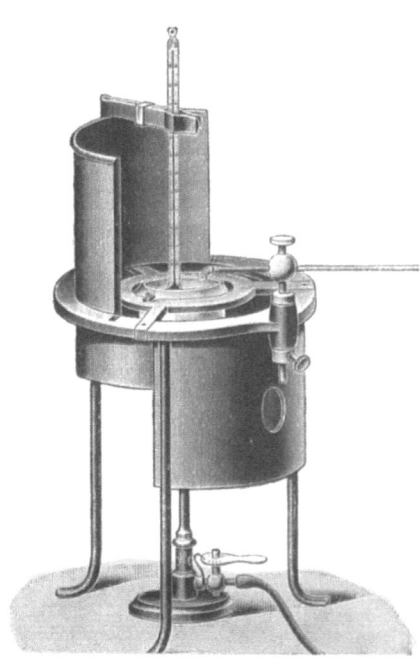

Abb. 33.

Die Erhitzung findet durch einen Bunsenbrenner statt. Vor demselben ist ein Blechmantel mit einer durch eine Glimmerplatte verschlossenen Öffnung zur Beobachtung der Flamme. Vorn am Stativ befestigt befindet sich das Zündrohr, welches vertikal, horizontal und von vorn nach hinten verstellbar ist, aber sich nur in der horizontalen Richtung leicht bewegen läßt.

Die 10 mm lange, horizontal stehende Flamme wird in einer Entfernung von 10 mm über dem Ölbad einmal in der Ebene des Tiegelrandes hin- und hergeführt.

Die Erwärmung wird so gehandhabt, daß die Temperatur des Öles um $2-5°$ pro Minute ansteigt. Die Erwärmung soll so lange fortgesetzt werden, bis bei Annäherung des Flämmchens ein vorübergehendes Aufflammen über der Öloberfläche eintritt.

Der Flammpunkt beträgt bei:

leichten Maschinenölen	$175-185°$
mittleren Maschinenölen	$180-190°$
schweren Maschinenölen	$195-200°$
gewöhnlichem Dynamoöl	$180-190°$
feinem Dynamoöl	$200-210°$
Zylinderöl für gesättigten Dampf .	$280-300°$
Zylinderöl für überhitzten Dampf .	$290-335°$
Zylindervaseline	$250-260°$

Schmiermittel. 179

3. Brennpunkt.

Diese Bestimmung geschieht im Anschluß an die vorhergehende, indem so lange weiter erhitzt wird, bis Entzündung stattfindet.

Der Brennpunkt beträgt bei:

leichten Maschinenölen	$195-205^{\circ}$
mittleren Maschinenölen	$200-210^{\circ}$
schweren Maschinenölen	$240-248^{\circ}$
gewöhnlichem Dynamoöl	$200-210^{\circ}$
feinem Dynamoöl	$250-270^{\circ}$
Zylinderöl für gesättigten Dampf	$330-350^{\circ}$
Zylinderöl für überhitzten Dampf	$350-380^{\circ}$

4. Wasser.

Je nach der voraussichtlichen Menge werden bis 1 Liter in einem Glaskolben, besser noch in einer Kupferblase auf 150° erhitzt, das abdestillierte Wasser durch einen Kühler kondensiert und gemessen.

5. Mineralsäure.

Hier handelt es sich nur um freie Schwefelsäure, die von mangelhafter Raffination herrührt. 100 ccm Öl werden mit annähernd 200 ccm heißem Wasser geschüttelt. Färbt sich dieses, nachdem es sich vom Öle abgetrennt hat, auf Zusatz von Methylorange rot, dann ist das Vorhandensein von freier Schwefelsäure erwiesen. Dieselbe kann in dem vom Öle abgetrennten wäßrigen Auszuge auch quantitativ bestimmt werden.

6. Harz.
(Qualitativer Nachweis.)

8—10 ccm Öl werden zur Abscheidung des Harzes im Reagenzrohr mit dem gleichen Volumen 70%iger Alkohol heiß durchgeschüttelt. Nach dem Erkalten wird die alkoholische Schicht getrennt und eingedampft. Der Rückstand hat bei Gegenwart von Kolophonium klebrige, harzartige, nicht ölige Konsistenz und zeigt Violettfärbung beim Auflösen in 1 ccm Essigsäure auf Zusatz von einem Tropfen H_2SO_4 (1,530) (Morawskische Reaktion).

7. Seife.
(Qualitativer Nachweis.)

Bei Gegenwart von Alkaliseife entsteht durch Schütteln mit Wasser eine weiße, schleimige Emulsion, welche infolge von

Hydrolyse der Seife alkoholische Phenophtaleinlösung schwach rot färbt. Auf Zusatz von Mineralsäuren verschwindet die Emulsion. In der sauren Lösung kann man die entsprechenden Basen der Seife nachweisen.

8. Fette, Öle und Wachse.

Die qualitative Prüfung geschieht durch $^1/_4$ stündiges Erhitzen einer Probe von 3—4 ccm Öl im Paraffinbade mit festem NaOH, und zwar helle Öle auf etwa 230°, dunkle auf annähernd 250°. Bei Gegenwart von fetten Ölen findet ein Gelatinieren oder eine Bildung von Seifenschaum an der Oberfläche statt. Nach Holde soll es möglich sein, bei hellen Maschinenölen noch $^1/_2$%, in dunklen Mineralölen noch 2% fette Öle nachzuweisen. Gelatinieren ohne Schaumbildung kann aber auch eintreten, wenn die Öle Harze oder Naphthensäuren enthalten.

9. Harzöle.

Das durch Destillation vom Kolophonium erhaltene Harzöl dient zur Herstellung von Wagenfetten, als Transformatoröl zum Isolieren, auch zum Verschneiden von Schmierölen und Firnissen, zur Herstellung wasserlöslicher Öle.

Wegen der leichten Verharzbarkeit und größeren Verdampfbarkeit gelten die mit Harzölen vermischten Mineralschmieröle als minderwertig.

Harzöle färben beim Schütteln mit H_2SO_4 (spez. Gew. 1,53 bis 1,62) dieselbe stark blutrot, Mineralöle nur bis schwach braun. Harzöle zeigen die Morawskische Reaktion. (Siehe Harz.)

Optisch lassen sich Harzöle nachweisen, indem man sie mit dem Polarimeter prüft, wobei die dunklen vorher mit Tierkohle hell gemacht werden müssen. Harzöle und Harz sind stark rechtsdrehend, Mineralöle optisch inaktiv.

10. Steinkohlenteeröle.

Es kommen meistens nur die hochsiedenden dunklen Anthracenöle in Frage. Dieselben haben einen kreosotartigen Geruch, färben H_2SO_4 (1,53) tiefdunkel und lösen sich leicht in Alkohol bei Zimmertemperatur.

11. Asphalt und Pech.

Es wird entweder die Bestimmung der in Benzin oder in Alkoholäther unlöslichen Körper verlangt. Die Einwagen von

1—3 g werden in Benzin, bzw. Alkoholäther gelöst, 1—2 Tage stehen gelassen, die ausgeschiedenen Körper filtriert, mit Benzin, bzw. Alkoholäther gewaschen, dann in Benzol gelöst, nach Abdunsten und Trocknen bei 100° C gewogen.

12. Entscheinungsmittel.

Sie werden entweder zur Verdeckung eines unliebsamen Geruchs oder zur Beseitigung der Fluoreszenz verwendet. Zu ersterem Zweck wird am häufigsten Nitrobenzol zugesetzt, das sich durch seinen Geruch nach Bittermandelöl verrät. Zu dem letzteren Zweck nimmt man Nitronaphthalin. Die damit behandelten Öle dunkeln beim Stehen nach.

13. Suspendierte Stoffe verschiedener Art.

Dieselben bleiben beim Durchsieben durch ein $^1/_3$ mm-Maschensieb zurück.

14. Asche.

20—30 g Öl werden in einem Porzellantiegel vorsichtig abgebrannt, der kohlige Rückstand wird verascht und gewogen. Gute raffinierte Maschinenöle dürfen höchstens 0,01%, Zylinderöle 0,1% Asche enthalten.

15. Angriffsvermögen auf Lager- und andere Metalle.

Ein gewogenes, blank poliertes Stück des Metalles mit tunlichst großer Oberfläche, also möglichst in Blechform von 50 bis 100 g, wird während längerer Zeit bei der in Frage kommenden Temperatur der Einwirkung des betreffenden Öles ausgesetzt. Nach einigen Wochen wird das Gewicht des Probestückes, das mit Äther gut gewaschen und getrocknet worden ist, wieder bestimmt. Es muß darauf geachtet werden, daß während des Versuches kein Staub ins Öl kommt.

16. Mechanische Prüfung der Öle auf der Ölprobiermaschine.

Es gibt davon verschiedene Systeme. Dieselben weichen in den Prinzipien ihrer Konstruktion sehr voneinander ab, ebenso auch von den Arbeitsmaschinen der Praxis. Es können daher nur die mit derselben Maschine ermittelten Resultate miteinander verglichen werden. Aber auch in diesem Falle stimmen die vergleichenden Resultate mit der Praxis vielfach nicht überein.

Nach Kammerer[1]) ist dieser Prüfungsart nur ein bedingter Wert beizumessen und kommt dieselbe erst an zweiter Stelle nach den gebräuchlichen physikalischen Prüfungen zu stehen.

B. Konsistente Schmiermittel.

Diese bestehen zumeist aus einer Auflösung von Kalkseife in schweren Mineralölen unter Zusatz von etwas (gewöhnlich 1—4%) Wasser. Der Zusatz dieser kleinen Wassermenge ist notwendig, da die Schmiermittel sonst bald inhomogen werden.

In den meisten Fällen wird in den konsistenten Schmiermitteln nur die Bestimmung des Tropfpunktes verlangt. Darunter versteht man diejenige Temperatur, bei welcher das auf die Quecksilberkugel des Thermometers aufgetragene Schmiermittel abtropft. Die beste bis jetzt bekannte Durchführungsweise ist die nach Ubbelohde. (Abb. 34.)

Man hat für diesen Zweck ein Thermometer (a), dessen unterer Teil mit einer Messinghülse (b) umhüllt ist, welche drei Sperrstifte (d) trägt. Die Hülse, welche eine kleine Öffnung (c) besitzt, schneidet etwas über dem Quecksilbergefäß ab. In diese Hülse wird im unteren federnden Teil eine abnehmbare, unten mit einer 3 mm weiten Öffnung versehene Glashülse bis an die Sperrstifte eingeführt.

Diese Hülse füllt man mit dem zu untersuchenden Fett, streicht das Überschüssige oben und unten glatt ab und drückt sie bis an die Sperrstifte in die Messinghülse. Feste Schmiermittel werden aufgeschmolzen, in die Glashülse gegossen und diese vor dem Erstarren in den Apparat eingeführt. Diesen Apparat befestigt man jetzt mittels eines Korkes in einem annähernd 4 cm weiten Reagenzrohr, taucht dasselbe in ein entsprechend großes, mit Wasser gefülltes Becherglas, und erhitzt so, daß die Temperatur in der Minute annähernd um 1° steigt.

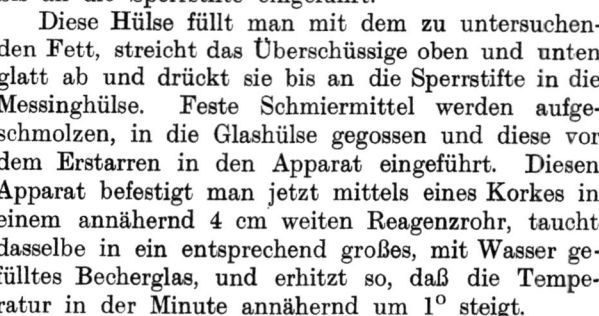

Abb. 34.

Die Temperatur, bei welcher die Substanz aus dem Gläschen herauszutreten beginnt und eine Kuppe bildet, ist der Tropfbeginn, und diejenige, sobald der erste Tropfen abfällt, der Tropfpunkt.

Der Hauptvertreter für diese Art von konsistenten Fetten ist das sogenannte Tovotefett.

---

[1]) Z. d. Bayr. Rev. V. 1912, 15. u. 29. Febr. u. 15. März.

Andere häufig gebrauchte konsistente Schmiermittel sind:

Verwendungszweck	Zusammensetzung
1. Tränkung der Stopfbüchsenpackung	Talg oder festes Fett, gemischt mit Wachs und Öl
2. Schmieren von Seilen und Ketten	Feste Fette, Wachs, Öl, Talg u. a.
3. Geschmeidighalten der Riemen	Tran, gemischt mit festem Fett
4. Erhöhung der Adhäsion der Riemen	Feste Fette, gemischt mit Harz, Harzöl, Wollfett usw.
5. Schmieren von Walzenlagern	Fettpech oder Fettpech und Erdölpech oder Wollfett, verseift mit Harz, bzw. sauren Harzölen, oder auch Mineralöle und Natronseife von hochschmelzenden Fetten (sogenannte Vaselinbriketts)
6. Schmieren von Kamm- und Zahnrädern	Graphit oder Talg, gemischt mit hartem Fett oder Öl, Teer, Wachs, Harz, Paraffin und Zeresin

18. Lösungen.

1. Zinnchlorür.

Man löst 120 g $SnCl_2$ in 300 ccm konz. HCl (1,19), verdünnt mit 180 ccm H_2O und filtriert. Man füllt das Filtrat mit verdünnter HCl (1,12) auf 2 Liter auf und verdünnt mit weiteren 2 Liter H_2O. Diese Lösung muß nach Möglichkeit vor Luftzutritt geschützt werden.

2. Quecksilberchlorid.

50 g $HgCl_2$ werden in 1 Liter H_2O gelöst und die Lösung filtriert.

3. Manganosulfatphosphorsäure.

3 Liter Phosphorsäure (1,154) werden mit 1,8 Liter H_2O und 1,2 Liter verdünnter H_2SO_4 (1:1) versetzt. Zu dieser Flüssigkeitsmenge gibt man eine Lösung von 600 g $MnSO_4$ in 4 Liter H_2O.

4. Ammoniummolybdat.

600 g Molybdänsäure werden gelöst in 200 ccm H_2O unter Hinzufügung von 800 g NH_3 (25%). Diese Lösung gießt man vorsichtig unter Umrühren in 7,8 Liter HNO_3 (1,2), welche man

in mehrere Becherstutzen verteilt hat. Um eine Ausscheidung von Molybdänsäure zu vermeiden, darf keine erhebliche Erwärmung stattfinden.

5. Permanganat.

40 g Permanganat werden in 1 Liter Wasser gelöst und die Lösung filtriert.

6a. Kadmiumzinkazetat.

25 g Kadmiumazetat und 100 g Zinkazetat werden in 2 Litern H_2O gelöst und dazu 3 Liter NH_3 (25%) gegeben.

6b. Kadmiumsulfat.

25 g Kadmiumsulfat werden in 4 Litern H_2O gelöst, dazu gibt man 1 Liter NH_3 (25%).

6c. Kadmiumazetat.

25 g Kadmiumazetat, gelöst in 200 ccm konzentrierter Essigsäure, verdünnen auf 1 Liter.

7. Silbernitrat.

8,5 g $AgNO_3$ werden in 5 Litern H_2O gelöst. Die Lösung enthält mithin 0,17% $AgNO_3$.

8. Magnesiamixtur.

550 g Magnesiumchlorid und 700 g Ammoniumchlorid werden gelöst in 6,5 Litern H_2O und mit 3,5 Litern NH_3 (8%) verdünnt. Man läßt die Lösung mehrere Tage stehen und filtriert.

9. Ammoniakalisches zitronensaures Ammonium.

1100 g Zitronensäure werden in H_2O gelöst. Dazu kommen 4380 g NH_3 (0,91), dann wird mit H_2O auf 10 Liter aufgefüllt.

10. Zitronensäure.

1 kg Zitronensäure wird in 10 Litern H_2O gelöst. Um die Lösung haltbar zu machen, fügt man 5 g Salizylsäure hinzu. — Für die einzelnen Bestimmungen nimmt man von dieser konzentrierten Lösung 1 Volumen und verdünnt mit 4 Volumen. Wasser. Die so erhaltene Lösung ist dann 2%ig.

11. Phosphorschwefelsäure.

Man löst 200 g P_2O_5 in 1 Liter H_2SO_4 (1,84).

12. Schwefelnatrium.

200 g Schwefelnatrium werden in 500 ccm H_2O gelöst. Die Lösung wird einige Tage stehen gelassen und filtriert.

13. Zinkoxydammoniak.

Metallisches Zink wird in Salzsäure gelöst, mit Ammoniak als Zinkhydroxyd ausgefällt, dieses mit heißem Wasser ausgewaschen und in Ammoniak gelöst.

14. Benzidin.

20 g Benzidin werden in einer Reibschale mit H_2O verrührt, mit 300—400 ccm H_2O in ein Becherglas gespült, dazu kommt 25 ccm HCl (1,19); erwärmen bis zur Lösung, filtrieren, verdünnen auf 1 Liter.

15. Phenolphtalein für Kohlensäurebestimmung.

350 mg Phenolphtalein werden in 1 Liter 95%igem Alkohol gelöst.

16. Methylorange.

1 g Methylorange in 1 Liter destilliertem Wasser gelöst.

19. Titerflüssigkeiten.

1. Permanganat.

170 g reines Permanganat werden in 50 Litern destilliertem Wasser gelöst. Der die Lösung enthaltende Glasballon wird gut durchgeschüttelt, was man im Laufe von einigen Tagen zwei- bis dreimal wiederholt. Dann bleibt der Ballon so lange ruhig stehen, daß vom Zeitpunkt des Einfüllens bis zur Titerstellung mindestens 4 Wochen vergangen sind[1]). Zur Titerstellung hebert man vorsichtig in eine 5-Liter-Flasche Lösung ab, indem man über Glaswolle filtriert. Die so dargestellte Lösung ist ungefähr $1/15$ normal und hält sich im Dunklen und unter Luftabschluß aufbewahrt monatelang. Eine Kontrolle ihres Wirkungswertes muß gleichwohl zum mindesten monatlich erfolgen.

Wie die Chemiker-Kommission des Vereins deutscher Eisenhüttenleute festgestellt hat[2]), steht der Anwendung metallischen Eisens als Titersubstanz nichts im Wege. Der Titerdraht, wie er von den verschiedenen Firmen in den Handel gebracht wird,

---

[1]) Läßt man die Permanganatlösung vor der Titerstellung nicht längere Zeit stehen, so ist ihre Titerbeständigkeit eine geringe.
[2]) Siehe Stahl und Eisen, XXX, 10, 411.

muß auf seinen Gehalt an Kohlenstoff, Phosphor, Mangan, Schwefel, Kupfer und Silizium geprüft werden. Durch Differenzrechnung ergibt sich dann sein wahrer Eisengehalt. Der Draht muß, um Rostbildung zu vermeiden, sorgfältig vor Feuchtigkeit geschützt aufbewahrt werden. Zur Reinigung des Drahtes von der immerhin etwas oxydierten Oberfläche nimmt man ein längeres Stück, klemmt es an einem Ende ein und reibt es gründlich mit Glaspapier und Filtrierpapier ab und schneidet es dann, indem man es mit einer Pinzette anfaßt, mit einer geputzten Kneifzange in Stücke von $^1/_2 - 1$ cm Länge, die man in einem Wägegläschen aufhebt. Man wägt zur Titerstellung etwa 0,30 g Draht genau ab, löst in 15 ccm HCl (1,124) unter Erwärmen in einem mit einem Uhrglas bedeckten Becherglas von 200 ccm Inhalt. Zur Zerstörung der bei der Reinhardtschen Methode schädlichen Kohlenwasserstoffe gibt man 1 g Kaliumchlorat hinzu und erhitzt zur Vertreibung des Chlors, ohne daß die Flüssigkeit dabei zum Sieden kommt. Sobald der Chlorgeruch verschwunden (die Flüssigkeit ist dabei auf wenige Kubikzentimeter eingedampft), spritzt man das Uhrglas sorgfältig ab und reduziert die heiße Lösung mit Zinnchlorür. In dem Augenblick, wo die gelbe Färbung der Eisensalzlösung verschwindet, ist die Reduktion beendet. Im übrigen erfolgt die Titration unter denselben Bedingungen und Vorsichtsmaßregeln, wie sie unter dem Kapitel „Eisenbestimmung in Erzen" ausgeführt ist.

Beispiel: Die Einwage an Eisendraht betrage 0,3017 g mit 99,21% Fe, d. h. die Einwage ist 0,2993 g Fe.

Verbraucht wurden 48,12 ccm der Permanganatlösung. Mithin entspricht

1 ccm $KMnO_4$ = 0,00622 g Fe.

2. Arsenige Säure.

Von der arsenigen Säure macht man zunächst eine konzentrierte Lösung und zwar nimmt man 5 g As_2O_3 auf 10 Liter Wasser. Zur Haltbarmachung fügt man 150 g Natriumbikarbonat hinzu. Zur Bereitung der eigentlichen Titerlösung verdünnt man je 40 ccm dieser Lösung mit Wasser auf 1 Liter.

Als Ursubstanz zum Stellen des Titers der arsenigen Säure benötigt man einen Stahl von bekanntem Mangangehalt. Um einen guten Durchschnitt zu bekommen, nimmt man von diesem Normalstahl, dessen Mangangehalt man nach Volhard oder Volhard-Wolff aufs genaueste bestimmt hat, 10 g, löst in HNO_3 und verdünnt auf 1 Liter. Zur Titerstellung pipettiert man von dieser

Lösung 10 ccm = 0,1 g ab und titriert unter Zugabe von Silbernitrat und Ammoniumpersulfat in bekannter Weise mit der arsenigen Säure, deren Gehalt man kennen lernen will.

Beispiel: Der als Titersubstanz dienende Stahl habe 0,45% Mn.

10 g Stahl entsprechen also 0,0450 g Mn,
0,1 g „ entspricht „ 0,00045 g Mn,
verbraucht wurden 4 ccm As_2O_3-Lösung. Mithin entspricht

$$1 \text{ ccm } As_2O_3 = \frac{0,00045}{4} = 0,000112 \text{ g Mn.}$$

3. Ferrosulfat.

50 g Ferrosulfat ($FeSO_4 + 7\ H_2O$) löst man in 800 ccm Wasser und gibt 200 ccm konzentrierte Schwefelsäure hinzu[1]). Zur Bestimmung des Titers dieser Ferrosulfatlösung nimmt man mindestens 25 ccm ab und titriert sie mit Permanganat in bekannter Weise.

Beispiel: Die Konzentration der Permanganatlösung sei so, daß 1 ccm 0,00622 g Fe entspricht.

Zur Oxydation der 25 ccm Ferrosulfatlösung wurden verbraucht 42 ccm Permanganatlösung, die also

$$0,00622 \times 42 = 0,26124 \text{ g Fe.}$$

entsprechen.

Mithin sind in 25 ccm Ferrosulfatlösung 0,26124 g Fe, d. h. in 1 ccm Ferrosulfatlösung 0,01045 g Fe.

4. $^1/_{10}$ Normalnatriumthiosulfat.

Thiosulfat läßt sich mit gleicher Genauigkeit einstellen 1. mit reinem, frisch sublimiertem Jod, 2. mit Natriumbijodat, 3. mit Natriumbromat, 4. mit Kaliumbichromatlösung und 5. mit Permanganat.

Da wohl in jedem Eisenhüttenlaboratorium Permanganatlösung von bekanntem Gehalt vorhanden ist, empfehlen wir die letzte Methode.

Man löst 26 g Natriumthiosulfat in 1 Liter Wasser auf und läßt die Lösung einige Zeit (etwa einen Monat) stehen. Die im Wasser gelöste Kohlensäure wirkt nämlich auf das Thiosulfat in der Weise ein, daß sich einerseits Natriumbikarbonat und schweflige Säure bildet und daß sich anderseits Schwefel abscheidet. Die Bildung der schwefligen Säure erhöht aber den Wirkungswert der Thiosulfatlösung und es ist deshalb nicht an-

---

[1]) Siehe Ledebur, Leitfaden für Eisenhütten-Laboratorien, 9. Aufl., S. 55.

zuraten, den Titer früher zu stellen, ehe diese Reaktion zwischen Kohlensäure und Thiosulfatlösung quantitativ verlaufen ist, da man sonst gezwungen ist, den Titer der Thiosulfatlösung regelmäßig zu kontrollieren. Hat man dagegen die Thiosulfatlösung vor dem Einstellen einige Zeit stehen lassen, so bleibt der Titer monatelang konstant[1]).

Zur Titerstellung der Thiosulfatlösung löst man 2 g Jodkali in wenigen Kubikzentimetern H_2O, versetzt mit 10 ccm verdünnter HCl (1,12) und läßt aus einer Bürette 25 ccm der Permanganatlösung, deren Gehalt man kennt, hinzufließen. Das ausgeschiedene Jod titriert man dann unter Zugabe von Stärkelösung mit der Thiosulfatlösung, deren Titer man bestimmen will. Die Thiosulfatlösung, die bei einer Einwage von 26 g Natriumthiosulfat um ein geringes zu stark sein wird, kann dann entsprechend der verbrauchten Anzahl Kubikzentimeter der Permanganatlösung mit H_2O zu $^1/_{10}$ Normallösung verdünnt werden.

Beispiel: Angenommen, es entspräche 1 ccm Permanganatlösung 0,00622 g Fe. Mithin entspricht

$$1 \text{ ccm Permanganatlösung} = \frac{0,00622 \times J}{Fe} \text{ g Jod}$$

oder

$$\frac{0,00622 \times 126,185 \text{ g Jod}}{55,88}$$

oder

0,01412 g Jod.

Mithin entsprechen

25 ccm $KMnO_4$ = 0,01412 × 25 g Jod

oder

0,35300 g Jod.

Zur Titration seien nun verbraucht worden 27 ccm Natriumthiosulfatlösung. Wäre die Thiosulfatlösung genau $^1/_{10}$-normal, so hätten verbraucht werden müssen $\frac{0,35200}{0,012685}$ = 27,828 ccm Thiosulfatlösung, d. h. die einzustellende Thiosulfatlösung ist zu stark und muß im Verhältnis 27 : 27,828 verdünnt werden. 1000 ccm der Lösung sind also auf 1030,7 ccm zu verdünnen.

5. Etwa $^1/_{10}$-Normaljodlösung.

Die Herstellung einer genauen $^1/_{10}$-Normaljodlösung ist nicht ratsam, da sich der Titer der Jodlösung stetig verändert. Man

---

[1]) Vgl. Treadwell.

begnügt sich deshalb besser damit, eine annähernd $^1/_{10}$-Normallösung herzustellen und deren Faktor jedesmal mit $^1/_{10}$-Normalthiosulfatlösung zu kontrollieren.

Man löst 25 g Jodkali in möglichst wenigen Kubikzentimetern Wasser auf, fügt 12,7 g Jod (für eine genaue $^1/_{10}$-Normallösung wären 12,692 g Jod nötig) hinzu und verdünnt auf 1 Liter.

Dieses Verdünnen mit Wasser darf erst dann vorgenommen werden, wenn sämtliches Jod in Lösung gegangen ist, da es sehr schwer ist, das Jod in einer verdünnten Jodkalilösung zur Lösung zu bringen.

Zur Titerbestimmung unterwirft man 25 ccm dieser Jodlösung unter Zugabe von Stärke der Titration mit $^1/_{10}$-Normalthiosulfat.

Beispiel: 25 cm der Jodlösung verbrauchten 25,2 ccm $^1/_{10}$-Normalthiosulfatlösung. Die Jodlösung ist also zu stark. Ihr Faktor ist

$$\frac{25,2}{25} = 1,0080,$$

d. h. die für eine Titration verbrauchte Anzahl Kubikzentimeter Jodlösung muß zur Umrechnung auf $^1/_{10}$-Normaljodlösung mit 1,0080 multipliziert werden.

6. Annähernd $^1/_{10}$-Normal-FeCl$_3$.

Man löst 16,235 g FeCl$_3$ in 1 Liter H$_2$O und kontrolliert vorsichtshalber den Fe-Gehalt nach der Reinhardtschen Methode.

7. Permanganat und Natriumthiosulfat nach Kinder.

Die Permanganatlösung, wie sie für die Eisenbestimmung nach Reinhardt bestimmt und eingestellt ist, wird mit reinem staubfreiem, destilliertem Wasser so verdünnt, daß 1 ccm Lösung 0,001 g Schwefel entspricht. Wie die Verdünnung vorgenommen werden muß, ergibt sich aus folgenden Betrachtungen.

Nach den Gleichungen:
1. $H_2S + J_2 = 2 HJ + S$,
2. $10 KJ + 2 KMnO_4 + 8 H_2SO_4 = 10 J + 6 K_2SO_4 + 2 MnSO_4 + 8 H_2O$,
3. $10 FeSO_4 + 2 KMnO_4 + 8 H_2SO_4 + 5 Fe_2(SO_4)_3 + K_2SO_4 + 2 MnSO_4 + 8 H_2O$,

entsprechen 1 Teil Schwefel = 2 Teilen Jod = 2 Teilen Eisen. Mithin entspricht 1 g Schwefel 3,483 g Eisen.

Beispiel: Angenommen 1 ccm der Permanganatlösung entspreche 0,00622 g Fe, es verhält sich also
$$1 : 3,483 = \times : 0,00622,$$
d. h. 1 ccm Permanganatlösung entspricht
$$\frac{0,00622}{3,483} = 0,001786 \text{ g Schwefel};$$
da aber 1 ccm Permanganatlösung 0,001 g Schwefel entsprechen soll, so müssen 1000 ccm der Permanganatlösung auf 1786 ccm verdünnt werden.

Auf die so verdünnte Permanganatlösung wird eine Thiosulfatlösung, deren Herstellung aus Beschreibung Nr. 4 der Titerlösungen ersichtlich ist, auf folgende Weise eingestellt.

Man löst 30 g JK unter Zugabe von 10 g $NaHCO_3$ in 1 Liter H_2O. Von dieser Lösung nimmt man 10 ccm ab, versetzt mit 25 ccm verdünnter Schwefelsäure und gibt aus einer Bürette genau 10 ccm Permanganatlösung unter Umschwenken hinzu. Das ausgeschiedene Jod wird unter Zugabe von Stärkelösung mit der einzustellenden Thiosulfatlösung bis zum Verschwinden der Blaufärbung titriert und durch einige Tropfen Permanganatlösung die Blaufärbung gerade wieder hervorgerufen. Die Thiosulfatlösung wird schließlich so verdünnt, daß 1 ccm derselben 1 ccm der Permanganatlösung entspricht.

Beispiel: Die Berechnung der notwendigen Verdünnung geschieht in gleicher Weise, wie sie bei der Titerlösung $^1/_{10}$-Normalthiosulfatlösung ausgeführt ist.

8. $^1/_{10}$-Normalnatriumkarbonat.

Zur Herstellung einer $^1/_{10}$-Normalnatriumkarbonatlösung geht man am besten von Natriumbikarbonat aus, das in großer Reinheit erhältlich ist. Das Bikarbonat wird durch Erhitzen bis 400° quantitativ in neutrales Karbonat umgewandelt. Dieses Karbonat benutzt man jetzt direkt zur Einstellung der Titerlösung. Man wägt 5,3 g ab und löst in 1 Liter H_2O auf.

9. $^1/_{10}$-, $^1/_4$- und $^1/_2$-Normalschwefelsäuren.

Mit Hilfe der $^1/_{10}$-Normalnatriumkarbonatlösung stellt man unter Benutzung von Methylorange als Indikator die verschiedenen Schwefelsäuren ein. Man macht sich zu diesem Zweck zunächst Lösungen, die stärker als die gewünschten sind, und verdünnt sie entsprechend ihrer Wertbestimmung mit der $^1/_{10}$-Normalnatriumkarbonatlösung mit Wasser. Zur Herstellung dieser ersten angenäherten Normallösungen seien folgende Daten gegeben:

Eine $^1/_{10}$-Normalschwefelsäure enthält 4,904 g H_2SO_4 im Liter.
Eine $^1/_4$-Normalschwefelsäure enthält 12,26 g H_2SO_4 im Liter.
Eine $^1/_2$-Normalschwefelsäure enthält 24,52 g H_2SO_4 im Liter.
Beispiel: Man geht aus von einer verdünnten Schwefelsäure (1,120). Diese enthält 17,01 Gew.-Proz. H_2SO_4.
In 10 Litern $^1/_2$-Normalschwefelsäure sind 245,2 g H_2SO_4. Von der H_2SO_4 (1,120) muß man also etwas mehr als

$$\frac{245{,}2 \cdot 1000}{170{,}1} = 1441{,}5 \text{ g},$$

also ungefähr 1500 g auf 10 Liter verdünnen, um eine Schwefelsäure zu bekommen, die um ein geringes stärker als $^1/_2$-normal ist.

Zur genauen Wertbestimmung nimmt man davon 10 ccm ab und titriert sie mit $^1/_{10}$-Normal-Na_2CO_3-Lösung und verdünnt sie entsprechend der verbrauchten Anzahl Kubikzentimeter so, daß 5 ccm Na_2CO_3 genau 1 ccm der Schwefelsäure neutralisieren.

Die so gewonnene $^1/_2$-Normal H_2SO_4 wird zur Herstellung der $^1/_4$- bzw. $^1/_{10}$-Normal-H_2SO_4 im Verhältnis 1 : 2 bzw. 1 : 5 verdünnt.

10. $^1/_{10}$-, $^1/_4$- und $^1/_2$-Normalnatronlaugen.

Mittels der verschiedenen Normalschwefelsäuren stellt man die gewünschten Normallaugen ein unter Benutzung von Methylorange als Indikator[1]), indem man sie auch zunächst etwas konzentrierter als die gewünschten macht und diese dann entsprechend verdünnt. Zur Herstellung dieser angenäherten Normallaugen mögen folgende Angaben dienen.

Eine $^1/_{10}$-Normalnatronlauge enthält 4,001 g NaOH im Liter.
Eine $^1/_4$-Normalnatronlauge enthält 10,0025 g NaOH im Liter.
Eine $^1/_2$-Normalnatronlauge enthält 20,005 g NaOH im Liter.

Beispiel: Man geht auch hierbei von der $^1/_2$-Normal-NaOH aus, indem man sich zunächst eine etwas stärkere als $^1/_2$-Normallauge macht (Einwage ungefähr 205 g NaOH auf 10 Liter), mittels der $^1/_2$-Normal-H_2SO_4 ihren Wirkungswert bestimmt und sie dann entsprechend verdünnt. Die $^1/_4$- bzw. $^1/_{10}$-Normal-NaOH-Lösungen werden alsdann durch Auffüllen auf das doppelte bzw. fünffache Volumen dargestellt.

---

[1]) Die $^1/_4$-Normal-NaOH, die zur P-Bestimmung dient, muß mit Phenolphtalein eingestellt werden.

11a. $^1/_2$-Normalkaliumbromat und Kaliumbromid.
13,9165 g $KBrO_3$ und 49,5835 g KBr werden in 1 Liter H_2O gelöst.

11b. $^1/_{10}$-Normalkaliumbromat und Kaliumbromid.
2,7833 g $KBrO_3$ und 9,9167 g KBr werden in 1 Liter H_2O gelöst.

12. Kaliumpalmitatlösung nach Blacher.

1. $^1/_{10}$-Normallösung. 25,6 g Palmitinsäure (rein) werden in einen Literkolben eingewogen und mit 500 ccm 96%igem Alkohol und 300 ccm destilliertem Wasser übergossen. Darauf wird auf dem Wasserbade bis zur Lösung erwärmt, nachdem man vorher noch 0,1 g Phenolphtalein zugefügt hat. In einem Becherglase wägt man etwa 7—7,5 g festes KOH ab, welches vorher mit Äther abgewaschen worden ist (um das Paraffin, mit welchem die Kalistangen vielfach überzogen werden, zu entfernen). Man löst in etwa 50 ccm 96% Alkohol und fügt nun von dieser Lösung so viel zu der im Literkolben befindlichen Palmitinsäure hinzu, bis eben eine Rosafärbung auftritt. Nach dem Erkalten wird auf 1 Liter mit Alkohol aufgefüllt und gemischt.

Die Einstellung der Palmitatlösung wird auf folgende Weise ausgeführt: Man gibt 10—20 ccm gesättigtes Kalkwasser in 100 ccm neutrales kohlensäurefreies Wasser und titriert zunächst mit Phenolphtalein und $^1/_{10}$ Norm. Salzsäure auf farblos. Die so gegen Phenolphtalein neutralisierte Lösung wird dann mit Kaliumpalmitatlösung titriert. Ist die Kaliumpalmitatlösung genau $^1/_{10}$ normal, so müssen ebensoviel Kubikzentimeter Kaliumpalmitat verbraucht werden. Ist die Lösung nicht genau $^1/_{10}$ normal, so rechnet man den Faktor zur Umrechnung auf $^1/_{10}$ normal aus.

2. 1 ccm Lösung = 1 mg CaO = 1° bei Verwendung von 100 ccm Wasser. Hat man öfters derartige Untersuchungen auszuführen, so ist es zweckmäßig, um die Rechnung zu ersparen, sich eine Lösung zu bereiten, von welcher jedes Kubikzentimeter einem Härtegrade entspricht, wenn 100 ccm Wasser verwendet werden.

Die Herstellung geschieht in ganz derselben Weise wie die der $^1/_{10}$-Normallösung, nur werden statt 25,6 9,2 g Palmitinsäure und statt 7,5 2,5 g Kalihydrat angewendet.

Auch die Einstellung dieser Lösung kann, wie im Text angegeben, erfolgen. Eine weitere empfehlenswerte Art der Einstellung ist die folgende:

4,355 g Bariumchlorid werden zu 1 Liter Wasser gelöst. 1 ccm dieser Lösung enthält die 1 mg CaO äquivalente Menge BaO. Man mißt mit Pipette 10 ccm der Lösung ab, verdünnt mit kohlensäurefreiem, destilliertem Wasser auf 100 und titriert mit der Palmitatlösung. Ist die Lösung richtig, so müssen von der Palmitatlösung bis zum Auftreten der Rosafärbung 10 ccm verbraucht werden.

13. Clarksche Seifenlösung für Härtebestimmung.

150 g Bleipflaster werden auf dem Wasserbade erweicht und mit 40 g reinen Kaliumkarbonats verrieben, bis eine völlig gleichförmige Masse entstanden ist. Man zieht mit starkem Alkohol aus, läßt absitzen, filtriert, destilliert von der ganz klaren Flüssigkeit den Alkohol ab und trocknet die Seife im Wasserbade.

20 g dieser Seife werden in 1 Liter Alkohol von 56 Vol.-Prozent gelöst. Zur Einstellung werden 0,523 g reines Bariumchlorid ($BaCl_2 \cdot 2H_2O$) in 1 Liter Wasser gelöst. 100 ccm dieser Lösung werden mit der Seife titriert. Die Seifenlösung wird alsdann so mit 56%igem Alkohol verdünnt, daß für eine nochmalige Titration von 100 cm der Barytlösung gerade 45 ccm verbraucht werden. — Die Clarksche Lösung kann auch fertig bezogen werden.

Sachregister.

Abdampfen der SiO_2 mit FH Abtrennung von den Verunreinigungen 47.
Ätherverfahren bei Bestimmungen kleiner Mengen Ni im Stahl 85.
— bei Vanadinbestimmungen 41.
Alkalienbestimmung in feuerfesten Steinmaterialien 112.
Aluminiumbestimmung in Erzen 49.
— in feuerfesten Steinmaterialien 111.
— in Schlacken. Siehe Erze 49.
— in Stahl 93.
Ammoniakbestimmung in Ammoniakwasser, flüchtiges und fixes 136.
— in schwefelsaurem Ammoniak 140.
— in verdichtetem Ammoniakwasser 138.
Ammoniummolybdatlösung für P-Bestimmungen 183.
Ammonsulfatuntersuchung 140.
Antimonbestimmung in Erzen 36.
— gewichtsanalytisch in Weißmetallen und Bronzen 168.
— maßanalytisch in Weißmetallen 171.
—- Schnellmethode in Legierungen 173.
Arsenbestimmung in Erzen und Kiesen 31.
— in Eisen 86.
Arsenige Säurelösung für Manganbestimmungen in Roheisen und Stahl 186.
Asche in Kohle und Koks 118.
— in Ölen 181.
Asphalt in Pech und Ölen 180.
Ausbringen der Kohle an Koks, Ammoniak und Benzol 120.
Azetatverfahren bei Erzen 49.
— bei Fe-ärmeren Schlacken 107.
— bei Fe-reichen Schlacken. Siehe Erze 49.

Baryumbestimmung in Erzen 53.
Benzidinlösung 185.

Besonderheiten bei der Analysenberechnung von eisenärmeren Magneteisensteinen, die angereichert werden sollen, und daraus hergestellten Briketts 21.
Bleibestimmung in Bronzen 174.
— in Erzen 36.
— in Weißmetallen 168.
Bronzeuntersuchung 174.
Brunck, Bestimmung des Nickels im Eisen 85.

Campe, Vanadinbestimmung in Ferrovanadin 92.
Chrombestimmung in Erzen 34.
— in Ferrochrom 91.
— in Roheisen und Stahl bei Anwesenheit von Molybdän 90.
— in Roheisen und Stahl bei Anwesenheit von Vanadin 87.
— in Roheisen und Stahl. Jodometrische Methode 87.
— in Roheisen und Stahl. Persulfatmethode 86.
Chromeisen. Siehe Ferrochrom.
Chromschwefelsäure für Kohlenstoffbestimmungen 55.

Dolomituntersuchung 113.
Dynamoöl 176, 178, 179.

Eisenbestimmung in Erzen, die Vanadin und Antimon enthalten 19.
— in Erzen nach Reinhardt 17.
— in feuerfesten Steinmaterialien 112.
— in Rasenerzen, Anilinrückständen und anderen eisenreichen Produkten, die organische Substanzen enthalten 19.
— in Rotguß, Bronzen und Weißmetallen 170.
— in Schlacken. Siehe Erze.
— Reduktion mit metallischem Zink 19.
— Zinnchlorürmethode 17.
Eisenoxydulbestimmung 20.

Sachregister.

Eisenoxydul neben Eisenoxyd 105.
— Eisenoxyd, metallisches Eisen nebeneinander 105.
Erze, Gesamtanalyse 47—54.
— Probenahme 7.
— Zerkleinerung 5.
Eschka, Gesamtschwefel in Kohle 118.

Ferrochrom, Chrombestimmung 91.
— Kohlenstoffbestimmung 57.
— Siliziumbestimmung. Siehe Roheisen 68.
Ferromangan, Kohlenstoffbestimmung. Siehe Roheisen 54.
— Kohlenstoffbestimmung 63.
— Manganbestimmung 71, 72.
Ferrophosphor, Phosphorbestimmung 72.
Ferrosilizium, Kohlenstoffbestimmung 63.
— Phosphorbestimmung 74.
— Siliziumbestimmung 68.
Fette, Prüfung der Schmiermittel auf Fette 180.
Feuchtigkeitsbestimmung in Erzen und Schlacken 45.
— in schwefelsaurem Ammoniak 141.
Feuerfeste Steinmaterialienuntersuchung 110.
Flußspatuntersuchung 114.

Gasbestimmung in Eisen und Stahl 102.
Gase, Probenahme 13.
Gasuntersuchung 152.
Gesamtkohlenstoff in Eisen 54.
— in Eisen, Chloraufschluß 57.
— in Eisen, Chromschwefelsäureverfahren 55.
— in Eisen, gewichtsanalytisch 60.
— in Eisen, Verbrennung im Sauerstoffstrom 60.
— in Eisen, volumetrisch 64.
— in Stahl, kolorimetrisch 65.
Glühverlust in Erzen 45.
Graphitbestimmung in Roheisen 67.

Härtungskohle in Eisen 67.
Heizwertbestimmung in Gasen nach Junkers 156.
— in Kohlen nach Berthelot-Mahler 131.
— in Kohlen nach Parr 134.

Jodlösung, etwa $^1/_{10}$ Normal 188.

Kadmiumazetat, Kadmiumsulfat, Kadmiumzinkazetatlösung 184.
Kalilauge für Kohlensäureabsorption 153.
Kaliumbromatlösung für Arsenbestimmungen 34.
Kaliumbromat-, Kaliumbromidlösung, $^1/_2$ und $^1/_{10}$ Normal 192.
Kaliumpermanganat, Titerlösung 185.
Kalziumoxydbestimmung in eisenärmeren Schlacken 107.
— in eisenarmen Schlacken 109.
— in eisenreichen Schlacken. Siehe Erze.
— in Erzen 50.
— in feuerfesten Steinmaterialien 111.
— in Flußspat 115.
Karbidkohlenbestimmung in Eisen 67.
Kieselsäurebestimmung in Erzen 47.
— in Ferrosilizium 70.
v. Knorre, Wolframbestimmung 95.
Kohle, Untersuchung 118.
Kohlenoxydbestimmung in Gasen 153.
Kohlensäurebestimmung in Erzen 44.
— im Gase 153.
Kohlenstoffbestimmung in Eisen 54.
Kohlenstoff in Form von Ruß im Teer 142.
Koks, Probenahme 6.
Kolorimetrische Kohlenstoffbestimmung in Stahl 65.
Konsistente Schmiermittel 182.
Kupferbestimmung in Eisen 82.
— in Erzen 28.
— in Weißmetallen, Bronzen 170.
Kupferchlorürlösung für Kohlenoxydabsorption 153.
Kupfersulfatlösung für Kohlenstoffbestimmungen 55.

Magnesiabestimmung in Dolomit. Siehe Erze.
— in eisenärmeren Schlacken. Siehe Erze.
— in eisenarmen Schlacken. Siehe Erze.

Magnesiabestimmung in eisenreichen Schlacken. Siehe Erze.
— in feuerfesten Steinmaterialien 112.
Magnesiamixtur 184.
Magnesiumverfahren für Phosphorfällung in Thomasschlacken 108.
Manganbestimmung in Erzen, gewichtsanalytisch 50.
— in Erzen, maßanalytisch nach Volhard 23.
— in Erzen, maßanalytisch nach Volhard-Wolff 26.
— in Ferromangan nach Volhard 71.
— in Ferromangan nach Volhard-Wolff 72.
— in Roheisen nach Procter Smith 71.
— in Roheisen nach Volhard 70.
— in Roheisen nach Volhard-Wolff 71.
— in Schlacken. Siehe Erze.
— in Stahl nach Procter Smith 72.
— in Stahl nach Volhard 72.
— in Stahl nach Volhard-Wolff 72.
Mangansulfatphosphatsäure f. Eisenbestimmungen 183.
Maschinenöle 176, 178, 179.
Methanbestimmung in Gasen 155.
Molybdänbestimmung in Eisen 91.
— in Erzen 42.
— in Ferromolybdän 92, 93.
Molybdatlösung. Siehe Ammoniummolybdatlösung.
Molybdatverfahren für Phosphorbestimmungen in Erzen 26.
— in Ferrophosphor 73.
— in Ferrosilizium 74.
— in Roheisen 72.
— in Stahl 74.

Nickelbestimmung in Eisen 84.
— in Erzen 37.

Öle. Siehe Schmiermittel.

Permanganat, Titerlösung 185.
Permanganatlösung für Phosphorbestimmungen in Stahl 184.
Persulfatverfahren für Manganbestimmungen in Roheisen 71.
— für Manganbestimmungen in Stahl 72.
Philip, Chrombestimmung nach 86.

Phosphorbestimmung in Ferrophosphor 73.
—,in Ferrosilizium 74.
— in Roheisen 72.
— in Stahl 74.
Phosphorsäurebestimmung in Thomasschlacke und Thomasmehl 107, 108.
Probenahme bei Briketts 8.
— bei entzinnten Weißblechabfällen 16.
— bei Erzen und Eisenschlacken 7.
— bei Ferrolegierungen 11.
— bei Gasen 13.
— bei Hochofennebenprodukten 8.
— bei Hochofenschlacke 8.
— bei Kohlen 3.
— bei Koks 6.
— bei Lagermetall 16.
— bei Nebenprodukten der Kokerei 13.
— bei Roheisen 9.
— bei Stahl 11.
— bei Steinmaterialien 13.
— bei Thomasschlacke und Thomasmehl 12.
— bei Zuschlägen 12.
Pyrogalluslösung für Sauerstoffbestimmungen in Gasen 153.

Quecksilberchlorid für Eisenbestimmung nach Reinhardt 183.

Reinhardts Eisenbestimmung 17.
Roheisenuntersuchung 54.
Roheisenzerkleinerer 10.
Rotgußuntersuchung 174.
Rothes Ätherverfahren 41.
Rückstandbestimmung in Erzen 20.
— im schwefelsauren Ammoniak 140.

Säurebestimmung im schwefelsauren Ammoniak 140.
Sauerstoffbestimmung in Eisen 99.
— in Gasen 153.
Schlackenbestimmung in Eisen 98.
Schlacken, Probenahme 7, 8.
— Untersuchung 104.
Schmiermitteluntersuchung 176.
Schwefelbestimmung in Eisen, Baryumsulfatmethode 78.
— in Eisen, jodometrische Methode 76.

Schwefelbestimmung in Eisen, jodometrische Methode n. Kinder 77.
— in Eisen nach Schulte 78.
— in Eisen, Permanganatmethode nach Vita-Massenez 79.
— in Eisen, Verbrennen im Sauerstoffstrom nach Vita 80.
— in Erzen und Schlacken 30.
— in Kohle und Koks 118, 119.
Schwere Kohlenwasserstoffe, Bestimmung in Gasen 153.
Seife, qualitativer Nachweis in Schmiermitteln 179.
Silbernitratlösung nach Procter Smith 184.
Siliziumbestimmung in Ferrosilizium 68.
— in Roheisen und Stahl 68.
Staubbestimmung in Gasen 158.
Stickstoffbestimmung im Eisen 97.
— in Gasen 155.
Strontiumbestimmung in Erzen 53.

Teer, Steinkohlenteeruntersuchung 141.
Titanbestimmung in Eisen 96.
— in Erzen 43.
Titerstellung d. Permanganatlösung 185.
Tonerdebestimmung in Erzen 49.
— in feuerfesten Steinmaterialien 111.
— in Schlacken. Siehe Erze.

Vanadinbestimmung in Eisen 90, 92.
— in Erzen 40.

Volhards Methode der Manganbestimmung in Eisen 70.
— Methode der Manganbestimmung in Erzen 23.
Volhard-Wolffs Methode der Manganbestimmung in Eisen 71.
— Methode der Manganbestimmung in Erzen 26.
Volumetrische Kohlenstoffbestimmung in Eisen 64.

Wasserstoffbestimmung in Gasen 155.
Weißblechabfälle, entzinnte, Untersuchung 175.
Weißmetalluntersuchung 168.
Wolframbestimmung in Eisen 94.
— in Erzen 43.
Wismuthbestimmung in Erzen 36.

Zerkleinerung der Proben 4.
Zinkbestimmung in Bronzen 174.
— in Erzen 37.
— in Weißmetallen 170.
Zinnbestimmung in Bronzen 174.
— in Weißmetallen 168.
Zinnchlorürlösung für Eisenbestimmungen nach Reinhardt 183.
Zinnchlorürverfahren für Eisenbestimmungen 17.
Zitronensäurelösliche Phosphorsäure in Thomasschlacken und Thomasmehl 108.
Zylinderöluntersuchung. Siehe ölige Schmiermittel 176, 178, 179.

Verlag von Julius Springer in Berlin W 9

Probenahme und Analyse von Eisen und Stahl. Hand- und Hilfsbuch für Eisenhütten-Laboratorien. Von Professor Dipl.-Ing. **O. Bauer** und Prof. Dipl.-Ing. **E. Deiß**, Berlin. Zweite, vermehrte und verbesserte Auflage. Mit 176 Abbildungen und 140 Tabellen im Text. 1922. Gebunden Preis M. 118.—

Die Praxis des Eisenhüttenchemikers. Anleitung zur chemischen Untersuchung des Eisens und der Eisenerze. Von Dozent Dr. **Carl Krug** (Berlin). Mit 31 Textfiguren. 1912. Gebunden Preis M. 6.—

Lötrohrprobierkunde. Anleitung zur qualitativen und quantitativen Untersuchung mit Hilfe des Lötrohres. Von Professor Dr. **C. Krug.** Mit 2 Figurentafeln. 1914. Gebunden Preis M. 3.—

Die praktische Nutzanwendung der Prüfung des Eisens durch Ätzverfahren und mit Hilfe des Mikroskopes. Kurze Anleitung für Ingenieure, insbesondere Betriebsbeamte. Von Dr.-Ing. **E. Preuß** †. Zweite, vermehrte und verbesserte Auflage herausgegeben von Professor Dr. **G. Berndt,** Privatdozent an der Technischen Hochschule zu Charlottenburg und Ing. **A. Cochius,** Leiter der Materialprüfungsabteilung der Fritz-Werner-A.-G., Berlin-Marienfelde. Mit 153 Figuren im Text und auf 1 Tafel. 1921.
Preis M. 14.—; gebunden M. 18.40

Grundzüge des Eisenhüttenwesens. Von Dr.-Ing. **Th. Geilenkirchen.** Erster Band: Allgemeine Eisenhüttenkunde. Mit 66 Textabbildungen und 5 Tafeln. 1911. Gebunden Preis M. 8.—

Lehrbuch der allgemeinen Hüttenkunde. Von Oberbergrat Professor Dr. **Carl Schnabel** (Berlin). Zweite Auflage. Mit 718 Textfiguren. 1903. Preis M. 16.—; gebunden M. 17.40

Die Schmiermittel, ihre Art, Prüfung und Verwendung. Ein Leitfaden für den Betriebsmann. Von Dr. **Richard Ascher.** Mit 17 Textabbildungen. 1922. Gebunden Preis M. 69.—

Untersuchung der Kohlenwasserstofföle und Fette sowie der ihnen verwandten Stoffe. Von Professor Dr. **D. Holde,** Geheimer Regierungsrat, Dozent an der Technischen Hochschule Berlin-Charlottenburg. Fünfte, vermehrte und verbesserte Auflage, bearbeitet unter Mitwirkung von Dr. **G. Meyerheim,** Assistent am Materialprüfungsamt zu Berlin-Lichterfelde. Mit 136 Figuren. 1918.
Gebunden Preis M. 36.—

Hierzu Teuerungszuschläge

Verlag von Julius Springer in Berlin W 9

Das schmiedbare Eisen. Konstitution und Eigenschaften. Von Professor Dr.-Ing. **Paul Oberhoffer** (Breslau). Zweite Auflage. Mit etwa 345 Textabbildungen und 1 Tafel. In Vorbereitung

Die Formstoffe der Eisen- und Stahlgießerei. Ihr Wesen, ihre Prüfung und Aufbereitung. Von **Carl Irresberger.** Mit 241 Textabbildungen. 1920. Preis M. 24.—

Handbuch der Eisen- und Stahlgießerei. Unter Mitarbeit von hervorragenden Fachmännern herausgegeben von Dr.-Ing. **C. Geiger** (Düsseldorf). Erster Band: Grundlagen. Mit 171 Figuren im Text und auf 5 Tafeln. Unveränderter Neudruck. 1920. Gebunden Preis M. 160.—
Zweiter Band: Betriebstechnik. Mit 1276 Figuren im Text und auf 4 Tafeln. Unveränderter Neudruck. 1920. Gebunden Preis M. 220.—
Dritter (Schluß-) Band: Anlage, Einrichtung und Verwaltung der Gießerei. In Vorbereitung

Die Herstellung des Temperegusses und die Theorie des Glühfrischens nebst Abriß über die Anlage von Tempergießereien. Handbuch für den Praktiker und Studierenden. Von Dr.-Ing. **Engelbert Leber.** Mit 213 Abbildungen im Text und auf 13 Tafeln. 1919. Preis M. 28.—; gebunden M. 31.—

Leitfaden für Gießereilaboratorien. Von Professor **Bernhard Osann.** Mit 9 Abbildungen im Text. 1915. Gebunden Preis M 1.60

Der Poterieguß und seine formmaschinenmäßige Herstellung. Von Gießereiing. **R. Schmidt** (München). 1913. Preis M. 1.—

Die moderne Gußputzerei mit besonderer Berücksichtigung des Sandstrahlgebläses. Von Gießereiing. **R. Schmidt** (München). 1913. Preis M 1.—

Der basische Herdofenprozeß. Eine Studie. Von Ing.-Chemiker **Carl Dichmann.** Zweite, verbesserte Auflage. Mit 42 Textfiguren. 1920. Preis M. 42.—; gebunden M. 50.—

Lehrgang der Härtetechnik. Von Dipl.-Ing. **Joh. Schiefer** und **E. Grün.** Zweite, vermehrte und verbesserte Auflage. Mit 192 Textfiguren. 1921. Preis M. 38.—; gebunden M. 44.—

Härte-Praxis. Von **Carl Scholz.** 1920. Preis M. 4.—

Härten und Vergüten. Von **Eugen Simon,** Berlin.
Erster Teil: Stahl und sein Verhalten. Mit 52 Figuren und 6 Zahlentafeln im Text. 1921. Preis M. 7.—
(Heft 7 der „Werkstattbücher", herausgegeben von Eugen Simon)

Härten und Vergüten. Von **Eugen Simon,** Berlin.
Zweiter Teil: Die Praxis der Warmbehandlung. Mit 92 Figuren und 10 Zahlentafeln im Text. 1921. Preis M. 6.60
(Heft 8 der „Werkstattbücher", herausgegeben von Eugen Simon).

Hierzu Teuerungszuschläge

Verlag von Julius Springer in Berlin W 9

Die Werkzeugstähle und ihre Wärmebehandlung. Berechtigte deutsche Bearbeitung der Schrift: "The heat treatment of tool steel" von **H. Brearley** (Sheffield) von Dr.-Ing. **Rudolf Schäfer** (Berlin). Dritte, durchgearbeitete Auflage. In Vorbereitung

---

Die Schneidstähle. Ihre Mechanik, Konstruktion und Herstellung. Von Dipl.-Ing. **Eugen Simon.** Zweite, vollständig umgearbeitete Auflage. Mit 545 Textfiguren. Preis M. 6.—

Lagermetalle und ihre technologische Bewertung. Ein Hand- und Hilfsbuch für den Betriebs-, Konstruktions- und Materialprüfungsingenieur. Von Obering. **J. Czochralski** (Frankfurt a. M.) und Dr.-Ing. **G. Welter.** Mit 130 Textabbildungen. 1920.
Preis M. 9.—; gebunden M. 12.—

Die Verfestigung der Metalle durch mechanische Beanspruchung. Die bestehenden Hypothesen und ihre Diskussion. Von Prof. Dr. **H. W. Fraenkel** (Frankfurt a. M.). Mit 9 Figuren im Text und 2 Tafeln. 1920. Preis M. 6.—

Handbuch der Materialienkunde für den Maschinenbau. Von Prof. Dr.-Ing. **A. Martens,** Direktor des Materialprüfungsamts in Großlichterfelde. In 2 Bänden.

Erster Band: Materialprüfungswesen, Probiermaschinen und Meßinstrumente. Zweite Auflage. In Vorbereitung

Zweiter Band: Die technisch wichtigen Eigenschaften der Metalle und Legierungen. Von Prof. **E. Heyn.** Hälfte A: Die wissenschaftlichen Grundlagen für das Studium der Metalle und Legierungen. Metallographie. Unveränderter Neudruck. In Vorbereitung

---

Metallurgische Berechnungen. Praktische Anwendung thermochemischer Rechenweise für Zwecke der Feuerungskunde, der Metallurgie des Eisens und anderer Metalle. Von Prof. **Jos. W. Richards** (Lehigh-Universität). Autorisierte Übersetzung nach der 2. Auflage von Prof. Dr. **B. Neumann** (Darmstadt) und Dr.-Ing. **P. Brodal** (Christiania). Unveränderter Neudruck 1920. Gebunden Preis M. 64.—

Die Messung hoher Temperaturen. Von **G. K. Burgess** und **H. Le Chatelier.** Nach der dritten amerikanischen Auflage übersetzt und mit Ergänzungen versehen von Prof. Dr. **G. Leithäuser,** Dozent an der Kgl.Technischen Hochschule Hannover. Mit 178 Textfiguren. 1913.
Preis M. 15.—; gebunden M. 16.—

Hierzu Teuerungszuschläge

Verlag von Julius Springer in Berlin W 9

Lunge-Berl, Chemisch-technische Untersuchungsmethoden. Unter Mitwirkung zahlreicher hervorragender Fachmänner herausgegeben von Ing.-Chemiker Dr. E. **Berl,** Professor der Technischen Chemie und Elektrochemie an der Technischen Hochschule in Darmstadt. Siebente, vollständig umgearbeitete und vermehrte Auflage. In 4 Bänden.
Erster Band: Mit 291 in den Text gedruckten Figuren und Bildnis. 1921.
Gebunden Preis M. 294.—
Die übrigen Bände befinden sich unter der Presse und werden alsbald folgen.

Lunge-Berl, Taschenbuch für die anorganisch-chemische Großindustrie. Herausgegeben von Dr. E. **Berl,** o. Professor der Technischen Chemie und Elektrochemie an der Technischen Hochschule in Darmstadt. Sechste, umgearbeitete Auflage. Mit 16 Textfiguren und 1 Gasreduktionstafel. 1921. Gebunden Preis M. 64.—

Praktikum der quantitativen anorganischen Analyse. Von **Alfred Stock** (Berlin) und **Arthur Stähler** (Berlin). Dritte, durchgesehene Auflage. Mit 36 Textfiguren. 1920. Preis M. 16.—

Der Betriebschemiker. Ein Hilfsbuch für die Praxis des chemischen Fabrikbetriebes. Von Fabrikdirektor Dr. **Richard Dierbach.** Dritte, teilweise umgearbeitete und ergänzte Auflage von Chemiker Dr.-Ing. **Bruno Waeser** in Magdeburg. Mit 117 Textfiguren. 1921.
Gebunden Preis M. 69.—

Die Chemie des Fluors. Von Dr. **Otto Ruff,** o. Professor am anorganisch-chemischen Institut der Technischen Hochschule Breslau. Mit 30 Textfiguren. 1920. Preis M. 14.—

Die Diazoverbindungen. Von Professor Dr. **A. Hantzsch** in Leipzig und Professor Dr. **G. Reddelien** in Leipzig. 1921. Preis M. 39,—

Die Naphthensäuren. Von Dr. **L. Budowski.** Mit 5 Textabbildungen. 1922. Preis M. 36.—

Chemiker-Kalender 1922. Ein Hilfsbuch für Chemiker, Physiker, Mineralogen, Industrielle, Pharmazeuten, Hüttenmänner usw. Begründet von Professor Dr. **Rud. Biedermann.** Neu bearbeitet von Professor Dr. **Walther Roth** in Braunschweig. In zwei Bänden.
Preis M. 66.—

Hierzu Teuerungszuschläge

If you have any concerns about our products,
you can contact us on
ProductSafety@springernature.com

In case Publisher is established outside the EU,
the EU authorized representative is:
**Springer Nature Customer Service Center GmbH
Europaplatz 3, 69115 Heidelberg, Germany**

Printed by Libri Plureos GmbH
in Hamburg, Germany